技术预测

我们如何科学地洞察未来

袁立科◎著

TECHNOLOGY FORESIGHT

科学出版社

北京

内 容 简 介

技术预测是我国科技管理的一项基础性、常规性工作，已经成为科技战略和规划编制的重要支撑。本书重点关注愿景需求—现状评价—预测调查—技术选择—路线图的技术预测研究逻辑，层层剖析，强调不同逻辑环节上方法的适用性，从整体上回答"为什么要进行技术预测""我们需要什么样的技术""我们有什么样的技术""如何评估这些技术""如何选择这些技术""走什么样的技术发展路径"等问题，为综合集成各方面专家智慧，科学、规范开展技术预测研究提供重要参考。

本书资料翔实，兼顾理论与实践，内容涵盖技术预测的整个流程及其方法体系的宏观与细节，既适用于科研院校研究参考，也可作为科技工作者、工程技术人员与企业管理者的实践应用参考书。

图书在版编目（CIP）数据

技术预测：我们如何科学地洞察未来 / 袁立科著.—北京：科学出版社，2023.4

ISBN 978-7-03-075144-7

Ⅰ.①技… Ⅱ.①袁… Ⅲ.①技术预测-研究 Ⅳ.①G303

中国国家版本馆 CIP 数据核字（2023）第 044742 号

责任编辑：张 莉 陈晶晶 / 责任校对：何艳萍
责任印制：徐晓晨 / 封面设计：有道文化

科学出版社 出版
北京东黄城根北街 16 号
邮政编码：100717
http://www.sciencep.com

北京建宏印刷有限公司 印刷
科学出版社发行 各地新华书店经销

*

2023 年 4 月第 一 版 开本：720×1000 1/16
2023 年 4 月第一次印刷 印张：21 3/4
字数：380 000

定价：138.00 元

（如有印装质量问题，我社负责调换）

序

当今世界正经历百年未有之大变局。新一轮科技革命和产业变革加速演变，前沿技术呈现多点突破态势，科技创新呈现多元深度融合，颠覆性创新呈现几何级渗透扩散，对经济社会和安全等问题带来重大影响与冲击。我国科技创新进入从量的积累到质的跃升、从点的突破到系统提升的关键时期。历史和现实都告诉我们，要把握好历史大变局的趋势和机遇，必须找准发展领域、发展重点、发展路径、发展方向，向科技创新要答案。

面对科技创新的潜在需求，如何以有限的政府资源，有效规划国家科技发展重点方向，一直是我们科技工作者所关注的问题。在这种趋势下，需要通过缜密的预测思维，通过系统化、策略性的信息汇集、分析与研判，凝聚国家未来科技发展共识，并找出对经济社会发展和国家未来目标有所贡献的关键技术群，描绘出适合国家发展的技术趋势，为决策者制定科技政策提供参考。

众所周知，预测的全面研究非常困难，是当今创新管理、未来学研究课题中的难题。究其原因，在于这种研究的综合性要求极高。预测研究不但包括对技术面的预测及分析，而且着重对经济、环境与社会面影响及冲击的探讨分析，需要结合经济学、管理学、社会学、心理学等多种学科门类，很难有学者愿意或敢于组织这种跨学科的研究。另外，预测是一门实践性很强的学科，需要有丰富的实践经验积累。预测本身还面临类型不断分化、应用不断区分的现实和趋势，这种预测分类和应用细分本身是前所未有的全新实践，需要强大的创造性研究能力，因此具有极大的挑战性。

中国科学技术发展战略研究院自 1982 年成立以来，深入参与国家各个主要阶段科技改革与发展的重大政策研究和决策过程，在促进中国科技体制改革与科技发展等方面，做了许多开创性的工作。中国科学技术发展战略研究院是国内最早开展技术预测研究工作的机构之一，从 1992 年国家科学技术委员会组织开展"国家关键技术选择"研究，到 2020 年完成第六次国家技术预测，积累了丰富的经验，在国内外颇具影响力，对国家宏观决策发挥了重要支撑作用。袁立科研究员深度参与了第五、第六次国家技术预测工作，他知识扎实、视野开阔，有预测研究与实践的敏感性，通过两年多的潜心研究，整理形成这本专著。我作为战略院新一届国家高端智库学术委员会成员，先睹为快。

全书搭建了合理且实用的研究框架，提出了多维方法体系与预测业务流程相契合的预测逻辑，从技术预测愿景需求、现状评价、预测调查、技术选择、路线图等不同业务环节入手，进行了相应的理论、实践、方法的梳理和分析。该书既有对与技术预测密切相关的国家创新体系、技术创新管理等理论演进的剖析，又紧扣我国丰富而又多层次的预测实践，力求理论与实践兼顾。整体上，该书回答了"为什么要进行技术预测""如何进行技术预测"的问题，包括"我们需要什么样的技术""我们有什么样的技术""如何评估这些技术""如何选择这些技术""走什么样的技术发展路径"等，层层剖析，重点强调不同逻辑环节上的方法组合。这是该书的一个重要特色。

该书对技术预测的研究，既考虑了新一轮科技革命和产业变革背景下预测本身固有的特点，又立足于我国当前的科技体制、政策环境的具体国情。当然，可能限于时间的原因，也有遗珠之憾。近年来，"人工智能+大数据"的技术预测方法成为热点，智能化平台工作机制受到了全世界的广泛关注，技术预测数字化、智能化转型趋势明显并将呈现加速演化态势。该书对于大数据、智能化手段的运用着墨不多，这也留下了继续研究的余地。相信袁立科研究员会将技术预测的研究和实践工作继续下去，期待他有更多的学术、方法和应用成果。

是为序。

中国工程院院士　戴珍海

前　　言

新一轮科技革命和产业变革加速了全球科技竞争格局重构，世界主要国家和地区纷纷调整科技发展战略与政策，面向未来重大战略需求，布局实施重大科技计划，力图把握国际科技竞争主动权。现代科学技术内含的知识越来越丰富，复杂程度不断加深，所投入的各项资源与风险也随之增加。在资源有限的情况下，如何将科技与本国的国情、社会、经济、产业发展相结合，从本国的实际情况和社会经济发展需求出发开展技术预测工作，有系统地探索并理解未来一段时期科技对经济、社会的影响及其发展愿景，综合分析本国的优势和劣势，在具有比较优势与经济社会亟须发展的重点领域优化布局，寻求实现局部突破和社会生产力的跨越式发展，以追求科技的发展与经济效益、社会效益的最大化，对各国而言，都是一个相当大的考验。再则，科技发展除了提高经济效益、技术效益之外，还必须兼顾政治、社会、文化发展可能带来的成本。同时，需要各利益相关者集思广益，凝聚共识，减少科技发展的阻力，增强科技创新的向心力。

有鉴于此，政府在配置资源投入时，必须有一套系统性的作业模式以达成目标。技术预测是对科学、技术、经济与社会的远期未来所进行的有步骤的探索过程，也是科学且系统性的信息汇集与分析过程，所得的结果将作为研发及创新投入资源分配决策的重要基础。

20世纪50年代，美国首次用技术预测方法预测军事国防等科技的中长期发展趋势，以作为政府决策的辅助工具。此后，日本继美国之后于1970年首次进行科技预测，主要目的在于推演未来10～30年的重要科技发展趋势。随着科技体系日益复杂化，单一技术的预测结果容易产生偏离现象，因此，在80年代中期，有学者提出了新一代技术预测的概念，将社会、经济、环境生态等维度均纳入考虑范畴，以描绘符合大众需求的愿景蓝图。在美国、英国、德国、法国、日本等发达国家，预测计划都经历了二三十年甚至更长时间的演进，技术预测已经成为政府制定科技政策的必要过程。

我国的预测研究与实践是从改革开放以后开始兴起的。20 世纪 80 年代，我国的预测研究主要是经济社会发展预测。90 年代以后，我国开始重视对科技发展的预测，主要以大规模专家会议的形式，研究技术在经济社会发展中的地位与作用，以及进行重点领域选择等。1992 年，国家科学技术委员会组织开展"国家关键技术选择"研究，并于 1995 年 5 月将主要成果编辑出版，遴选出信息、生物、制造和材料四大领域的关键技术。进入 21 世纪，科学技术部先后组织了第四、第五、第六次国家技术预测。一方面，学习与吸收日本、英国等国家的做法和经验；另一方面，根据自身特点，不断总结提炼，逐步形成了中国情境的国家、部门和企业多层次技术预测体系。国家技术预测也已经基本建构了愿景—评价—预测—选择—路线图的技术预测流程机制。目前，我国的技术预测已经成为科技战略和规划编制的重要支撑，成为科技管理的一项基础性和常规性工作。

但是，我们也要看到，经过几十年的发展，新一代技术预测已经不是单纯地预测未来，而是蕴含理性选择未来、主动塑造未来的意思。从理论研究的需求来看，只有美国、日本以及欧盟等发达国家和地区比较重视技术预测研究，发展中国家开展相关研究相对较少；从研究的难易程度来看，技术创新的理论与方法研究已经十分丰富，技术预测的理论发展却不明显，而技术预测的实践已经远超理论的发展。尤其是在中国，与丰富的技术预测实践相比，我们开展的研究工作相对而言较少，即使面对诸如"我们该怎么做技术预测""如何选择合适的方法进行技术预测"等一些基本问题，也很难做到回答得有理有据。技术预测研究工作不仅要有好的组织机制、系统化的方法组合，关键还要"知其然知其所以然"。"知其然"是第一步，需要了解做什么、怎么做。重点是第二步"知其所以然"，即知道为什么要这么做，并能够恰如其分地落实各个步骤，配备科学适宜的方法体系。新一代技术预测贯穿着强烈的问题意识和实践导向。随着对新一代技术预测理解的不断加深和实践效果的不断显现，需要更加清醒地看到传统预测在思维方式、工作方法等方面存在的不足，需要更加系统地理解技术预测行为。比如，国家层面的技术预测活动，也存在与新形势、新要求不相适应的思维惯性，我们也要时刻对自己提出一些问题，从"知其所以然"的维度进行思考：技术预测运行的内在逻辑是什么？大数据时代，预测如何更有效？专家的角色如何定位？如何站在全球视野下理解技术预测？等等，把"所以然"想明白了，很多问题就会迎刃而解。

本书基于这种考虑：一方面，强调系统思维，改变传统的技术预测前期准备（pre-foresight）、补充（recruitment）、产出（generation）、行动（action）和更新（renewal）等业务流程上的划分，重点关注愿景需求—现状评价—预测调查—技术选择—路线图的技术预测研究逻辑；另一方面，强调方法组合，重点关注不同逻辑环节上方法的适用性。因此，本书整体上就是试图回答"为什么要进行技术预测"，在此基础上，回答"如何进行技术预测"，也就是回答诸如"我们需要什么样的技术""我们有什么样的技术""如何评估这些技术""如何选择这些技术""走什么样的技术发展路径"等问题。以这些问题为线索，从宏观到具体，由外及里，层层剖析，尝试对愿景需求—现状评价—预测调查—技术选择—路线图各个环节进行深入分析，着重考察伴随各个环节的方法体系。

本书共包括六个部分，即研究意义、愿景需求、现状评价、预测调查、技术选择、路线图。

第一部分包括第一至第四章，主要回答"为什么要进行技术预测"。第一章强调技术预测的重要性，主要基于两方面的考虑：一方面是科技发展的不确定性，需要用系统的方法进行预测评估；另一方面是多元利益相关者的民主决策模式成为主要趋势，需要通过预测来降低专家系统风险。第二章回顾了预测的历史，包括理论方面发展的代际之分，以及新一代技术预测的内涵与外延。第三章界定了新一代技术预测的范围，强调沟通是预测活动的关键。第四章结合我国的技术预测实践，提出系统性预测的构想，强调本书主体架构的内在逻辑。

第二部分包括第五至第八章，也就是愿景需求环节，主要回答"我们需要什么样的技术"。第五章首先介绍什么是愿景和需求，并以此强调愿景需求分析是预测的起点。第六章剖析愿景需求分析的核心问题，构建利益相关者共享的愿景，同时，厘清愿景需求分析的关注点与有效愿景的构建要素。

第七章根据愿景需求分析的关键要素，强调地平线扫描预测方法的重要性，提出内部扫描和外部扫描的侧重点，以及所应遵循的扫描结构设计。第八章主要针对扫描过后形成的素材，通过专家会议、未来轮、交叉影响法等分析方法，进行检视与对照，归纳出影响未来发展的重大趋势及潜在的可能性影响。

第三部分包括第九至第十二章，即现状评价环节，主要回答"我们有什么样的技术"。第九章强调技术评价的预警功能，评价与预测都是创新体系建设的重要手段，主要国家均有制度化的机制设计，并有丰富的评价经验。第十章通过对评价对象的阐释，明确评价要素，并考虑谁来评价、评价什么，以及用什么方法评价等问题。第十一、第十二章主要介绍了技术评价的主要方式，即客观评价与主观评价，适用于不同的评价对象和目标。

第四部分包括第十三至第十六章，即预测调查环节，主要回答"如何评估这些技术"。第十三章开始进入预测调查阶段，强调预测需要寻求利益相关者的共识，需要收敛专家意见。德尔菲法成为主要国家和地区开展技术预测的核心方法。第十四章对技术预测的核心问题进行阐释，也就是如何集成调查技术清单，以及选择调查专家，两者直接决定着整个技术预测工作的可靠性和有效性。第十五章重点介绍德尔菲法的流程设计，以及所要达到的精度和可靠程度，提出了不同的数据处理方法。第十六章分析了德尔菲法可能存在的偏见，强调共识并不是唯一目标，需要通过统计手段从不同角度对稳定性、效度等进行统计测量。

第五部分包括第十七至第二十章，即技术选择环节，主要回答"如何选择这些技术"。经过愿景需求分析、现状评价、预测调查和数据处理，选择关键技术成为技术预测下一阶段的核心任务。第十七章主要介绍关键技术选择在整个技术预测中的核心地位，提出关键技术选择的目标、原则和准则。第十八章通过分析关键技术选择环节需要重点关注的问题，以此强调科学组织和程序设计的重要性，以及所应配套的适宜方法。第十九章回应前两章对于关键技术选择的要求，确立评价要素指标，注重情境韧性分析和组合平衡分析，综合考量排定技术优先序。第二十章针对关键技术选择，引入层次分析法、矩阵数据分析法等来确认关键技术，同时，还需要对各项入选关键技术进行全面的分析论证。

第六部分包括第二十一至第二十四章,即路线图环节,主要回答"走什么样的技术发展路径"。基于德尔菲法、关键技术选择获取较为全面的技术发展趋势信息,接下来技术路线图可以进一步聚焦,使得路径选择更趋完美。第二十一章首先回应什么是路线图以及与其他方法的关系,并从内到外进行作用机理分析,配以主要国家和地区的路线图经验案例,有助于更好地理解路线图在整个预测过程中所扮演的角色。第二十二章从不同视角审视路线图,确定路线图的制定过程及其关键环节,通过有效的方法组合实现路线图的绘制。第二十三章主要介绍适用国家科技发展规划的技术路线图制定方法,通过领域技术路线图、国家技术路线图和产业技术路线图的制定,提升国家科技发展规划的科学性和系统性。第二十四章强调路线图迭代与战略制定和创新流程的一致性,因而,该章重点介绍情景驱动下的路线图规划,以及 SWOT 分析、STEEP 因素分析等一些兼容工具。

总体上讲,技术预测是一个内容丰富、外延宽广的宏大话题,本书也是针对技术预测的内在逻辑和方法论进行了梳理与研究,仍有许多问题需要进一步深入研究和探讨。特别是随着大数据、智能时代的到来,预测是平台化还是去中心化,是依赖智能化手段还是依赖专家判断,由此所引发的讨论还将不断发生变化,需要持续跟踪研究。我们期待与感兴趣的技术预测研究者、实践者共同分享经验,搭建起预测研究平台,更好地为建设创新型国家提供决策支撑。

袁立科

2023 年 3 月 7 日

目　　录

为什么要进行技术预测?

我们需要什么样的技术?

我们有什么样的技术?

如何评估这些技术？

如何选择这些技术?

走什么样的技术发展路径?

为什么要进行技术预测？

第一章 呼唤科学的预测

　　全球正处于一个快速变化的时代，伴随着社会系统与生态环境的相互作用，科学技术的发展越来越复杂，未来经济、社会和科技的不确定性大大增加，未来的发展须用更系统的方法来预测和评估。同时，在资源有限的情况下，如何选择和聚焦发展重点成为科技发展战略的重大挑战。另外，随着民主意识的兴起，科技政策规划制定的传统模式逐渐被多元利益相关者的民主决策模式所取代。在多种因素驱动下，技术预测因其系统性思维方法而具有思考未来、辩论未来、塑造未来的特点，是缓解专家系统风险、提升科技治理能力的有效途径，成为国际上广泛用于决策参考的重要工具。

第一节 科技发展的不确定性

　　科学技术发展与不确定性一直伴生伴长，早在文艺复兴时期，科学就以怀疑精神的身份来打破神学时期的权威思想，追求真理。在科学实验过程中，科学家期望通过有计划、可以控制的行为来提升科学实验的安全性，降低不确定性风险，得到想要的结果。因此，科学本身是一个"不确定性的科学化"过程，以"确定的"知识解释和控制"不确定的"问题。实际上，科学实验不是线性的、孤立的，而是非线性的、充满复杂性的过程，而且结果也可能是不确定的。科学史已经向人们表明，几乎每一个"正确的"科学论断的提出，都经历了长时间的探索过程，都是经过各种理论、学说的长期争论，战胜许多"错误的"论断而得来的。这也意味着，在特定时间段，科学产出既可能是"错误的"，也可能是"正确的"，正确与否是不完全确定的（赵正国，2011）。随着科学认识对象的日益复杂，以及科技和社会的相互影响日益加强，科学认识能力的历史局限性凸显出来，使得在知识的生产、应用，以及利用知识进行决策的过程中，显示出了种种不确知或不知道，科学技术的不确定性固化其中（徐凌，2006）。因此，虽然在科学的发展过程中，科学家致力于降低不安全性，将风险从不可计算性朝可计算性方向推进，但也无法排除不确定性的难题。尤其是在当今社会，新兴技术发展已经成为现代社会的核心驱动力，但同时也带来了极高的不确定性问题，超出了传统的科学风险范围，并产生了不可预测和估计的后果。

单一线性因果逻辑无法假设和分析现代知识或科学的发展与应用，而且不一定能够通过解释和排除单一原因来达到目的（Beck，1992）。现代科学技术创新的复杂性属于弱因果关联，并非线性意义上的强因果关系，无法用简单的模型来解释各种复杂、高度不确定的难题。不但科学技术本身具有偶发性的意义，更重要的是深度渗透在各种经济、社会的价值、伦理、文化之中。因此也可以说，科学的不确定性是内在于科学的，是科学文化的重要特质，也是科学家工作中所熟悉的，并且不是都可以通过进一步的研究消除的（徐凌，2006）。

在科学技术是第一生产力，创新是引领发展的第一动力的现代社会，不确定性原则更为重要，反映出科学教条主义的谬误。科学技术发展的路径准确性和安全性实际上是无效的，因为从不确定性原理开始，科学技术本质上涉及不同变量的复杂性，进行技术发展路径研判与风险评估非常困难。我们不应沉浸在虚假的确定感中，也不应将不确定性视为科学的缺憾或是决策的敌人，而停留在回避它或不自觉地用各种经验和技巧去管理它的阶段。相反，我们需要一种新的智慧去直面与整合不确定性，把对不确定性的认识本身转化为一种知识。

第二节　治理视角下的研判

科学技术在经济竞争的逻辑下变成全球化的驱动核心，同时不断反馈演变为全球化的竞争指标、结果和过程（周桂田，2003）。也就是说，科学技术不应固化于科学技术研发本身，也不宜将科学技术定性为普遍性、客观性与中立性。相反，它们外溢成全球化的竞争系统，变成经济、技术的竞争工具而运作。国际竞争说到底是基于国家综合实力的博弈，源头都在科技创新力。作为全球化的竞争目标，科学技术体系除了为世界各地的人们提供更加便捷的交流、互动之外，还改变了人们的行为习惯，推动着商业和文化的变迁。但在激烈的科技竞争过程中，不仅要考虑竞争优势，还要谨防失去对社会理性的尊重，要注重研判技术发展带来的副作用。

20 世纪 90 年代以来，各国政府运用各种技术分析工具、政策制定方法，纷纷调整和制定新的科技发展战略，以期在全球科技研发竞争中获得优势，占领世界经济中领先的科学技术地位。新兴工业国家也不甘落后，试图找到有利于科技、产业发展的政策，以跟上全球科技、产业的发展步伐。然而，全球科技和产业政策的激烈竞争同样面临着风险与信任的挑战。创新、研发和新兴技术不仅带来法律与制度的变革，而且使社会和道德价值观遭受很大的冲击，导致其发生变化，导致技术与社会之间存在共生演变的差距（Nowotny et al., 2001）。

随着科学技术政策和管理进入科技治理时代，运用治理理念、治理方法和治理战略解决科技发展中的利益纠纷与冲突，克服科技管理体制障碍，协调各参与方在科技活动中的利益和政策需求，减少认知差异所导致的政策执行阻碍，成为大势所趋。也就是说，一方面，国家的治理角色面临调整，传统的追求科技与经济绩效的专家政治不再适应新形势的需要（Gottweis，1998），而必须转换角色，既要能准确研判科技发展的方向与路径，又要具备抵御科技风险的治理能力；另一方面，新兴技术面临交叉、融合，以及全球化的生态、健康、社会伦理的风险威胁，传统专业权威、中心式的决策模式面临治理困境（Fischer，1990），需要在决策与治理内涵上涵盖多元专业的、社会审议的实质程序与沟通，才能具备正当性基础。

在这种脉络下，世界各国在科技政策中所强调的创新研发也面临瓶颈，传统科技规划主导的科技研发与创新，往往强调线性经济与产业的增长关系，面对敏感的、复杂性高的新兴科技风险问题挑战，既有的决策支撑模式受到质疑，连带地国家科技政策的正当性也被重新审视。因而，在全球科技竞争中为各国所重视的创新与研发政策，无法再以便宜行事、利益与效率取向的发展逻辑来推动，而是不仅需要运用系统化的预测评估机制，吸收不同利益相关者的参与，自上而下和自下而上相结合，而且需要充分重视科技所带来的生态、健康、社会、伦理的重大影响与风险冲击。

一、专家系统也有风险

客观上，当今对风险的解释、认知和把握，对专家系统和科学知识确实有很强的依赖性。人们对于未来科技的发展往往有某种感知，但对于自己的感知又缺乏信任，更愿意求助于理性的认知和把握，于是科学和专家就被推到了风险解释的前面（郭洪水，2013）。专家通过实验和测量工具等"科学的感受器"，把风险变成可见的和可解释的（乌尔里希·贝克，2004）。然而，这也通过制造合法化的风险隐藏了未知的风险，从而带来更大的风险应对难题。专家系统的认知成为风险评估的依据，可接受值成为风险评估的标准，也许某个或某几个可接受值的判定确实能够控制某些局部风险，但风险的扩散，尤其是新兴技术带来的风险的扩散是个系统性的过程，各种风险因子存在动态的、复杂的相互作用，一个很小的危害也可能会被放大为极大的危害。此外，市场也是一个放大风险影响的外部环境，存在某种程度的"蝴蝶效应"。

科学家也有自己特定的喜爱偏好、价值取向和利益关联，不可能总是为"真理"代言（赵正国，2011）。在知识政治时代，专家参与成为政策科学化的重要保证（张云昊，2021）。通常意义上，专家被称为专家，是因为其掌握着专业知识，也就拥有规训、管理人类社会活动的内涵，科技领域亦是如此，科技的发展路径、方向由专家来定，专家的论述与知识的光环容易形成垄断的地位。同时，科学知识不可避免地伴随不确定性与复杂性，再加上缺乏与社会的理性沟通，又有恣意的工具理性思维，往往不愿面对科学不确定性的风险结果。换句话说，专家系统的权威性，在高度的科技争议事件中回避了社会民主沟通的层面，反而影响了专业提供服务社会的功能，社会行动者则常因专业权威的迷思而丧失了其行动的信赖。

科技不确定性及风险的存在，会产生"有组织的不负责任"，需要加强专家与公众之间的沟通，开展"有组织的技术预测"，特别是新兴技术高度风险不确定，专家与专家间的争议往往导致公众对知识系统和事实判断的迷惑。因此，面对这些争议性的风险，需要更大的透明参与及社会沟通来弥补，推动全社会对科技风险的前瞻预见。进一步来说，科技的社会沟通当然并不能解决科技衍生的问题，也不能保证社会各界能达成共识或允诺某一争议科技的发展，重点在于，专家所决策发展与运作的科技是与经济、社会发展紧密相关的，因此须经由公众的理解与选择，这也是当代解决科技争议风险、实现民主实践的科技治理的基本程序。

二、需要社会的对话与沟通

科学、技术创新发展在现代社会成为新的社会变迁的基本指标，如工业革命、信息化社会等描述，科技发展已经深深镶嵌在社会发展的脉络中，它们一方面来自社会需求，另一方面演变为当今社会发展与变革的重要驱动力。从科学、技术和创新发展的角度来说，知识具有高度复杂化与专业化特征，而且不同知识群体也会有专业素养的不同，带来立场或利益上的分歧，常常表现出一定程度上的冲突或紧张关系。也就是说，科学理性内部事实上存有不同学科训练理性界线的重叠与模糊地带，因为根据不同学科理性思维所产生的不同的解释结果有时呈现相互的矛盾或冲突（周桂田，2005），所以，科学技术创新所携带的不确定性必须扩大到相异学科理性的对峙意义，充分吸纳不同背景的相关者参与其中，从不同角度阐释科技评价对象的趋势性特征及所蕴含的风险。

然而，科学技术发展趋势的争议，尤其是对于新兴技术的发展，并非能相当清楚地在社会公众中说明，或者通过实验来论证，进而弄清楚产生分歧的地方，因此，往往需要拓展到经济、社会层面，产生新的政治效应。

进一步说，即使是相关领域的科技专家也很难掌握全面的知识，尤其是对于科学技术的研发与应用方面，仅仅锁定在科学实验室的假设，或者实验中的阶段成果，不同的学科、研究路径，都会有不同的评估结果，形成科学技术内部的争议。这些争议在政治化或社会化的过程中，若未能跳出狭隘科学理性的限域，思考科学之外的冲击，从而进行与社会的对话、沟通，甚至发展互动的平台机制，则通常会演变为高度分歧的社会争议，甚至将部分不确定性强的新兴技术拒之门外。事实上，由于科学技术的快速发展，其对社会冲击的范围、规模与影响也日趋扩大，超过了科学专业所能控制、估算的能力，对争议的解释如仍受限于单一维度的预测评估，忽视科学技术以外的问题，将无法令社会公众信服。

可以说，若不厘清上述种种科学技术对社会的关系，而认为科学必然是"客观"的，则是相当盲目与不负责任的（周桂田，2005）。虽然科学技术的创新发展试图带来人类的进步福祉，但仅从科学学科理性的角度，仅从科技专家的视角去预测评估未来技术的发展，无视科技与经济、社会发展的耦合关系，忽略全球经济技术竞争背景下的技术发展格局，这种对科技发展趋势的研判就是盲目的。遴选出来的重点领域、重点方向，可能也是盲目的结果，将会造成经济、社会资源的巨大浪费。

当今社会，外行公众的本土知识和技术专家的专业知识之间的界限趋向模糊。技术预测强调不同利益相关者参与的民主性，要求包括公众在内的不同主体能积极参与到与研发活动相关的决策过程中，让各类主体、主持科研议程的群体之间发生实质性的意见交换，从而摆脱以往被动观察者的角色。这种追求各方主体对技术发展的共识主要表现为两个方面：一是整合共识，主要是通过民主协商来整合科技活动不同发展阶段的目标，从而制定短期或长期的战略计划；二是整合不同主体利益，主要是协调不同参与主体的利益诉求，从而促进其高效合作。值得注意的是，整合过程关注的对象不是某一个群体，在整合目标时，追求的是多个主体目标的同时优化，做到公平公正，从而达成目标之间的平衡，实现价值最大化。在整合主体利益时，考虑不同利益主体之间的竞争，不断协调和缓解其中的矛盾与冲突，不能让这一过程成为权力的附庸。因此，整合不是各方力量的简单叠加，而是一个动态优化的过程（杨素雪，2019）。

第三节　作为科研反思的技术预测

技术预测作为促成共识的一种手段，其顺利实施是需要一定条件的，主要包括：利益主体之间进行高效的沟通，决策者倾听各方观点并在采取行动时切实考虑这些意见，以及监管者维持和保护合理的协商空间（Fuerth，2009）。技术预测过程中不同主体的互动参与通常与技术创新的过程密切相关，是寻求反思与日常决策的结合。鼓励在创新系统中建立反思性审查机制，早期干预试图让技术专家描述可供选择的技术发展轨迹，通过确定性和不确定性排序来确定可行的优先选项，通过这种反思印证科学发展的需求。

因而，技术预测是旨在防范技术风险的一项科技研发反思活动，它不仅从技术本身，而且从更广泛的社会、文化、经济、环境等方面来评估技术潜在的可能性。传统的预警性技术评估尝试通过技术预测构建预警系统，但因其局限性陷入了技术的社会控制困境。实际上，只要存在预测行为，就难免陷入科林格里奇困境（Collingridge's Dilemma）①，技术预测并不能从根本上走出这一困境，但它可以提供多元化视角，使技术风险防范成为一项开放的事业，从而优化单一主体、单一预设的评估方式。

技术预测有其自身的价值和意义，不仅可以作为决策制定的参考要素，也可以作为国家或地区进行科技创新的协调机制（万劲波，2002）。Grupp 和 Linstone（1999b）总结了各国在技术预测方面的经验，试图找到技术预测的新范式，他们的研究指出，进行技术预测的方法从数学模型向更多定性方案转变，不再是基于当今数据库的未来技术的概率预测。这种转向体现在以下四个方面：首先，从社会学和政治科学的角度来看，预测是社会协商系统的接线（wiring）；其次，从经济学和管理学的角度来看，预测有助于基准测试，有助于启动未来需求与当前研发投资之间的反馈过程；再次，从认识的角度来看，20 世纪 90 年代重新受到重视的预测活动与全球化进程有关，也与对国家或区域的创新体系的重新认识有关；最后，从国际角度来看，跨国家的预测活动是一种新的探索，有利于共同解决类似气候变化、人口增长等国际性问题（杨素雪，2019）。

技术预测本身是为了最小化风险和不确定性以及最大化知识创造活动的收益，用以减少技术开发的风险。同时，它将科技进步与经济发展，以及生态环境、自然资源、人口、政策与文化等结合起来，展开深层次和综合性的研究，对技术发展的前进方向进行一体化研究和科学决策，从而有利于减少技术进步的负面效应。从技术跟随的角度来讲，它不会招致技术领先者使用新技术所带来的风险；相反，却可以综合分析这些风险在其他国家是如何发展的，以便建立低成本的风险管理体制（费多益，2005）。

根据欧洲预测监测网络（European Foresight Monitoring Network，EFMN）整理了 50 份国家技术预测报告，经过分析之后，认为各国开展技术预测最普遍的目的依次为以下几项。

（1）引领政策发展。通常包括支撑战略规划编制与提出政策方向建议。如果开展技术预测是为了提供此功能，则通常是在现有的议程设定与优先排序机制下导入新的观点，或者是在新的共识基础架构下探索政策选项，或者是协助政府与其他参与者在政策设计与决策过程中建立新的规范。

（2）建立合作网络关系。预测通常用来创造一个可以开放性思考的共同空

① 英国当代技术哲学家Collingridge（1980）总结认为：一方面，除非一项技术得到广泛应用，否则其影响不可能被完全预测；但是另一方面，如果一项技术得到了广泛应用，那么它就难以控制了。这一悖论后来被命名为"科林格里奇困境"。

间，促进主要的科学、技术与创新利益相关者在不同层级（包括国家、国际或跨国）的参与。

（3）科学、技术与创新战略规划及优先排序。欧洲的技术预测活动通常用来作为动员关键利益相关者明确或强化公私企业部门战略性科技创新领域的一种工具，以利于在产业发展过程中发现具有竞争力的产品或服务，然后为之商品化。

（4）创造共同愿景。为了创造共同愿景，必须先对既有的愿景，以及想要的、可能的或替代的情景进行评估。共同愿景最重要的是发展出与情景相关的战略与建议，但在参与过程中常常由于设计不良或宣传不足导致此目的很难达成。

（5）引发行动及公共讨论。预测的目的在于为决策提供意见，然而为确保能够引发行动，预测也能被视为可据以实行的目标，预测计划的参与者通常能成为计划成果相关信息的承载者，且在预测结论的实际操作中扮演重要角色。

（6）确认科学、技术与创新的障碍和驱动力。障碍意味着存在提升体系效能的阻塞机制，类似资金不足、科技基础设施缺乏、人才结构不佳等。驱动力指的是有助于国家、组织、部门发展的因素。

（7）辨识研究及投资领域。通常包括辨别有前景的技术、商业模式、基础建设需求、市场等，并将主要的科学、技术与创新的障碍与驱动力转化为机会，采取创新的产业政策及战略等。

（8）鼓励未来思考。评估中到长期愿景与可能的未来情景，探索各部门与次级部门的未来发展趋势，将研究成果链接至商业及政府目标，评估由预测所衍生的政策决策的潜在冲击等。未来思考的重要贡献在于能及时察觉可能影响决策的议题，并进而设定优先顺序。

（9）回应重大挑战。许多预测研究的共同特征是回应一些宏伟的目标或重大挑战的出现，诸如联合国千年发展目标、全球气候变化、可持续发展等。

其中，在欧洲预测监测网络所整理的国家技术预测报告中，引领政策发展，建立合作网络关系，科学、技术与创新战略规划及优先排序三个目的的占比超过50%（EFMN，2009）。

从国家层面来看，一方面，面对知识经济的挑战压力越来越大，竞争态势越发激烈；另一方面，国家也需要借助预测的特性，希望能够对不同领域发展趋势带来的挑战有所回应。借由新的工具技巧来改变态度，在有限的预算内，促进合作与技术演化，预测调查研究可能产生的扩散效应，具体包括以下几个方面（殷正华等，2011）。

（1）探索未来，评估新兴技术。在技术预测进行过程中，经由不同领域专家的参与，从过去的发展脉络推估未来可能的发展态势，可以刺激对科技知识的交流与学习，甚至达到跨领域融合的效果，达到对新兴科技知识的学习与管理。例如，我国第五次国家技术预测设立跨领域技术预测研究专项，第六次国家技术预测将前沿交叉领域作为17个领域之一同步进行技术预测研究。

（2）科技研发资源与战略管理。为发挥最大的投资经济效益，必须集中使用有限的资源，决策者可以参考预测调查结果，制定发展目标与相关战略。根据第四次国家技术预测形成的研究判断，中国科学技术发展战略研究院研究团队根据中国半导体照明产业发展的特点，用规范流程和有效组织对产业发展的愿景、目标、路径、不同阶段研发重点以及投资等进行系统分析，明确了产业技术创新的路径、方向，形成的《中国半导体照明产业技术路线图研究报告》成为我国半导体照明产业发展和技术创新规划的重要参考，为产业研发投入、投资、产业布局提供了可靠的依据。"十二五"期间，政府实施了半导体照明重点专项，集中资源攻克了氮化镓外延材料和芯片制备技术。

（3）活络创新系统与制定产业发展蓝图。预测同时兼顾技术供给与市场需求，在创造经济价值的同时，也有助于社会福利的提升。预测提供了一个创新思考与知识交流的平台，可促进创新主体之间的互动，建立合作与协调机制，并培养、活化创新能力，引导创新并朝向社会、经济需求发展；预测亦具有跨领域应用的预测功能，可刺激创新活动的基础改革与体制改革。同时，预测内容包含产品、技术及市场，可提供技术路线图的基本信息，以作为全球产业价值链分工与布局蓝图。

（4）增进国际合作。通过国际预测运作，建立国际合作关系。例如，1994～1995年德国与日本合作进行了迷你德尔菲调查，2007～2008年芬兰也与日本合作高龄化社会、信息通信及能源环境议题的预测调查。进行区域型预测可以重新定位产业价值链分工角色，如联合国工业发展组织（United Nations Industrial Development Organization，UNIDO）的拉丁美洲合作预测。在国际性的预测活动中，各国可建立分享与学习的机制，如每年举行的中日韩科技政策会议都会将技术预测作为重要会议议题开展交流讨论。

（5）支撑决策机制。预测活动为现今的战略性活动提供准则，不仅告诉人们什么是应该做的，还提示应如何做与何时去做。预测活动帮助人们理解未来愿景，并提供其他重要信息，这些信息将影响许多人对类似职业、教育，以及生活形态的选择。同时，通过提供关于现今许多人们应该做或不应该做的决策选择信息，预测活动能帮助形成可能性的路径。通过预测活动，许多战略政策决定可基于更广泛的社会辩论，而使决策理由取得足够的正当性，且使得决策过程中取得更广泛多样的知识作为决策支撑，有利于政策的执行，提升科技决策的民主化水平。正是基于以上特色，许多国家和地区纷纷利用预测所产生的政策效益，并灵活应用于国家科技政策的制定中。

第二章 从预测到集成政策策略

近年来，预测成为诸多国家和地区描绘未来发展蓝图的政策工具，这一工具的本质是以调查专家的意见来预测并勾勒未来的愿景及需求。通过对专家意见的调查，收敛形成共识，并确立共同追求的目标。借由预测的执行，明确未来一段时期科技发展的脉络，并引导科技政策与策略的形成，建构完善的科技基础设施与有利于创新的环境，进而实现最大的经济效益与社会效益。

第一节 历史上的技术预测

现代科技在国家或区域发展中的地位和作用日益提高，科技竞争已经成为国家竞争的"制高点"和"主战场"，而且竞争的重心也在前移。争夺未来、关注未来、研究未来是形势要求。政府、高校和企业必须对处于不确定环境中的创新投资做出决定，而且（公共）知识生产受到越来越严格的预算（相对于投资领域的数量）和公共治理的限制，科学上的投资必须关注社会责任和社会收益。目前，如何分配稀缺资源、找准技术领域来支持创新，是一种迫切的信息需求，其中包括对国际竞争未来参数的合理预期（Georghiou，2001）。国家或区域科技发展战略必须坚持"有所为有所不为"的原则。因此，随着学习型经济变得越来越重要，技术预测的活动数量自 20 世纪 80 年代以来一直不断增加（Butter et al.，2008）。

预测的目的不是预见未来，而是想象可选择的未来及其影响，并在此基础上进行明智的决策。预测因此取决于两个关键假设：①未来不是被事先安排好的；②今天的决策和采取的行动会影响未来。因此，预测是一个系统的、可参与的、收集未来情报的中长期愿景建设过程，旨在帮助做出当下的决定以及形成联合行动。从这个角度来看，预测应该被视为一个产生新见解以及构建新能力的过程，而不应仅被看作一个工具（Wiek et al., 2006）。此外，更要强调的是，对于（公共政策的）预测的基本原理和动力最终要立足于通过有效的科技政策，以创新为主要杠杆来创造社会财富，促进经济发展（Martin & Johnston，1999）。

目前，对"预测"一词并没有非常一致的定义，根据 UNIDO 的定义，预测是以创造一个更好、更清楚的未来为目的，结合不同的方法及技巧的系统化思考过程。显然，它不仅是对特定的科技或科技发展范围进行概率性的预测，也不仅限于专业层次的头脑风暴。

一般而言，预测具有以下五大要素（Gavigan et al., 2001）：①预测活动对于长期性的社会、经济、技术发展及需求应有结构化的预测呈现；②预测通过互动参与的方式，如探索性的辩论、分析及研究等，使多元化的利益相关者参与其中，这也是预测有别于传统未来学研究之处；③预测有利于建构新的社会网络，这在不同的预测计划中受到的重视程度不同，但这过程和结论具有同样的重要性；④预测报告不限于情景模拟和计划制订，重点在于应该详细阐述策略性的愿景，并通过网络的互动，对愿景义务达成共识；⑤预测计划必须能对当代的决策和行动做出清晰的辨别与解释，否则所构筑的愿景会流于理想化。

随着时间的推移与形势的变迁，对预测的理解还在不断地变化。这些变化设想改变预测实践的基本原理以及拓宽预测的应用领域范围，这也使得预测活动的方法应用越来越多样。这些因素共同进化，使得识别不同时代的预测成为可能（Miles et al., 2008；Schlossstein & Park, 2006；Tegart & Johnston，2004）。

一、植根于美国的技术预测传统

早在 20 世纪 30 年代，技术预测就开始在美国出现，并在第二次世界大战期间广泛应用，尤其是空军和海军已经利用技术预测来制订科技计划。如美国国家资源委员会（National Resources Committee，NRC）的"技术趋势和国家政策"研究报告，通过对技术发展的过去进行推演来预测未来，为制定科技政策服务。这是技术预测的第一次高潮。在方法论方面，主要是基于趋势外推手段，对已有技术的发展轨迹进行趋势研判。

第二次世界大战后，由于战时管理经验和科学技术迅猛发展，新兴多学科和各种交叉学科纷纷涌现,越来越多的机构开始重视对未来科技发展的研究,尤其是在军事和航天领域,开展了大规模的技术预测,从而出现了技术预测的第二次高潮。由于当时航空航天、电子、通信、计算机等新兴领域的发展,技术发展的不确定性因素越来越多,技术预测的难度也越来越大,传统的预测方法已经无法满足对新技术发展预测的要求,因而发展了许多新的预测方法,最著名的就是美国兰德(RAND)公司的德尔菲法。这种方法通过问卷调查的方式,让专家就事先拟定的问题自由发表意见,经统计汇总后再反馈给咨询对象,再次回答同样的问题,以求得一定程度的集中,从而获得有一定科学性和权威性的判断。这种集思广益的方法有较强的凝聚力和号召力,因而成为决策的有效手段。

这个时期,技术预测通常与对未来进行概率评估相关,这要求精度达到一个特定的参数(Andersen & Rasmussen,2012)。事实上,这些方法没有预见到20世纪70年代的石油危机,使得人们对预测的实用性和有效性产生了很大的怀疑,而这反过来又刺激了其他方法的发展(Miles,2010)。

二、20世纪六七十年代欧洲的传统未来研究

根据 Miles(2010)的研究,预测植根于20世纪六七十年代欧洲传统的未来研究(Bell,2003;Bell,2004)。未来研究的领域往往是由来自人文社会科学领域的专业人员掌控的,被视为一种富有创意和想象力的思维与行为艺术(Martin,1995)。此外,早期传统的未来研究的特点是对未来和技术采用悲观以及批判性的观点,而这部分形成了传统技术的评估基础。相比预测,未来研究更关注公众辩论的过程,而预测是做出具体决策的一个重要支撑手段(Miles,2010)。技术评估的目的是引入一种特定的技术或管理方式来分析风险、成本和收益,并且向公众、政府部门和其他决策者传达这一信息。

三、日本技术预测的创新发展

20世纪70年代,随着日本经济的高速发展,日本开始使用德尔菲法进行大规模的技术预测调查。这项工作主要由日本文部科学省科学技术·学术政策研究所(National Institute of Science and Technology Policy,NISTEP)主持实施,宗旨是从长远观点出发,对未来30年的技术发展进行预测,在众多有希望的技

术成长点中，能够用科学的方法捕捉未来发展的重点。根据日本的特点和决策工作需要，他们对德尔菲法进行了改进：第一，除技术本身的发展外，还要考量技术可能带来的社会经济效益，如技术对日本的重要度、技术的实现时间、阻碍技术发展的因素、促进技术发展的途径等诸多方面；第二，参加咨询的人员不局限于十几位专家，大量的科技界、企业界人士和决策者都积极参加，甚至还包括少数新闻记者，第一次技术预测就有3000多人参加。从1971年开始，日本技术预测调查每五年进行一次，至今已完成了11次。从历次调查的规模来看，课题数逐次增加，参加人数不断增加。

日本的技术预测有自身的特点，Martin（2010）的研究对此做了较好的总结：①参与者不仅涉及一些专家，还有大量的科学家、企业家、政府官员和其他人士等；②它考虑到未来经济和社会发展的需求因素；③它结合了自上而下和自下而上的方法；④它强调过程的效益。Irvine和Martin（1984）由此提出了"预测"（foresight）这个术语，进一步延伸了传统预测概念的内涵和外延。作为用于公共政策工具的一种战略前瞻性技术分析，预测在科学和技术的设置上处于一种优先级状态。这个定义与"后见之明"相反——对历史进程和一些重要技术创新起源的理解。在制定公共政策和企业战略规划方面，预测通过不断的实践，已经基本确立了自己的实践领域，而且已成为一个科学学科。它以日益增加的概念扩展和多样性为特征，后者反映了预测以多样的原理应用和实验为基础，成为更具有参与性、复杂性，应用于多个层级、多个方面的工具（Georghiou et al.，2008）。

四、欧洲的跟进与发展中国家的重视

继日本之后，欧洲各国先后开展了技术预测。德国首次进行的德尔菲调查是于1992年与日本联合开展的。德国联邦教育与研究部（Bundesministerium für Bildung und Forschung，BMBF）将这项工作委托给弗劳恩霍夫系统与创新研究所（Fraunhofer Institute for Systems and Innovation Research，Fraunhofer ISI），该所与日本NISTEP合作完成。借鉴日本第五次技术预测经验，参考德尔菲调查，并与日本进行结果比较。从预测结果看，双方在优先项目的排序上有明显差异，如德国在未来安全与环境方面的需求比日本强烈；日本则重视一些未来突破性技术的发展，如超音速飞机横渡太平洋、无人核电站建设等。

英国在20世纪80年代末就开始了技术预测研究，当时主要是为了探索科学发展领域，主要参与者是技术专家。1993 年，英国政府发表了一份具有重要意义的科学技术白皮书——《实现我们的潜能：科学、工程和技术战略》（*Realising Our Potential：A Strategy for Science，Engineering and Technology*），根据英国新的科学与技术发展战略要求，1994 年英国科学技术办公室（Office of Science and Technology，OST）制定了一项到 2010 年的技术预测计划，首次开始国家技术预测工作。为此，英国设立了一套专门组织机构：由内阁首席科学技术顾问领导的指导小组，负责选定领域和控制预测全过程；领域专家组，负责评估每个领域的技术和商业方面的意见，包括市场趋势和技术可行性；以及由高水平专家组成的专家库。这些机构的人员均由来自高校、产业界和政府机构几方面的专家组成。OST 负责组织实施，并协调各方面的工作。英国贸易与工业部和其他政府部门给予了大力支持，也得到了各研究委员会和英国工业联合会（Confederation of British Industries，CBI）的支持。技术预测计划对 16 个行业未来 10～20 年的发展趋势进行全面评价和分析，并将重点放在技术发展和市场需求的结合上。咨询对象主要是学者和行业人员，在广泛咨询的基础上于 1995 年发表了《携手并进：技术预测指导小组报告（技术预测计划）》[*Progress Through Partnership：Report of the Technology Foresight Steering Group（Technology Foresight Programme）*]（Office of Science and Technology，1995）。这项调查大大加强了英国工业、科技等领域的相互合作和交流；英国企业也充分利用预测结果，开发新产品，开辟新市场，增强其实力；政府部门、研究理事会、高校拨款委员会等机构亦根据预测结果制定有关政策和拨款计划。同时，技术预测还为政府制定重点科技发展领域的政策提供了依据。

　　除日本和欧洲国家外，较早开始技术预测的国家是韩国。1992 年，韩国政府提出了一项雄心勃勃的国家研究开发计划——先进国家计划，目标是 2000 年把韩国的技术能力提高到世界一流工业化国家的水平，并通过这一计划的实施，力争在 21 世纪加入西方七国集团。先进国家计划是按照自上而下的方式组织的，先确定适当的国家目标，然后研究相关的技术。整体上可以分为四个步骤：第一，提供预测所需信息；第二，确定优先目标和选择关键技术；第三，制订计划；第四，执行，对研究与开发（Research and Development，R&D）过程进行监督和最终结果评价。

　　进入 21 世纪，技术预测更是受到世界各国的普遍重视，除发达国家外，一些新兴工业化国家和部分发展中国家也纷纷开展技术预测，因而出现了技术预测的第三次高潮。

第二节　理论发展代际演进

经过数十年的演变，不同年代的预测活动呈现出不同的内涵，Miles 等（2008）根据对预测的不同理解和实践，将预测活动分成五个不同的代际（generations）：从第一世代着重技术预测，逐渐加入市场与社会需求，到第四世代开始强调多元化的参与及协调，再到第五世代开始重视策略性决策的整合。随着对科学、技术、创新和创新与经济发展的这种因果关系的理解不断加深，预测的内在原理不断进化（Smits et al.，2010）。从预测活动的世代演进也可以发现，预测活动的功能与内涵逐渐复杂化，并使预测与未来学有所区别，成为重要的战略政策情报工具。

一、第一代预测

第一代预测主要是技术的预测，是以科技自身的演变为驱动力，引导预测的发展。关注点主要是自然科学和工程，比较重视预测的精度，这通常也可以理解为科学和技术转移（到社会）政策的一个重要组成部分（Georghiou，2001）。这也反映了当时对线性创新模式的理解，并导致第一代创新政策重点关注基础科学（科学政策）。参与者自然而然主要是技术专家，甚至可能仅限于专业的未来学者。

二、第二代预测

第二代预测的特点是认识到必须将技术纳入需求因素，只有这样才能成功地将科学知识转移到产业上。所以第二代预测的内涵与特色即促进技术、市场的同步发展，预测活动探讨的是科技对市场的贡献，以及科技如何受市场影响。产业的代表性主要体现在预测过程中的关键参与者和科学家，以及那些能够消除他们之间差异的参与者（Georghiou，2001；Miles et al.，2008）。第一代到第二代预测实践的改变与需求拉动模式，以及部分耦合模式下的概念化创新研究所取得的进展相符合。学者或产业的研究及管理者，尤其是处理跨组织事务的人员成为主要参与者。

三、第三代预测

第三代预测的特点是拓宽市场观点，包含更广泛的参与者。它出现的灵感主要来源于日本的预测活动，尤其是当人们发现了使用自下而上传导过程的好处后（Martin，1995；Miles，2010），来自创新的一些研究暗示着预测实践者对创新有了一个更为复杂和非线性的理解。人们普遍认为，社会经济系统中缺乏"桥接组织"，而预测可以作为一个承接必要网络连接的平台（Miles et al.，2008），越来越多的参与者可以被考虑在预测行为之中。第三代预测通过对社会趋势、制度安排的替代方案的探讨，将预测的市场观点扩大到更广泛的社会层面。它强调将社会经济问题的解决作为一种组织原则而不是科学机会（Georghiou，2001）。社会上的利益相关者，包括政府借由科学行政单位的参与，来提升自身在预测活动中的地位。

第三代预测模型是在 20 世纪 80 年代中期形成的，到 21 世纪末，创新体系的方法原理和预测连接起来，这样预测就成了可以刺激、拓展以及深化交互创新系统的一种工具（Martin & Johnston，1999）。在之后的实践发展过程中，预测被视为一个连接愿景的构建过程，而不仅被视作预测规划工具（Cariola & Rolfo，2004）。

四、第四代预测

到了第四代，预测开始有了一个"分布式角色"，这意味着有更多不同类型的组织开展预测活动，而且有更多不同方面的利益相关者参与进来。以往由单一政策机构推动的预测活动，可借由科技创新系统，使得不同的组织可共同引导预测活动，除符合各自需求外，彼此之间亦可互相协调。因此，不限于政策制定者，更广泛的参与者加入预测活动中。预测结构在各国可能呈现不同的模式。

五、第五代预测

第五代预测涵盖了各种各样的预测层面、位置、维度、方法、设计和基本原理。预测的计划及活动，导入了战略性决策元素。所关注的对象为科技创新系统的结构及参与者，或是与社会经济议题相关的科技问题。通常（在国家层面上）比较关心的是：①利用科学、技术和创新塑造体系结构和创新系统参与主体；②更广泛的社会或者经济问题。概念的不断拓展和预测的多样性反映了不同理论和实验的共存状态。这意味着当前的预测实践已经远远超出了技术预测的概念（Butter et al.，2008），所以把它称为更为宽泛的"预测"更加合适。这一时期，预测活动回归到以专家为主，同时也强调其他利益相关者的互动。

第三节　新一代技术预测

新一代技术预测强调出现不同未来状态的可能性，而不是假设已有一个预定的未来，因此，重点在于对未来状态的塑造。进一步地，它可以提高决策制定和实施的灵活性，拓宽思维，鼓励思考无法想象的事。

对于"温水煮青蛙"的故事，大家耳熟能详。政策的制定，同样需要体系性的预测方法，避免以零碎的方式发展，变化幅度越小，就越可能会忽视环境的变化。因此，需要一个更为基本的政策反思。新一代技术预测可以帮助收取微弱的信号，重新评估和整顿现行政策虽微弱但十分重要的提示。换句话说，新的技术预测方法可以作为早期预警系统的关键部分，并且可作为适应学习型社会的工具。

新一代技术预测作为一个体系，参与决策过程，收集未来情报，建立中长期愿景，意在影响当今决策制定，为推动长远战略制定提供有效的工具（Gavigan et al.，2001）。它有助于联结具有互补知识和经验的不同个人或团体，在面临多个选择的复杂情况下做出选择。这样做有助于探讨广大利益相关者的不同愿景，为更加透明的政策制定提供一个获得公众支持的方法，从而使政策顺利实施。

近年来，我们可以观察到政策制定的变化，即从建立框架条件和结构到战略决策制定：国家或地区对科学、技术和创新的政策及投资组合附以更大的权重，更加关注长远的发展。同时，也能意识到创新过程的复杂性，强调自下而上的网络（OECD，2002）。存在类似于这种在创新过程中的方法转变，也有政策制定过程中的理念转变。考虑到对政策规划和复杂社会系统的思考，政策制定过程强调交流、学习、政策制定和实施的分权与集中（Smits & Kuhlmann，

2004）。最初的政策制定的线性模型（如"建模—实施—评估"阶段）已被循环模型取代，评估将对政策制定和实施做出反馈。在循环模型中，政策学习被视为政策治理的基本要素。然而，目前还不存在政策制定的明确方法和占主导地位的理论（OECD，2005）。从另一个角度来看，我们迫切需要适应和调整与政策相关联的工具。

政策的实效性不仅取决于政策的制定，还取决于政策参与度。不同政策的实施依赖于知识、经验和利益相关者的能力。从联系的视角来看，政策的制定不仅与政府有关，还与公众及个人在社会变迁过程中所做的决策和对社会的反馈有关。为了使政府决策更加有效，需要利益相关者的参与。此外，政府的角色需要从一个中央指导实体向集体决策的主导者转变。

现在，开放的政策制定过程越来越有必要，这是确保实施结果稳健和有效的重要条件。这也反映在《欧盟治理白皮书》（European Governance. A White Paper）中（European Commission，2001），强调良好治理的五项原则，即参与性、问责制、开放性、有效性和一致性。

上述政策制定方法的转变已经反映在预测方法的运用上。预测方法的实施过程汇集了专家、政策制定者、社会团体代表，他们在预测方法实施过程中扮演了重要的角色，他们分享对现存问题的认识，使得目标和发展方向得以确定。也就是说，通过调整预期以"创造"自我实现的预言来定义未来。这种过程输出比实质性的（有形的）输出更有价值。对文献进行梳理可以发现，无论是集体层面还是个人层面，对运用前瞻性方法支持战略制定的兴趣都有所增加，如"适应性预测"（Eriksson & Weber，2008）或"可持续性预测"（Truffer et al.，2008）。从这个角度看，前瞻性方法可以被认为是决策制定网络化和分散化不可或缺的元素，为决策制定提供了三个至关重要的作用（da Costa et al.，2008；Eriksson & Weber，2008；Weber，2006），如图 2-1 所示。一是政策通知功能（信息传递），通过生成编码信息和关于动态变化、未来挑战的研究，指导政策制定。将各层次的利益相关者加入其中，他们之间的联系和理解过程在此发挥了重要的作用。二是政策咨询功能（战略政策咨询），为政策定义提供支持，通过合并在战略定位认知和政策制定主观选择上的见解，从而形成新的政策概念。也就是说，除了提供信息，政策咨询工作旨在针对主观政策制定过程解释信息，并将它们转化为新的政策。三是政策促进功能，将预测方法作为系统性工具使用（Smits & Kuhlmann，2004），即与传统指导方法互补。通过学习接口，促进发展方向的共同愿景的形成，建立特定的分布式智能基础设施，从而建立集体学习过程。所以，预测可增加特定政策的反响，以促进政策实施（da Costa et al.，2008）、推动未来发展、创造利益相关者之间新的网络和愿景。

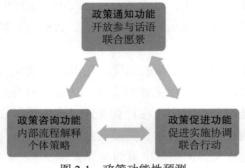

图 2-1　政策功能性预测

一、预测与创新政策

创新是驱动力，与能源、环境、交通运输、地区发展、产业变革、健康和教育等领域密切相关。政策领域的相互作用日益增强，这是促进政策与创新相关问题相协调的原因之一（OECD，2005），也是强化系统性创新政策工具运用的重要因素。系统性创新政策工具可以有效提升自我组织的创新系统的能力。

（1）决策者不能被视为完美的社会规划者，但可被形容为公共协商决定的中介和发起人。

（2）政策战略的形成必须被视为一个连续的、互动学习的过程（Metcalfe & Georghiou，1998）。

从这个角度来看，将预测方法运用于创新政策问题可视为一种系统性协调机制，不仅联结了决策者和不同利益集团，还联结了影响创新的不同政策（及其各自利益方）。换句话说，预测方法为整合不同的知识做出贡献，使得其能够更好地应对未来的挑战，特别是将科学技术创新过程与社会经济需求紧密联结起来，为需求与供给之间的变化提供了讨论的空间。因此，将预测方法与其他政策制定方法联结起来，可确保将前瞻性思想融入政策学习过程中。

预测方法对创新政策产生的实质影响，很大程度上取决于其完整嵌入创新体系和广泛的政策背景。

（一）创新文化

国家有相对完备的创新政策，这些需要由一系列战略情报工具支持，涵盖创新研究、项目和规划监督以及影响评估。在这个组合中，预测方法经常作为一个特殊的角色以发起讨论、支持战略形成和促进政策的实现，但是它对创新政策的影响取决于其他工具在创新政策情报和学习中的角色与"分量"。在创新政策文化不发达的国家，例如处于经济转型阶段的国家、发展中国家和处于工业化进程中的国家，预测方法因为缺乏情报工具，作为需要不同创新主体共同参与的方法难以被运用，但对开展预测活动的国家来说，其对政策协同作用的贡献是显而易见的。预测还有助于应对新兴经济体的治理挑战。资源的稀缺性决定了不能"摊大饼"，需要做出优先序的选择。全面的、设计良好的前瞻性预测过程可以帮助平衡科技发展的长期和短期问题。

（二）政策关注度

不过，创新文化还不足以解释预测方法有效性的主要差异。在创新政策文化高度发达的国家，相比其他工具，预测的重要性在很大程度上取决于它的定位以及是否获得高层政策制定者的支持。第一个英国预测计划能产生影响，不仅是由于它受到高层的政策关注，还因为其与相关部长办公室之间的紧密联系。在瑞典，预测方法的影响力相对较小。同时，Weber 等（2009）告诉我们，应该注意与政策制定者密切联系的风险，可能会产生"重新阐释"前瞻性结果的情况以适应政治目的，而不是一个对未来的挑战和选择的开放性的论述。前瞻性规划的框架计划，如时间范围、目标和所有权，在确保关注点和开放性之间的平衡方面是至关重要的。

（三）社会经济动态

预测方法实施的时机对创新政策的贡献也非常重要。面临重大的结构变化和期待在未来几年里有新发展的国家，相比一个处于相对稳定的经济和社会发展阶段的国家，更需要预测信息，如一些经济转型国家（Havas，2003；Havas & Keenan，2008），以及许多工业化国家（Johnston & Sripaipan，2008；Popper & Medina，2008）。

（四）资源的可获得性

与社会经济发展密切相关，资源的可获得性可以激发决策部门开展预测活动的兴趣，同时提升预测影响力。经济停滞或衰退往往导致变革受阻，使得它很难分配未来的创新资源。然而，即使在这样不利的情况下，知识共享也可以降低不确定性，促进优先顺序设定或至少接受优先顺序设定的需要，从而更有效地使用稀缺的公共资金。此外，预测也可以识别新的机会，找到摆脱经济衰退的方法。

二、预测的未来发展方向

只有具有实质性、精心制定的预测方案，才可以吸引领导和决策者的关注，才有可能得以实施。否则，参与者在预测活动中投入的时间、精力，以及在项目上的花费都将白白浪费。参与者之间的网络建设、沟通和合作也至关重要。

预测的未来发展可以概述为四个不同的方向。这四个方向不是互斥的，在不同的背景下有不同的侧重点。

（一）复杂的政策信息传递工具

这种观点反映了对预测比较保守的看法，认为预测将主要局限于信息传递阶段。预测与生俱来的探索性，使得它的目的在于超前思考以应对意想不到或不寻常的未来事件，促进不同参与者的信息交流和传递，以形成技术未来发展的共识性看法。

（二）政策制定过程的组成部分

预测成为政策制定过程的一个组成部分，起到了通知、咨询和促进的作用。决策过程中有做出战略愿景的需求以及分布式决策的需要，而预测能在这两方面发挥主要作用。这个模型可以应用于已经具有高度分化的政策情报系统的国家。在这样的背景下，预测可能扮演一个非常突出和明显的角色，例如，通过收集不同的信息以形成政策，但面向未来进行预测的方法同样会变成一个在决策过程中的自反性标准，与其他政策工具竞争。

这种转变可能意味着预测不仅应用于单个政策领域，也满足一个横向的政策协调或者至少是政策导向功能，非常符合其在创新政策中的交叉作用。最后，预测方法会广泛用于组织内部流程设计，以及开放的参与过程方面。

（三）检视政策效果的重要方式

预测为决策制定提供了一种反省机制。通过预测形成的政策情报，可用于检视既有的政策效果。

　　这种模式比较适合新兴经济体，或者更适合面临根本性变化、创新文化尚未建立的国家。事实上，预测是一个非常有趣的工具，为建立一个复杂的、适合新兴经济体发展阶段，对国家未来发展方向至关重要的政策系统铺平道路，类似技术追赶，或知识密集型经济的增长和创新等。

（四）重要的政策影响评估工具

　　通过强调对未来变化和影响的判断，预测可演变成一种接受未来开放性的更真实的评估工具。如今，技术评估文化已经渗透到公共管理领域，转变为支持决策制定的主要模式。在这样的背景下，预测作为政策影响评估的工具可能不是预测专家的首选模型，但可以发挥重要作用。当然，对与预测可能相关的参与性和未来研判，必须辅以更符合现行政策评估模式的其他定量方法。

第三章　预测的范围界定

　　经过几代的理论探索与实践发展，新一代技术预测更强调开放性思考、科学严谨性，鼓励运用创造性的方式进行预测，以期获得长期发展的机会，并利用未来愿景将所要达到的目标、所要解决的技术问题分解，反馈至阶段性的目标与任务主题。进一步考察全球技术预测的发展可以发现：首先，它强调预测的可靠性和成果的扩散；其次，它强调技术发展的重点和优先排序，并促进产业界、学术界之间的网络连接，使其成为主要的评价方法；再次，它涉及利益相关者的参与和评估，寻求共识并探索具有前瞻性的技术，预测可以优化科学和创新系统主题的角色分配与互动效率，每个组织都基于相互协调的原则，利用预测活动来满足不同的社会和经济需求；最后，综合考虑创新体系的结构、参与者以及经济和社会问题，将预测活动纳入战略决策要素。

　　预测活动并没有一体适用的模式，而是要依照决策情景（如长、短期，国家级或区域级，等）进行调整。同时，评估方式也会受很多因素（评估动机、时间点、参与者等）的影响。除了决策情景或需求上的差别，预测活动也会遇到各种挑战，包括：科技的范畴和界限并无明确的定义与区分；科技与经济、社会的密切关系，使得无法单独对科技进行分析；科技评估的准则包罗万象，难以持续和一致；未来科技发展的情景复杂且高度不确定，因此对专家判断的依赖性高；等等。技术预测还有改善的空间，但其作用已经显现。预测活动作为社会集体学习的过程，促进了技术专家、政策执行者、企业家和许多非政府组织（NGO）之间的合作与互动。它不仅可以促进不同领域的系统性知识交流，而且可以帮助利益相关者确定资源投入的优先顺序，从而促进以需求为导向的计划，并通过严格的程序使某些假设合法化，从而获得较少争议的排名结果。

第一节 预测的目的

　　根据第二章的分析，预测经历了几次理论与实践上的变迁、演化，内涵与外延也在不断变化，从英文的表述可见一斑，如 technology forecasting、technology foresight、future technology analysis 等。中国大陆多以"技术预见"作为新一代技术预测的代名词，台湾地区则以"技术前瞻"作为 technology foresight 对应的翻译。日本则继续坚持使用"技术预测"。虽然中文或日文对于新一代的技术预测采用了不同的表述，但就其意思来说，对应的都是英文 technology foresight 概念所表示的内涵与外延。如同前面章节所述，大家对从 20 世纪 70 年代开始的第一代预测到当前流行的新一代预测的阶段划分，基本上形成了一致的认识，《"十三五"国家科技创新规划》提出建立技术预测长效机制，2017 年中央全面深化改革领导小组第三十二次会议强调健全国家科技预测机制，均是在对新一代技术预测理解的基础上提出的，是适应新形势、审时度势的机制设计。

　　新一代技术预测与以往技术预测都是未来取向的分析工具，采用的分析方法很近似，经常用来作为科技政策规划的工具，这两者也常常被混淆。在这里，还是需要进行比较，以具体阐释其内涵与外延上的变化。

　　（1）分析主体。新一代技术预测的分析主体，是未来社会及经济的需求，以及科技能扮演什么角色。例如，英国 1993 年技术预测的目的就是要改善人民生活及增加财富。传统技术预测的分析主体，则是对技术本身的变化进行观察，较少涉及或关心其对外部环境的影响。例如，在信息技术领域，芯片计算能力每隔约 18 个月便会增加一倍，性能也会提升一倍，遵循摩尔定律不断发展。所以新一代技术预测的分析主体是社会及经济，而传统技术预测是讨论技术本身可能的发展。

　　（2）分析观点。新一代技术预测的分析观点多是从需求拉动开始的，即未来国家发展的愿景是什么、需要怎样的技术、怎样的技术是对未来较好的。例如，技术预测会考虑到国家的特殊需求，类似传统产业改造升级问题、环境治理改善问题等。传统技术预测则是从技术推动的观点出发，先决定技术变化的趋势及情况，再决定回应之道。例如，当我们了解码分多址（code-division multiple access，CDMA）技术最终将会取代时分多址（time-division multiple access，TDMA）技术时，我们就必须开始培养 CDMA 的技术能力。因此，新一代技术预测的分析观点是从需求拉动开始的，而传统技术预测的分析是从技术推动开始的。

（3）分析范围。新一代技术预测多是以整个国家作为分析的单位，层级以国家级为主，也有一些区域级的预测活动。例如经济合作与发展组织（Organization for Economic Cooperation and Development，OECD）、亚太经济合作组织（Asia-Pacific Economic Cooperation，APEC）等区域性国际组织，以加强区域性竞争力为着眼点（Martin & Johnston，1999），积极开展技术预测工作；北京、上海等地区也在持续开展区域层级的技术预测活动。传统技术预测则多以技术、产业或科学层级为单位，较不受地域的限制。

（4）分析出发点。新一代技术预测的出发点是探求未来使用者的需求，以影响现在的决策，进而促进未来朝较好的方向发展，属于主动控制。所以，新一代技术预测对分析及规划的重视程度同样高，对结论的推动及推广也投入很多的心力。传统技术预测的出发点则是希望从技术未来的发展推导现在应做的反应，属于被动反应思维，而且比较重视分析方法，希望经由较好的分析方法得到较精确、较有启发性的推论，从而决定现在怎么回应。所以新一代技术预测的出发点属于主动控制，而传统技术预测的出发点是属于被动反应性的。

（5）活动重点。新一代技术预测注重程序，在技术预测进行过程中，强调所产生的政、产、学、研互动，以及由此而带来的共识的形成，促成政策朝大家都能同意的方向演进，即所谓的"协商程序"，这是预测的重要价值所在（Grupp & Linstone，1999a）。传统技术预测则注重预测的结果，无论采用哪种方法，都只是为最后产生的结果提供较可信、较可靠、较精确的支持。

（6）活动目的。新一代技术预测的目的是较整体性的，它希望能将各种不同的技术及领域按照对未来影响的优先顺序加以排列。例如，英国的技术预测活动是要找出影响力较大的一般性技术及基础性技术，中国的第五、第六次国家技术预测亦是如此。传统技术预测应用在科技政策中，往往是了解某单一领域技术的变化。科技政策针对未来的变化，决定相应的资源分配及运用。我们也可以说新一代技术预测更多的是自上而下，而传统技术预测较倾向于自下而上。

（7）考虑因素。新一代技术预测要考虑的因素并不单以技术为主，也希望能包括社会、人文、产业、生活品质等因素，同时它也希望能兼顾学术、实践部门及公众的想法。传统技术预测则多只限于单一领域或相关领域的科技及市场因素，以对未来的变化提出可信的推测。所以，新一代技术预测包括的领域是全面性的，从国家或区域的视角切入；传统技术预测包括的领域是单一或有限的，从技术可能的发展角度切入。

（8）采用方法。新一代技术预测多采用定性分析的方法，希望经由对内容的讨论，在不同群体之间建立共识。另外，鉴于科技发展，尤其是新兴技术发展的复杂性、不确定性，预测不易采用量化分析的方法作为分析工具，反而是文字或图表等沟通工具较为重要。传统技术预测主要聚焦技术本身的发展，可以采用量化或定性的方法来分析。前者如德尔菲法、问卷调查、访谈、头脑风暴、公众讨论及名义小组技术等，有较多的选择；后者如趋势外推、类比、因果、模型等方法。因此，新一代技术预测多采用定性分析的方法，而在传统技术预测中定量分析方法的运用程度较高，当然也需要定性分析作为补充。

第二节 预测活动的界定因素

技术预测的方法有很多，为满足不同的目的和要求，常常会有不同的流程和方法选择。也就是说，在预测活动的设计和交付过程中会有很多决策点，需要我们判断、选择适用的方法流程。从开始到结束的整个过程需要意识到这些选择，即范围界定，这很重要。

为什么需要界定范围呢？主要是为了解决如下几个问题，目的是提升、优化技术预测的质量。①审查和试验预测方法。比如，在某些情况下，如果以前没有使用过某种预测方法，则通过界定预测活动范围，增加或减少相关步骤，尝试一些可能的方法。②评估当前和过去的预测活动。了解已经完成了哪些活动或流程，各自的优点和缺点是什么。③评估能力要求。从人力、社会和金融资本方面来讲，预测实践有时是资源密集型的，但并非所有的预测方法都适用于所有情况。因此，制定一个预测方法体系，把现有机会和局限性都考虑进去，十分有必要。④确定是否需要建立新的结构，做出新的安排，预测活动可能需要考虑新形势、新环境，现有结构或惯例可能不能完全适应这种新形势和新环境，在这种情况下，可能需要做出新的安排。⑤使用最合适的方式生成灵活的（反应迅速的）路线图。根据范围界定，实施的计划能快速应对不断变化的条件，这一点很重要。实际上，范围界定应该扩大选择，而不是限制选择，并且需要理解选择之间的相互依赖关系。

　　一般来说，预测活动的界定因素大致包括以下 13 个方面。

一、依据是什么？目标是什么？

　　在现代社会，开展新一代技术预测活动的理由是什么？这些需要和提出开展技术预测活动的部门进行协商，但出发点在于根据技术预测的目的，基于合适的理论基础，指导更好地完成预测工作。理论也有可能得到进一步的总结提炼，从而作为经验案例。

　　现代社会预测活动的目标是什么？也就是说，希望通过预测实现什么？何时实现？目标通常存在于几个层面。例如，预测活动管理者的直接目标是保证活动顺利进行，但也会有更高层次的目标，这些目标的提出和进行预测活动的理由有关。因此，正式目标通常由相关组织和团体决定。当然，目标可能会随着时间的推移而发生变化。在一个预测活动中，不同参与者拥有不同的目标，这也是很常见的。

　　一般来说，预测活动的重点和方法通常取决于所面临的具体挑战。应明确说明，这些目标要避免过于具体，并且在内部保持一致。为了在早期获得对预测活动的广泛支持，需要与主要参与者协商，确保参与者对活动的支持。这些参与者的参与和动员是成功的关键因素之一，也可以将其视为一个目标。

　　经济发展不确定性增加、颠覆性技术隐现、社会转型、国际竞争环境变化等都有可能破坏既定趋势，带来风险和挑战，往往需要开展预测活动（类似的战略未来活动）。从挑战的角度解释形势，确定关键挑战可能会有所帮助。关键挑战决定预测活动的主要方向。但是在预测活动的早期阶段，就应该采取举措就这些挑战的性质达成共识。一旦从广义上确定了挑战，那么接下来重要的是要考虑参与预测活动的公共组织或个体能在多大程度上影响或应对挑战。关键在于确定采取适当的观点，并考虑如何将预测因素与更广泛的层面联系起来。要面临的挑战可能与特定组织、机构等高度相关，但这些组织或机构可能有也可能没有遇到过这类问题。如果要使连接关键用户的机会最大化，其他参与者就必须尽早加入。但又会出现的问题是：预测活动是一个参与过程，利益相关者代表要投入时间，承担义务。因此，活动必须得到权威部门的批准，类似科技主管部门，这样可以向参与者保证他们的努力是有价值的。这也意味着必须要跟进预测活动的发现和结果，并采取行动。否则，利益相关者不太可能给预测活动第二次机会。同样，注意不要给参与者太多承诺，因为在预测过程中，无论是方法选择运用还是结论的可靠程度等，都有可能存在不确定性。

二、审视现有的战略安排

在现代社会，预测对既有的战略安排会有怎样的补充或者带来哪些挑战？如果仅是为了挑战已达成共识的秩序，预测活动也可以相对独立地进行，类似达到检视既有战略的效果，这一点尤其有用。然而，存在一定风险，即预测会被简单地忽略或者被认为无关紧要。出于这个原因，通常把预测纳入现有战略流程中，纳入参与者的战略中。

三、如何确定需要关注的领域？

技术预测活动的重点是什么？技术预测活动可以有多个方向，但是过去 10 年中常见的方向除了科技本身以外，还包括社会发展愿景、技术需求趋势等问题。方向与预测活动的理由和目标密切相关。

我们需要从一开始就认识到，即使涉及高新技术、社会科技、农村科技等多个领域，也不可能涵盖所有可能的主题或部门。这需要做出某种选择。从"扫描"现有战略优先事项到进行 SWOT 分析，这些方法都发挥了重要作用，监测到的一些趋势也会发挥作用，利益团体的参与和主张也会产生影响。尽管如此，如果要解决的主题或部门所需的资源和时间超出原有的设计范围，那么将很难做出决定。

四、分成什么样的层次？

预测活动可以在很多层次上执行，比如国家、地方、城市、组织（如公司、非政府组织等）、工业部门、问题领域等。预测活动实施的制度设计与不同层次的组织定位密切相关。特别地，在知识型社会，预测的目标和方向还会受活动位置或地点的限制，呈现多层次性特征。

五、时间范围多久合适?

预测活动的时间跨度能有多久？全国预测活动的平均时间范围为 10～15 年，也可能长达 30 多年，或短至 5 年。有证据表明，时间范围往往与活动的目标和方向有关。换言之，时间范围往往取决于预测活动的用途。当然，这并不是说预测活动对现在几乎没有影响。预测活动的一个显著特征是它重视目前的活动，会考虑现有的优势、劣势以及历史趋势。从这个意义上来说，预测活动不仅关注未来，也关注过去和现在。

那么，最合适的时间范围是什么？预测活动主要关注延长规划活动的时间范围。这不仅是"延伸"现有范围的问题，而且将熟知的规划和信息收集工作持续到更长远的未来。这些发展对一个人的前景或许并不是至关重要的，但是如果在问题开始显现之前不考虑这些，那就可能来不及适应这些问题，或者应对变化的成本高于其他情况。比如，为了应对经济和技术变化，需要了解现在的技术基础、国际技术竞争状况，这是一个需要数年时间才能解决的问题。

在实践中，预测活动的时间范围将有很大差异，因为在不同问题、不同文化中，对"长期"的定义也不尽相同。一个显而易见的悖论是：尽管较长的时间范围提供了拓宽视野的机会，但是大多数参与者都希望预测是短期活动。事实上，这里并不矛盾。考虑到未来的可能性，以及更好地调整优化现在做的事情，应该鼓励进行不同时间范围的预测活动。预测就是为了在未来适应更加灵活的技术创新发展趋势，对当前需要重点发展的技术、政策措施可以做出适应性调整。

六、覆盖部门范围多大? 确定参与者有哪些?

预测活动旨在覆盖哪些部门与领域？因为资源限制，以及需要确保活动切实可行，通常都需要选择预测活动覆盖的部门、领域。参与者在预测活动中参与的广度、深度怎么样，谁参与预测活动，这些都是管理者需要考虑的核心问题。预测活动的结果应该是被广泛认同的，具有一定的科学性。谁参与取决于预测的目标、方向、涉及的主题与部门，以及目标受众。一些传统的技术预测活动，无论是参与者的实际数量还是类型都十分有限，当前开展的一些技术预测活动已经开始让包括公众在内的不同群体广泛参与进来。

紧接着的关键问题是：如何确定参与的利益相关者？利益相关者是指受活动、项目或计划影响的个人、团体或机构。当然，可能也存在次要利益相关者，如活动的实施者等。尽管他们可能并非都认识到活动对自身福利的影响，但一些利益相关者也会有非常明确的参与活动的目标。对利益相关者进行分析需要列出利益相关者，并试图确定利益相关者对活动的关注点，因此，这已经成为参与式规划的重点分析工具。有人可能尝试从经验或现有证据推断，或通过访谈或调查找出以下问题的答案：①利益相关者对此活动的期望是什么？（这些期望是否切合实际？）②他们可能会获得哪些好处，以及如何通过参与活动而不是留给其他人来影响这些好处的获得？③如何沟通？④利益相关者可以或者应该提供哪些资源？⑤他们的兴趣或者目标是否可能与活动冲突？⑥他们对彼此是怎样的态度——是否要解决或管理冲突？

首先应该明确利益相关者的类型是多元的。简单的出发点是：考虑产、学、研、用等部门，类似政府、非政府组织、行业、专业和公民团体的角色等。重要的一点是：不要过于严格，如过早地限制哪种政府部门或公司应该发挥作用。当然，还应注意让不同层次的组织参与，如可能需要不同级别（国家级、地区的）与不同规模的组织等。

具体来说，可以通过搜索科研计划专家库、研究成果数据库、网络资源或者寻求其他知情人士的建议等方法找到相关专家。具有代表性的方法是向学术界、专业组织和行业组织询问。必须强调的一点是，这些人不仅代表他们所在的机构，更应能提供具有代表性的意见参与其中。任何方法都可能受到初始信息来源选择的限制，因此开始的时候广撒网是很重要的。如果考虑的范围很广，那么这种方式会产生许多新的利益代表。如果预测的范围较小，就没什么可研究的，因为大多数参与者彼此之间可能都已经很熟悉了。确保相关特殊群体的参与也很重要。

七、参与的程度

参与者参与的程度应该是怎样的？可以从两个维度来考虑，即频率和范围。第一个维度是频率，通常认为咨询问题只与专家、利益相关者对未来的看法有关，如通过德尔菲法或情景研讨会。然而，预测活动中有很多地方可以引发新观点。比如，针对领域范围界定的讨论、审议预测结果的研讨等不同形式的互动，都有可能引发观点。这些可能是最重要的（但是也经常被遗忘）信息来源，因为过程中允许参与者发表自己的主张，并做出战略决策，会产生大量的真知灼见。

第二个维度是范围，涵盖了每一轮咨询中要咨询的人，这显然与早期关于参与的讨论有关。尽管对范围的选择没有硬性规定，但是会影响到预测活动结果的可信度、所需时间与最终成本。

八、持续时间和成本是多少?

预测活动持续多长时间？费用是多少？这在很大程度上取决于所说的成本要素。举例来说，如果预测活动要覆盖许多领域，并且有数千人积极参与，那么活动可能耗资巨大，耗时也长。除此之外，还要看实施预测的具体部门的权威程度、与参与部门的互动效率等，持续时间通常不超过两年，成本还取决于预测活动组织的效率、流程设计的科学性。

财务成本最主要的部分可能来自以下几个方面的因素：①项目管理团队的运作；②会议和活动的组织，一些参与者的差旅费和咨询费；③会议材料制作和出版的费用；④广泛协商过程的运作（如问卷调查）；⑤与活动相关的其他常规活动。

当然，预测并不是一次性的活动，而是一个贯穿始终且往复循环的流程体系。这些都是需要事先予以考虑的。

九、什么方法才是合适的?

在实践的各个阶段应该使用哪些方法？不同的阶段应当对应不同的主流方法，其间为了保证研究的科学性、针对性，还会结合其他方法辅助进行。预测方法并不局限于使用考虑未来的方法。相反，预测方法要广泛得多，考虑到组建团队、范围界定、组织管理、实施等重要任务，可以使用不同方法来完成这些任务。在实际的技术预测活动中，研究人员基于具体目标、学科及时间跨度会考虑使用多种方法，一般不局限于使用一种方法。

十、如何组织和管理?

如何组织和管理预测活动？同样，这在很大程度上取决于对范围界定要素所做出的选择。然而，很多时候，组织模型会从其他地方不加批判地"借用"，参考其他国家（或机构）实施的预测活动经验，而不会充分考虑组织文化特征，这会影响预测效果，需要引起重视。预测活动有一些公共特征，包括成立领导小组、总体研究组、专家小组和利益相关者小组。在具体人员管理和知识管理方面，这是一个创造性的过程，但也可以从其他方法中吸取一些经验。

十一、成果如何扩散？

预测活动的结果如何扩散到直接参与者以外？毕竟，让每个期望对结果有影响的人都直接参与到预测活动中是不可能的。把结果"解释"成可接受的信息，供各个群体使用，这并非一项简单的任务。信息传播所需的方式在不同群体之间（以及在群体内）会有所不同。预测活动组织方需要尽早了解这一点，启动之前就设计好相应的成果扩散策略。

十二、如何实施、应用这些成果？

针对预测活动结果，如何采取后续活动？这通常是一个被忽略的考虑因素，预测组织部门总是过分专注于使预测过程"正确"。让这个过程"正确"确实可以增加后续行动成功的概率，但是理想情况下，应该一开始就考虑到后续活动的安排。多数情况下，有些参与者没有直接参与预测活动，但这些参与者的后续活动会影响预测活动的成功实施。这会带来争议，因此确保这些参与者在某个阶段参与该过程，或是让阶段性的预测成果能及时扩散至这些参与者，可能是明智之举。

十三、做得怎么样？

如何评估预测活动的结果？这一点很重要。一方面，评估活动是否达到目标；另一方面，及时总结经验，为下一次预测做好准备。预测是对未来的判断，对结果评估是很难的，但是我们可以对整个预测过程进行评估，包括对组织、流程、方法选择、人员配备、成果扩散等的评估。通过评估，可以更好地理解整个预测过程，查漏补缺，有助于改进未来开展的预测活动。

第三节 沟通是预测活动的关键

开展预测活动的依据和目标、如何有效参与的说明、结果的传播和实施，所有这些都涉及参与者和成果使用者之间的沟通。从经验上看，可以使用不同的工具促进参与者对预测活动的深入了解和参与，具体包括：通过出版物和传统通信工具，广泛宣传即将开展的活动，并确定感兴趣的参与者；也可以以在线论坛的形式传播信息，推动预测活动进程。现代信息技术在预测活动中发挥的作用越来越大，可以提供远距离、高效率的沟通手段。提供鼓励参与预测活动的平台，如年度全国技术预见学术研讨会、国际技术预测论坛、相关专家研讨会和其他会议。这些会议可以是为了扩散已做出的决定和初步结果，或者是为了与不同利益相关者加强沟通与协商。通常在产生愿景和收集技术信息方面，这些会议与预测活动联系在一起。与特定中介机构和部门（研究中心、行业协会、政府部门等）合作通常很有帮助，可以鼓励他们更积极地参与，提出更多见解。

任何预测性活动的组织架构设计都需要仔细考虑，包括给领导小组、总体研究组、领域研究组、工作组、顾问组、委员会等的角色分配。分配给他们的任务都与计划进行的预测类型、阶段和组织流程有关。比如，共同特征包括建立委员会和工作团队，这是最开始的一步。很多活动还充分利用专注研究特定问题的专家小组。其中，领导小组（指导委员会）负责批准目标、重点、方法、工作计划，确认沟通战略和沟通工具，促进结果交流扩散。委员会定义或调整预测评估标准，审查可交付成果，监测整个项目的进程，保证质量。领导小组也在提高认识、动员专家、提名小组专家等方面发挥了重要作用。

通常是专家小组或工作组组织开展专家工作。专家工作在以下几个方面非常重要：收集相关信息和知识；推动产生新的见解，提出未来的创意、战略设想，以及构建新的网络；将预测过程和结果扩散到更广泛的地区；提升预测活动在后续行动中的整体影响。

工作团队旨在管理项目的日常工作，具体任务包括：管理预测工作的每日进程；与利益相关者和领导小组、领域研究组保持日常联系，确保预测活动朝着事先设定好的目标方向进行；做好项目成本、资源和时间的准确记录；整合管理报告，并提交给领导小组；检查项目是否符合其技术目标。

必须要好好设计这些团体的运行方式，因为这些团体的成员选择和工作方式会影响到整个活动的开展。要定义好这些团体的管理风格，明确不同组别的工作边界、责任归属。总体研究组可以研究制定工作手册，领域研究组根据领导小组批准实施的工作方案，根据总体研究组的工作手册，制定本领域预测活动的手册。任务和责任必须分配给指定的不同小组。

预测活动的主要特征之一是从活动开始到活动的各个阶段，促进各利益相关者的积极参与。这是一个核心因素，可以用来区分是成熟的预测活动还是狭隘的未来规划方式。同时，这也是预测活动组织和管理中的一个重要决定性因素。

尽管预测活动的关键细节是由领导小组和总体研究组决定的，但是过程、关键主题和方法等有广泛的协商空间，可以设计一个预测年度工作进度表，显示正在规划的事情，根据进程及时反馈，这是很有价值的。这些方式有助于保证活动的条理性，明晰其功能，消除对涉及内容进度安排的误解。这需要有充分的准备，以便对可能遇到的相关问题提出早期预警。

参与者的参与是重要的知识和观点来源，应予以高度重视。这种参与不应该是偶然的、不定期的（尽管一定会有特定知识投入和特定类型咨询的情况），而是应该有制度设计，必须把参与和有效沟通共同作为最终结果的决定性因素。

在如何保证沟通协商的广度和深度方面，领导小组组织的预测启动会非常关键，尽可能给不同部门提供各种机会，参与者可以就预测工作提出意见，达成共识。此外，预测活动中使用的很多方法需要参与者的投入（如数据、愿景等）。换句话说，在预测活动进行过程中，不同阶段的工作重点、不同方法的运用，自然而然地提供了一些向利益相关者征询意见的机会。总体研究组、领域研究组在预测活动进行过程中可以随时决定如何充分利用这些优势。

在此期间，总体研究组还需要随时跟踪各个领域研究组的工作进展，保证整个技术预测工作遵循流程管理。监测包括持续观察，确保每个环节的资源能得到有效利用，确保工作进度表有效执行，结果能有实质性体现。当然，在预测活动进行过程中，也可以不断调整项目计划以适应环境的变化。随着新知识的不断获得以及利益相关者的参与，项目的愿景或过程也是可以调整的。

第四章 走向系统性预测

虽然技术预测通常被视作一种系统性做法（Miles et al.，2008），但它极少被看作一种系统；相反，它通常被定义为一种进程（Martin，1995），抑或是一种能力（Slaughter，1997），或者是一种动态能力（Rohrbeck，2011）。在这方面，预测并没有伴随着创新研究推进而不断发展，而是极少融入创新系统、组织操作中，也很少被视作一种连续的策略行为。

已经有学者尝试将创新系统思考中的见解融入预测中（Andersen A D & Andersen P D，2014；Saritas，2013），然而，这些努力都未能清晰地描绘出预测系统的组成部分及其主要功能。为了更好地将预测理解为一种系统，我们需要了解系统主体、结构和功能。从系统的角度去探讨预测系统是由哪些成分组成的，以及这些成分是如何帮助我们理解未来知识创造的动态性的（Dufva & Ahlqvist，2015）。

第一节 技术预测在中国

中国的预测研究与实践是从改革开放以后开始兴起的。20世纪80年代，我国的预测主要是对经济社会发展的预测。90年代以后，我国开始重视对科学技术发展的预测，主要以大规模专家会议的形式，研究技术在经济社会发展中的地位与作用，以及进行重点领域选择等。进入21世纪，我国的技术预测，一方面学习与吸收日本、英国等主要国家的做法，另一方面不断总结经验，形成了中国情境的技术预测体系。目前，我国的技术预测已经成为科技规划编制的重要支撑，成为科技管理的一项基础性、常规性工作。

一、20世纪80年代的预测研究

在此期间，较为综合性、系统性的预测研究项目是"2000年的中国"。国家计划委员会、国家经济委员会、国家科学技术委员会、中国社会科学院和国务院技术经济研究中心等单位负责同志组成研究领导小组，通过跨部门、跨学科的合作研究，历时两年，相关部门于1985年4月提出了总报告《公元2000年的中国》，以及关于2000年中国人口和就业、人民消费、经济、能源、交通运输、农业、教育、生态环境、自然资源、科学技术、国际环境、总体定量分析12个专题报告（李泊溪和李金昌，1986）。

在研究方法上，我国不同部门的专家学者首次广泛采用定量分析法和计算机模拟模型进行了综合分析评价，为我国此后在战略研究中使用系统分析方法奠定了基础。就预测评价而言，我国建立了6个系统预测评估的计算机模拟模型，分析评估方法多半采用综合应用静态和动态的投入产出法、计量经济学方法、线性规划、非线性规划、多目标决策分析、最优平衡模型、系统动力学模型等以定量分析及多因素相互作用分析的手段，给出了不同情况下的预测结果。在战略目标选择、指导思想、发展态势及策略选择上，则主要通过专家会议法研讨协调，得出比较趋于一致的认识。

二、20世纪90年代的技术预测研究

进入20世纪90年代，我国改革开放的步伐加快，随着社会主义市场经济的实质性推进，经济结构调整和产业技术升级开始受到各方面关注。产业技术的发展作为科技与经济的结合点，在科技界和经济界的领导中都受到了足够重视。同时，由于日本、英国、德国、美国等国家纷纷开展技术预测和关键技术选择研究，我国开始学习国外经验，进行国家关键技术选择和技术预测的实践。

1992年，国家科学技术委员会政策法规与体制改革司和综合计划司共同组织，由中国科学技术促进发展研究中心、中国科学技术信息研究所和中国航天工业总公司科技信息研究所合作开展"国家关键技术选择"研究。在前期调研的基础上，编写各国关键技术选择工作的调研报告；研究我国国家关键技术的定义、选择原则、准则、方法和程序，并通过高层专家的咨询加以确认；采用专家调查法形成国家关键技术备选清单并加以筛选；采用模糊综合评价方法和四分位法对选出的项目与实现时间进行统计整理；对选出的项目按相关矩阵法

进行重大工程项目的应用价值评价；最后，通过综合集成和逐项复审选出 4 个技术领域、24 个关键技术、124 个技术项目。关键技术及项目选出后，再对每项技术按技术概述、选择依据、我国的技术实力和保障条件等编写国家关键技术选择研究报告，并于 1995 年出版《国家关键技术选择——新一轮技术优势争夺战》，为"九五"科技发展规划和到 2010 年长期规划纲要的制定提供了重要支撑。

三、21 世纪前后的重点领域技术预测研究

20 世纪 90 年代后期，国际竞争日趋激烈，大力发展产业技术、促进以高技术为特征的新兴产业发展、增强产业的国际竞争力，已经成为各国政府的重要任务。开展技术预测，集中力量发展重点领域和关键技术已经成为发达国家与新兴工业化国家的重要政策手段。为了集中力量大力发展我国的产业技术，特别是高新技术，促进技术创新，增强我国的科技竞争力和产业竞争力，大幅度提高我国的综合国力，科学技术部决定具体实施国家技术预测和关键技术选择，于 1997 年开始进行"国家重点领域技术预测"课题研究。课题组首先选择了 11 个领域，后来由于经费不足和考虑到缺乏全面开展技术预测的经验，只选择了农业、信息和先进制造 3 个重点领域开展研究。这项研究历时两年，主要采用德尔菲法进行。在预测过程中，组织了 1200 位社会各领域专家，对技术发展进行咨询调查。在调查中，主要根据需求原则、效益原则、能力原则和科学原则，通过两轮预测、分析评价与反复论证，从 308 项备选技术中选择出 128 项国家关键技术，其中农业 34 项、信息 55 项、先进制造 39 项，为国家"十五"科技发展规划和地方科技规划的制定提供参考。

四、为 2006～2020 年中长期规划服务的第四次国家技术预测

21 世纪初期是我国国民经济和社会发展实现第三步发展战略目标的关键时期，经济结构将进行战略性调整。一些新兴产业已经或正在崛起，传统产业也面临用高新技术进行改造的挑战。加入世界贸易组织（WTO）以后，我国将在更大范围和更深层次上参与经济全球化进程，我国高新技术产业将面临更加严峻的竞争，加速产业和企业的技术升级势在必行。

2001 年，科学技术部发展计划司委托中国科学技术促进发展研究中心，在

进行充分理论准备的基础上，提出了"十五"期间我国开展技术预测的具体方案。该方案明确了我国技术预测的目标和任务，把分析未来 10 年中国经济社会发展趋势和对科技的需求纳入技术预测系统之中，并成立专门研究组进行研究。在预测方法上，系统集成了日本、英国的经验，强调德尔菲法与专家研讨会方法的大规模综合运用，同时，在进行需求分析时应用情景分析法，加强宏观战略分析。在预测结果的基础上，结合我国国情，选择出对我国经济社会发展至关重要的关键技术群，为我国中长期科技规划和"十一五"科技规划的制定奠定基础，从而逐步形成科学、民主的管理决策体系。在此期间，中国科学技术促进发展研究中心先后组织开展了信息、生物、新材料、能源、资源环境、先进制造、农业、人口健康、公共安全 9 个领域的国家技术预测研究。该研究主要分为三个阶段。第一阶段进行经济社会发展趋势和需求分析，对我国 9 个领域的技术发展趋势进行研究。最终完成了对未来 10 年中国经济社会发展趋势和科技需求的分析，以及对未来 10 年中国 9 个领域科技发展趋势的研究。通过大量的问卷调查和专家研讨会征集技术项目，结合需求分析对征集的项目进行充分论证，最后提出了我国可能有技术机遇的重大项目清单。第二阶段进行两轮德尔菲调查，共发放问卷 8200 多份，其中企业专家占比 21%、研究机构占比 39%、高等院校占比 32%，此外，生物技术领域还有少量海外专家参与了调查。形成了调查数据库和专家数据库，供进一步深入分析使用，同时为开展相关方法研究奠定了基础。第三阶段是综合分析阶段，主要分为两个层次。一是领域关键技术选择。各领域根据德尔菲调查的结果，对各类综合指标进行排序，初步选择出排在前列的项目供专家组进行讨论，充分发挥专家在各自技术领域的互补优势，按照国家关键技术选择的原则和准则，选择出领域关键技术。二是在领域关键技术选择的基础上，通过专家论证和专项调研等方法确定国家关键技术。在信息、生物、新材料等 9 个领域，共选择出新一代移动通信技术、新一代国家统一信息网络技术、国家信息安全系统技术、功能基因组技术、生物制药技术、纳米材料与技术、农作物分子育种技术等 90 项国家关键技术。

五、成为常态化、周期性的第五和第六次国家技术预测

第五次国家技术预测按照创新驱动发展战略要求，以《国家中长期科学和技术发展规划纲要（2006—2020 年）》为基础，以提升国家核心竞争力与促进战略性产业培育和发展为导向，在事关我国经济社会和科技发展的重点领域开展

技术预测工作，选择出一批重大关键技术。通过技术预测工作，明确我国当前重点领域关键技术现状，预测未来 5～10 年制约经济社会发展的关键核心技术，提出国家关键技术选择建议。2013 年启动的第五次国家技术预测，共有信息、生物、新材料、先进制造等 14 个领域完成了中外技术竞争比较、技术预测调查和领域关键技术选择。经过大家的共同努力，取得了重要成果。一是形成了"三跑"并存、以"跟跑"为主的科技发展水平总体判断，为中央科技创新重大决策提供了依据，为创新驱动发展战略纲要、重大科技项目和重大工程论证、"十三五"科技创新发展思路的形成提供了有力支撑。二是选出了一批重点关键技术。在领域关键技术选择的基础上，通过召开国家层面的关键技术遴选会议，选出 100 项重点关键技术，包括 40 项重大突破类技术、60 项重大效益类技术，同时提出 10 项颠覆性技术、10 项非共识技术，这成为"十三五"科技创新规划任务部署的重要参考。

根据国际形势变化和科技发展的新特征，第六次国家技术预测于 2019 年 2 月启动，面向科技前沿和国家战略需求，形成了新时代我国科技发展阶段和水平的重大判断，确定了未来 15 年事关我国长远发展的重点技术领域和方向，为党中央、国务院对重大科技任务的决策部署和中长期科技发展规划的编制提供了支撑。考虑到技术预测工作的延续性以及科技发展的新趋势，选择了信息、生物、新材料、制造、空天、能源、资源、环境、农业农村、海洋、交通、公共安全、人口健康、城镇化与城市发展、现代服务业、食品 16 个领域，以及前沿交叉领域开展技术预测工作，采用主观与客观、定性与定量相结合的方法，开展重大科技需求分析、技术竞争评价、科技前沿趋势分析、技术调查、关键技术选择等工作。

第二节　多层次、多维度的预测体系

系统性预测（Andersen A D & Andersen P D，2014；Andersen et al.，2014）的目的在于整合目前创新研究中对创新的理解，用于预测活动，将预测定位为创新系统（Brummer，2010）的一部分。同时，还将预测体系的定义建立在系统思考方法，尤其是复杂适应系统理论（Kaufmann，1995；Stacey，1995）的基础之上。

预测的系统观意味着重点已经从"理想过程"转变为"理想系统"，预测系统要素是对这个系统结构的描述。对于传统的预测活动（Treyer，2009；Köhler et al.，2015），目标是评判未来所处环境的变化，触发塑造未来发展的反应（Rohrbeck，2011）。然而，世界越来越复杂、多维且相互关联，在以创新系统为背景的情况下，一个简单的、面向过程的预测往往是不够的，更具体地说，预测面临的问题是：如何利用未来知识从控制转变到影响，并意识到所做选择的价值。

从系统观的角度来看，有三个维度的理解。第一，预测活动发生在一个比之前更相互依存的背景下，在这种背景下考虑直接和间接的后果及其累积效应是非常必要的。在一个复杂的系统中，没有一个角色可以独立地控制系统或能够让系统彻底地改变。第二，除了系统地感知预测的背景，预测本身也应该被视为一个由多重作用和流程组成的系统。在这一观点下，关键是要考虑当预测作为一个系统时其组成元素是什么（Dufva & Ahlqvist，2015），呈现什么样的结构，以及其功能是什么（Dufva et al.，2014；Hekkert et al.，2007）。第三，预测的系统观还需要使用诸如系统分析的方法，以便构建和帮助理解预测中的复杂背景与依赖关系。

一、创新体系与技术预测

创新体系的提出不在于应对具体的全球性挑战，而在于解决"系统失灵"（Smith，2000；Carlsson & Jacobsson，1997）。这意味着系统层的重点是创建有利于提升创新系统功能的结构（Hekkert et al.，2007），目的是解决系统故障、市场失灵、系统僵化和预期短视（Salmenkaita & Salo，2002）。这一层面的方法包括创新体系方法（Cooke et al.，1997）、智能专业化策略和不同的集群策略（Rosenfeld，2002）、创新系统预测（Andersen A D & Andersen P D，2014）和区域性预测（Uotila et al.，2005）。

在创新体系层面，预测的目的在于共同提炼系统和未来其他可能性的整体观点，帮助利益相关者识别并达成共同行动的理想方向。特别是，科技体系一直是许多预测项目的重点（Georghiou & Keenan，2006；Martin & Johnston，1999）。与宏观层面关注的重点不同，创新体系层面更关注识别关键利益相关者及其参与情况。换句话说，预测过程更多的是共同创造和学习，而不是得出关于未来的专家意见。与其他方法相比，对其他可能性的长期关注和探索是预测的关键贡献。

在国家和区域层面，预测的主要目标之一是为政策提供信息，确保创新体系的竞争力和绩效（Georghiou & Keenan，2006；Miles，2012；Johnston，2012）。预测不仅用于客观地为政策提供信息，还用于支持政策定义（da Costa et al.，2008）和对政策产生影响（Johnston，2012）。通过预测形成的关于未来的知识会用于塑造创新体系。例如，在区域层面，预测要克服区域战略制定中的"黑洞"（Uotila et al.，2005），或制定摆脱"风险社会"负面后果的战略（Amanatidou & Guy，2008）。因此，预测可以提高重新配置创新体系的能力：识别遗漏或忽视的行为者，改变"游戏"的规则制度，以及影响行为人之间互动和联系的性质与数量。

从政府的角度来看，预测促进政策实施（Miles，2012），促进市场和系统失灵的解决，克服结构僵化和预期短视（Salmenkaita & Salo，2002）。预测除了作为政策工具或支持其他政策的手段之外，还通过提高认识（Johnston，2012）和提供社会沟通渠道（Georghiou & Keenan，2006）对政策产生更微妙的影响。

对预测相关文献的梳理可以发现，对创新体系层面能力贡献的讨论要少于对其知识贡献的讨论。关于提高国家创新体系竞争力的预测过程，明显更侧重于内容而非过程（Rijkens-Klomp & van der Duin，2014）。实际上，参与预测过程可以提高监测变革信号和采纳新观点的能力，从而使创新体系中的行为者能够做出系统性改变（Cagnin et al.，2012）。因此，参与和学习的过程提高了预测创新体系未来发展的能力。

预测能促进创新体系中利益相关者之间的网络联系和协作（Georghiou & Keenan，2006），利益相关者的互动被认为是成功预测的重要因素之一（Habegger，2010）。对科学研究和产业部门而言，促进协作和资源共享是预测贡献中的关键部分（Keller et al.，2015）。研究机构和高校可能将预测实践作为某种机会，以此与政府建立联系（Salo，2001），增加与产业部门互动的机会，从而有利于申请产业部门研究项目或获得更多的经费。对产业部门而言，协作是融合资源和获取新知识的一种途径。

二、不同主体的互动

组织层面的预测有利于强化内部和外部的网络联系。外部网络联系虽已在创新体系层面做出了说明，但在组织层面，外部网络联系在于通过知识的交流外溢，使组织获益。组织要实现未来塑造的目的，可采取与其他公司协作或影响政策制定者的手段（Rohrbeck & Schwarz，2013）。例如，技术路线图可用于协调工业的发展（Phaal et al.，2004）。在组织内部方面，预测可以促进关于整体战略的对话（Rohrbeck & Schwarz，2013），从而为组织建立共同愿景，增加对组织内不同观点的理解。

个体在参与过程中往往不会考虑预测的影响。然而，组织内部的个体及随后创新体系中的个体是预测活动的关键变量。利益相关者的能力和观点之间的差异是学习与知识创造的主要来源（Salo，2001）。参与式预测过程使参与者提出新的见解和观点。

通过预测，可以引入新知识、促进不同观点的分享以及提供学习机会，从而达到学习的目的。通过预测，人们也可以加强对未来开发的沟通、协商，融合彼此之间的不匹配之处，从而影响思维方式、思维倾向、心理模型和个人观点（Calof et al.，2012）。预测过程支持背景扩展，以便在更宏大的图景中展示正在研究的问题（Halonen et al.，2010）。其中，对过去的反思和对未来其他可能性的思考，都可能触发社会广泛范围内的学习，质疑和更新对当前世界观或观点的隐含假设（Engeström，2001）。但是，Schartinger 等（2012）的研究发现，参与式预测有助于对整个系统形成新的视角和理解，但很难改变这些参与主体固有的思维倾向。

在个体层面，预测的参与性增加了结识陌生人的机会，创造出一些新的联系，巩固旧的联系。预测研讨会的召开可在预测进程中使专家产生临时性联系（Dufva & Ahlqvist，2015；Kerr et al.，2013），为不同个体之间的意见分享和互动交流提供机会。对于个体来说，这也有助于提升个人利益，重要的是，还为个体和组织创造了社会资本（Mauerhofer，2013）。而且，预测过程至少可以促成两种能力：面向未来的思维能力和进行前瞻实践的能力。预测是参与者和预测从业者的学习过程（Georghiou & Keenan，2006），每个新的预测项目都有可能推动预测实践的进一步发展（Calof et al.，2012）。

第三节　系统性预测的中国实践

对科学和技术进行战略规划，是将技术的系统以及不同的领域和它们广泛的社会影响结合在一起，要求计划者同时具备广阔的信息基础及深谋远虑的决断：一方面，要对投入进行评估，以保证技术发展目标的实现；另一方面，要评估技术的产出及其社会影响，以便尽可能地判断在一定的预测时期，这种必需的投入确实是理所当然的。所以，规划的制定者更重要的是要知道并说明为什么某些目标应该如此设置。此外，主观的判断和评价也应发挥作用，特别是在缺乏资源的情况下又必须做出长期的决策时更应如此。在一个共同的愿景已经达成一致的同时，存在许多不同的可供选择的路径以达成愿景的情形。因此，在技术预测中必须强化各创新主体之间的网络、互动与交流，通过系统性的、多元性的科技战略与政策，形成具有前瞻性与创意思考的战略规划，促进形成高效、公平的资源分配机制，建立具有公信力与客观信息基础的科技决策机制。经过几次国家技术预测活动，我国的技术预测逐步形成了自己的体系，定位于我国科技发展规划的一项重要基础性研究工作，成为国家科技决策的重要支撑。

一、技术预测活动是国家创新体系高效运行的有力保障

创新系统涵盖四个部分：教育研发系统、产业系统、政治系统（包括行政及中介机构）、上述机构中行动者的正式与非正式网络（图 4-1）。从技术发展的路径依赖观点来看，教育研发系统、产业系统、政治系统三者分别具有三种功能，即原创性生产、财富创造及规范性管控（Mayer et al.，2014；Viale & Etzkowitz，2010），三者之间的互动决定了技术的发展路径和效率（Mayer et al.，2014）。创新系统是异质性行动者间的网络联结（networking），而非自上而下的决策。技术预测作为协商中介，在多层级、多主体行动者领域及相关行动者网络中形成联结，产生战略性情报供决策参考。我国的技术预测，尤其是近几次的国家技术预测，在我国国家创新系统内部促进了知识创新、知识传播和知识应用，加强了系统内参与者之间的互动，增强了政府研究机构、企业和高校之间的沟通能力。合理的专家组织结构对增强参与者互动和沟通的效果发挥了很大作用，如总体研究组中产业部门专家、高校专家以及科研院所专家各占 1/3，其余专家主要来自政府部门、协会等。领域研究组的人员组成也是达到了这种比例，实际参与技术预测调查的专家比例大致如此，如第五、第六次国家技术预测两轮德尔菲调查参与专家来自产业部门的比例均在 30% 左右。据不完全统计，第

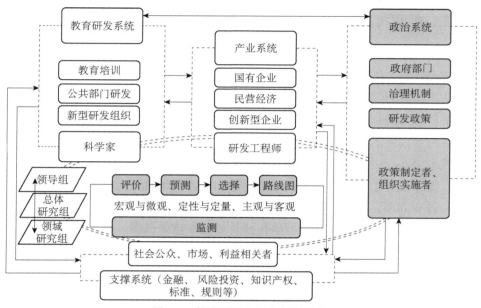

图 4-1 技术预测与国家创新体系

五次国家技术预测中，信息、生物、新材料等领域共组织技术凝练、技术领域愿景、关键技术选择等大小研讨会 750 次，在参与者之间建立起广泛的联系和协作。各部门专家的互动，使得不同利益主张的参与者可以进行有效沟通，这是计划管理手段不可比拟的。大规模的政、产、学、研相结合的技术预测活动，可以给管理机构、研究机构和企业中的人员带来积极的影响，从而形成技术创新网络。一方面，它有利于研发机构的研发人员向市场需求靠拢；另一方面，企业的研发人员可以积极参与到与自身有关的研发活动中，有效地促进以企业为主体的技术创新体系的建立。上述的沟通和互动，可大大提高创新系统作为一个整体在学习和创新过程中的效率。

同时，技术预测也是整个国家科技管理工作的重要系统工具。技术预测与政府的科技管理工作密切相关，尤其是在科技规划和计划的制定中发挥着十分重要的作用。在科技和经济紧密结合、技术优势日益成为竞争焦点的今天，科技管理工作强调合理配置资源、突出研发重点、提高创新效率。在制定规划和计划时，要求综合考量未来技术的发展趋势、社会经济发展对科技的需求、本国或地区科技发展的实力和水平等，这一切都需要以技术预测为依据。

二、多层次、多维度的国家技术预测体系

在国家层面，科学技术部形成长期、系统、连续性地开展具有战略意义的国家技术预测的机制，提炼重大技术需求，摸清"家底"，进行关键技术或重点领域选择，并对关键核心技术开展技术路线图研究，以此作为政府科技决策部门制定科技发展规划的直接支撑，以及对各部门的科技活动进行组织协调的依据，并据此实施国家重点关键技术发展计划。中国科学院、中国工程院、中国科学技术协会，以及国家自然科学基金委员会等相关机构，根据自身单位性质定位，做好以下工作。一方面，聚焦中长期的技术预测，为科技规划编制提供支撑；另一方面，充分利用专家资源，长期跟踪、探索科学技术前沿，适时提出关键技术选择建议，为动态调整科技计划提供重要依据。科学技术部组织的国家技术预测以短期和中期预测为主。短期（5年左右）预测与我国的五年规划周期相对应，主要是从当前的实际情况出发，对未来技术发展趋势做出较准确的判断，可以直接为规划及产业界和社会公众服务。中期（10～15年）预测对科技规划和技术优先领域的选择更加重要，这是因为10～15年与一项新的领域从开拓到取得成果所需要的时间相对应，也是新领域延伸和成长的周期。通过中期预测，可以有效地跟踪科学技术发展的前沿，调整科技规划，合理规划重大科研项目的跟踪顺序和期限。其他机构，如中国科学院、中国工程院、中国科学技术协会等开展的预测，更多的是以长期预测为主，通过长期的综合性预测，把握科学技术的未来发展趋势，为正确制定国家长远发展战略目标提供参考。2007年，中国科学院汇聚了300多位高水平专家，启动了"中国至2050年重要领域科技发展路线图战略研究"。2015年，中国工程院和国家自然科学基金委员会联合开展"中国工程科技2035发展战略研究"。2015年，中国科学院启动"支撑创新驱动型关键领域技术预见与发展战略研究"。中国科学技术协会于2011年启动"2049年的中国：科技与社会愿景展望"系列研究（图4-2）。

区域、部门及行业的技术预测在国家技术预测的基础上，结合本区域（部门、行业）特点进行，并依据预测结果，合作制定重大技术发展计划，再由各区域（部门、行业）分头组织实施。对于各计划中比较具体的技术项目，充分发挥各区域（部门、行业）专长，由各区域（部门、行业）在实施过程中进一步细化落实。企业技术预测也在国家技术预测的基础上，结合企业自身发展战略进行。尤其是大型企业利用国家技术预测的结果，结合本企业的特点进行综合分析，在不断变化的市场中寻找机遇，从而明确研发方向。

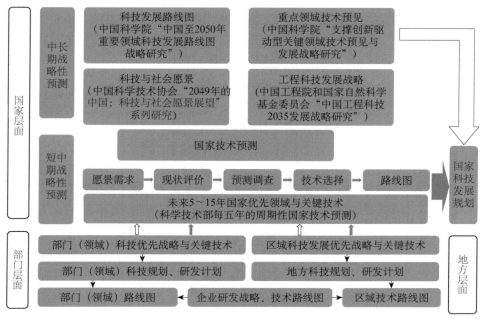

图 4-2 多层次、多维度的国家技术预测体系

三、系统化设计技术预测工作机制

技术预测作为一种对科学、技术、经济、环境和社会的远期未来进行的有效探索，在美国、德国、英国、日本等国家和地区都已取得了显著的成效。技术预测为政府与企业提供了一种系统的项目优选工具，有效地指导了政府科技政策的制定和科技资金的投向，促进了技术与社会经济的协调发展。

根据国家技术预测活动的过程及其各阶段的工作内容，系统化的国家技术预测首先对国家未来经济社会发展的技术需求进行分析与凝练，对既有技术水平进行摸底分析；在此基础上，遴选领域关键技术清单；对遴选的关键技术清单进行技术经济分析，重点阐释能够反映关键技术的核心指标、影响以及预期目标；开展大规模德尔菲调查，充分吸收不同部门专家的意见，形成供领域研究组参考的领域关键技术清单；根据调查结果，组织领域关键技术选择会议和国家关键技术选择会议，确定未来影响我国经济社会发展的重点关键技术；设计关键技术发展的路径，构建关键技术路线图，对这些关键技术的发展状况和未来发展趋势进行跟踪与评价，把握技术的发展态势（图 4-3）。贯穿整个技术预测体系的是建立技术发展动态监测体系。一方面，对整个技术预测流程进行有效监测，根据顶层设计方案，保证整个流程的程序合理、方法规范；另一方面，对每年这些关键技术的发展趋势以及新出现的新兴技术，包括颠覆性技术在内的技术动态跟踪，及时做出关键技术发展态势研判。

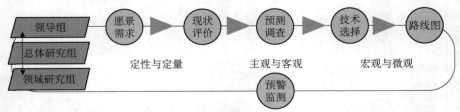

图 4-3　国家技术预测流程、组织协调机制

同时，在组织层面，通过三个层次的组织架构各自发挥作用、上下贯通来保障整个技术预测系统的有效运行。例如，第五次国家技术预测领导小组由科学技术部领导担任，各司及相关中心领导为小组成员，主要职责是确定预测领域，批准建立总体研究组和领域研究组，对工作方案进行审议，听取整体工作进展汇报，审定研究成果。总体研究组由科学技术部创新发展司和中国科学技术发展战略研究院牵头，由相关司局领导、领域研究组组长、领域专家以及战略研究专家等50人左右组成，总体研究组负责技术预测工作的总体设计，组织、协调各领域开展技术预测调查研究工作，从而完成研究报告。为有效推进技术预测工作、强化技术预测的组织领导，成立了以科学技术部部长任组长、主管副部长任副组长的第六次国家技术预测领导小组，并首次将国家发展和改革委员会、教育部、工业和信息化部、财政部、自然资源部、生态环境部、交通运输部、住房和城乡建设部、农业农村部、国家卫生健康委员会、中国科学院、中国工程院、国家自然科学基金委员会、中国科学技术协会等单位主要负责同志纳为领导小组成员，明确各部门参与机制，统筹推进技术预测工作。领域研究组由相关司局牵头，由相关中心和领域专家组成，负责领域技术竞争综合研究，开展领域科技发展现状和需求研究，组织开展领域技术预测调查和关键技术选择。为了确保不同层次组织之间的信息通畅，建立了领域联络员工作机制，每个领域设立三名联络员，分别由中国科学技术发展战略研究院工作人员、科学技术部相关处以及领域研究组各一名成员担任，承担总体研究组和领域研究组的研究沟通协调工作，并及时通过工作简报等形式将各个领域的工作进展汇报给领导小组。

四、技术预测的系统分析方法

对于技术预测，技术需求分析是起点，既包括对技术研究方向及通用技术的系统分析，也包括对与之相关的经济社会问题的研究。在动荡多变和错综复杂的环境下，统计预测方法因其基于关键变量间的历史联系的假设与实际情况不符而很难奏效，因此要根据技术本身的特点进行需求分析。在市场拉动情况下，要分析关键拉动因子对技术的需求和冲击；在技术推动作用下，技术具有塑造未来的作用，其技术需求分析更多的是从技术研发能力和未来战略产品功能出发（图4-4）。

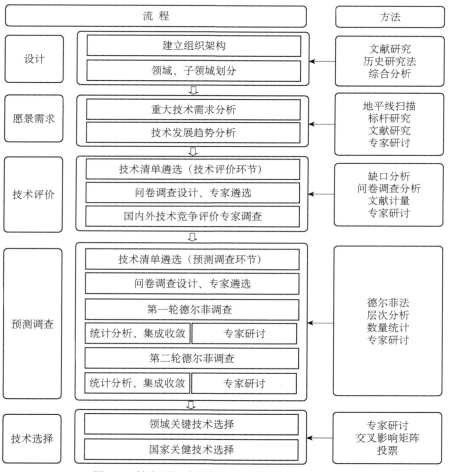

图 4-4 技术预测流程与方法体系（Yuan，2015）

运用情景分析方法，围绕国家未来5～15年乃至更长一段时期的社会发展趋势，分析在这些情景下的技术需求情况，从国家战略角度分析国家对该项技术的需求，从市场需求和技术发展趋势角度分析对该项技术的需求，并通过文献计量等手段，综合判断、确定技术需求课题清单。例如，生物领域依托中国科学院上海生命科学信息中心等 7 家信息检索部门，与多个专家团队共梳理提炼出 345 项技术，经过专家咨询、专题研讨、意见征求等，遴选出 154 项对未来科技革命及产业变革有重大影响的关键技术。

德尔菲法是系统分析方法在意见和价值判断领域的一种有益延伸，它突破了传统的数量分析限制，为更合理地制定决策开拓了思路。各国技术预测多数都使用德尔菲法，由于德尔菲调查问卷反映了技术课题与社会、经济、技术发展战略等多方因素之间的关系，因此问卷的设计应该与社会的可持续发展、绿色预测等方面结合。例如，对于第五次国家技术预测，综合考量我国未来经济社会发展的需求，从对培育战略性新兴产业和发展高技术的作用、对改造和提升传统产业的作用、对环境保护和资源能源节约的作用、对提高人民生活质量的作用、对国防安全和国家安全的作用等角度分析技术的重要性。新材料领域在备选技术清单形成过程中充分吸收了钢铁、有色金属、石化、轻工、纺织、建材 6 个行业协会参与，相关人员赴华北、东北等地区召开了 14 次专题研讨会，对领域备选技术清单进行研讨，广泛征求同行专家的意见。同时，调查问卷的设计还应考虑技术专家和社会专家在填写问卷时遇到的技术性问题。总体研究组开发了问卷调查在线填写系统，极大地方便了专家填写问卷；各领域研究组充分利用战略研究、调研、项目验收等场合宣传技术预测工作，极大地调动了专家参与问卷调查的积极性；各领域研究组指定专人跟踪调查进度，保证了调查问卷填写的顺利进行。例如，农业领域研究组组建了总体研究组和 15 个子领域工作组，设立了子领域研究负责人和专职联络员，加强了领域研究组与各子领域间的沟通协调，同时方便了子领域内各单位专家间的交流协作。

五、技术预测系统的构建与应用

预测活动是一个反复进行互动、网络建立、协商和讨论的过程，并借由此过程，让参与者对未来愿景及策略进行不断的修正调整，并最终收敛得到共识（Cassingena，2003）。因此，通过技术预测活动可以创造一个对未来可能情景的开放讨论空间，并产生回应未来发展的策略手段。对于技术预测的过程，Miles（2002）提出了 5 个互补的阶段，即技术预测前期准备、补充、产出、行动和更新。

这是一种基于业务流程的阶段分类，技术预测的开展也需要经历规划和设计阶段，这是整个预测工作流程的起点，由具体承担单位和任务下达部门界定技术预测活动的背景、原因与未来目标，组建技术预测研究团队，制订技术预测工作实施方案。

在目标确认之后，需要组建研究团队，设计技术预测工作组织架构，同时建立整个技术预测方法体系，建立未来工作与重要阶段之间的逻辑结构。通常，工作实施方案由预测工作承担部门和任务下达部门进行协商议定，不同技术领域部门根据总的实施方案，结合领域特点，确立领域工作实施方案。

从方法架构来说，方法的选择主要受到可用资源的影响，包括预算、可取得的专门技术或知识、软硬件设施和时间等。例如，时间紧张，可能就不适合采用大规模调查的德尔菲法来进行。在预测执行过程中，人力资源（熟练的和有才能的研究人员）是相当重要的因素。这些人并不一定必须是预测专家，但通常需要接受相关培训，一方面是为了提高自身的能力，另一方面也是整个技术预测工作达成工作流程与方法上共识的需要。当然，在现代信息社会，一些具体的技术支撑也是需要的，如在线组织调查、远程会议等。

我们根据技术预测闭环系统，对愿景需求—现状评价—预测调查—技术选择—路线图5个技术预测活动阶段的具体内涵及其开展的工作分述如下。

1. 愿景需求

这一环节主要回答"我们需要什么样的技术"。愿景是一种由组织领导者与组织成员共同形成，引导与激励组织成员对未来情景的意象描绘，在不确定和不稳定的环境中，提出方向性的长程导向，把组织活动聚焦在一个核心目标上，使组织及其成员在面对混沌状态或在结构惯性抗力过程中能有所坚持，持续依循明确方向、步骤与路径前进。技术需求则表现为技术作为一种主体追求与客体匮乏的矛盾，普遍作用于每种社会形态的各个领域和各个方面，构成经济、社会、军事等对技术的需求。同时，技术的发展还有自身的发展规律，提出新的技术课题，并且新技术需要各种相关技术与之匹配，构成新的需求。愿景的主要功能就在于引导或影响组织及其成员的行动和行为，从而解决为实现愿景各类社会形态所对应的技术需求，以及新技术发展引发的未来需求。

通常在整个技术预测执行过程中，从研究的关注点来讲，愿景需求的分析是起点。在此阶段中，要求参与者产生可能的未来愿景，并跳出原有思维模式。此时采用的方式应具有创造性与专业性，广泛使用的方法主要是地平线扫描，对潜在（未来）问题、威胁、机会以及可能的未来发展（包括那些处于当前思维和计划边缘的发展）进行系统检查，辅之以未来轮、头脑风暴法、交叉影响法等。此外，文献计量学法和专利分析法在挖掘技术发展前沿趋势时皆是时常被使用的。

2. 现状评价

这一环节主要回答"我们有什么样的技术"。技术评价已经成为研究政策导向和解决问题的有效工具，广泛用于各种重大技术方案、技术措施和技术政策的鉴别评价，帮助人们了解实现预期目标的各种可能途径，以保证所做决策的透明性和科学性。这里的技术评价研究将描述性的未来前景分析和规范性的现期技术水平评估有机结合起来，作为选择未来重点技术发展方向的基础。

在整个技术预测活动中，尤其是当技术预测活动的目的不仅是解决国内发展瓶颈，还回应国际（或产业）竞争时，这类技术竞争评价通常予以强化使用。这是选择未来重点技术方向的基础。此阶段方法的目标在于比较国内和全球在趋势、驱动因素和技术方面的差异。文献计量、专家调查、标杆研究、专家论坛等这些比较信息需要的方法均被广泛地使用。

3. 预测调查

这一环节主要回答"如何评估这些技术"。从本质上讲，技术预测可以被视为制定科技创新政策、确立创新目标、选择创新路径、组织社会相关人员共同学习交流、最后达成共识的一种认识过程。这与早期的预测活动不同，早期的预测活动是技术专家用系统的方法探索未来的趋势。近年来，技术预测活动强调不同利益相关者的参与，并通过扩大参与范围建立对未来技术的信任和承诺。但是，不同利益相关者的参与不可避免地会带来个人偏好以及信息不确定性、多样性、模糊性等诸多因素的影响。取得问题的共识是技术预测的重要目标之一。德尔菲法作为征求专家集体意见的一种手段应运而生，也成为国际上开展技术预测活动采用的主流方法之一。

在预测调查环节，主要在于联结不同层级或地区的利益相关者，并促使其开展一些合作，形成对未来技术发展的共识。此阶段采用的方法除了德尔菲法以外，围绕调查工作的开展还须辅以统计检验、问卷设计、专家论坛等，促进参与者互动和参与。

4. 技术选择

这一环节主要回答"如何选择这些技术"。该环节属于产出环节，理想上应该产生新知识，符合前面环节所设定的愿景、需求、发展现状等。重点在于确立符合形势的关键技术选择原则和标准，使用错误的描述将造成行动上的不足。关注点太多，失去焦点，也会限制产出结果的使用。无论如何，技术选择的结果必须与最后决策相结合，如科技发展规划。

技术选择环节主要帮助确立优先级与相关决策的制定，因而在这个环节，常常会运用交叉矩阵分析、专家投票和多重标准分析等方法。

5. 路线图

这一环节主要回答"走什么样的技术发展路径"。需要强调的是，技术预测不应该只是分析或预测未来发展，更重要的是支持执行部门去主动地塑造未来，同时只有当成果可能被采用时，技术预测活动才会着手进行。行动和更新阶段都会涉及转变，并从技术预测执行的结果中影响政策制定和策略形成。本质上，行动与更新阶段专注于如何使未来变得更好，并思考采取必要的措施来执行技术预测的成果，而使技术预测活动能内化于组织或社团之中。

此环节不能仅停留在技术本身，还需要考虑创新和改变的诱发因素，包括态度与生活形态的变革。当行动目的在于解决未来的愿景和需求时，经常采用的方法为以专家为基础的创造性方法，如技术路线图、倒序推演、情景分析等；并采用以互动为基础的创造性方法，如情景讨论和角色扮演之类的方法，帮助参与者培养对技术发展路径更深层次的认识。

我们需要什么样的技术？

第五章 愿景需求分析

我们应该为未来做些什么？对于这个问题，很难有十分明确的答案，但这是管理部门需要做好准备的问题。这是线性战略规划和预测的基本要求，即弄清楚世界的未来去向，然后继续朝着这个方向前进。这里的问题不应该是"哪个未来"，而应该是"哪个未来集合"，以及如何为所有未来做最好的准备。有时候管理部门认为，如果他们找到这项技术的专家，就能够准确地决定该行业将朝哪个方向发展。如果有问题，他们还会把错误的举措归因于听信了错误的技术建议。但实际上大多数时候，没有人确切地知道这项技术或市场将朝哪个方向发展。即使是关于这项技术经验最丰富的专家也可能在"未来将拥有什么"的问题上错得一塌糊涂。这些专家可能本该为这些新兴技术的未来做准备以及考虑多重的计划方案，而不是对本身就难以预测的未来进行绝对的描述。这个挑战不是对单一的未来描绘一个细致的蓝图，而是对很多种可能的前途粗略地勾画出一个草图。然后，管理部门能够通过准备这个未来的组合规划出最好的战略，并且在路途越来越清晰的时候不断调整战略。

第一节 愿景是共同致力于创造的未来

愿景应该是一个令人信服的未来形象，它以清晰、有力、自信的语言阐述了一个群体或组织的最高愿望。这是大家共同致力于创造的未来，价值观融入了想要和将要致力于的未来的形象。愿景是一种关于创造的未来的工具。愿景需要有一个方向，从而设定目标。阿尔文·托夫勒（Alvin Toffler）在《未来的冲击》（*Future Shock*）中呼吁将"预期民主"作为加速变革的解决方案（阿尔文·托夫勒，2006）。克莱门特·贝佐德（Clement Bezold）在1978年出版的《预期民主：陷于未来政治的人》(*Anticipatory Democracy: People in the Politics of the Future*) 中提出了设定目标和选择更好未来的共同体方法 (community approaches) (Bezold，1978)。大量机构和组织不断地开发出产生有效愿景和相关步骤的方法与技术手段。

溯源愿景，有助于更好地理解愿景。荷兰历史学家、社会学家弗雷德里克·波拉克（Frederik Polak）是第一个将深入地阐述愿景作为思考未来的重要组成部分的学者。波拉克的作品《未来景象》(*The Image of the Future*) 是第二次世界大战后欧洲关注未来研究的第一本书。波拉克认为，所有的决定都是关于未来的，因此，未来的形象是所有选择导向行为的关键。

波拉克的研究影响了当时斯坦福大学工程经济系教授威利斯·哈曼（Willis Harman）。和波拉克一样，哈曼看到了创造未来积极形象的重要性。他也进一步深化了未来研究，不断完善一个变革性的未来形象，涵盖了从技术和制度变革到人类意识演变的一切。1966 年，哈曼有机会成为斯坦福研究所（Stanford Research Institute，SRI）（后更名为斯坦福国际咨询研究所）面向未来的教育政策研究中心主任，他在该研究所期间的工作影响了许多未来学家在 20 世纪六七十年代进入这一领域。

一、什么是愿景?

愿景是我们致力于创造的未来的陈述或形象。与描述可能发生的事情的场景不同，愿景具有我们赋予它的驱动力。愿景不是关于现实的，而是强调存在的意义，目的是创造一些目前不存在的东西。

当愿景反映更深层次的价值观和目标时，它是非常有用的。Collins 和 Porras (1994) 在《基业长青：企业永续经营的准则》(*Built to Last: Successful Habits of Visionary Companies*) 中指出，那些明确地将他们的价值观与愿景联系起来的组织，能有效激励其员工战胜他们的竞争对手。

愿景的力量在于它的激励和协调功能。当人们致力于一个愿景时，就会推动自己和他们的组织来实现它。愿景会凝聚人们的个人愿望，并为集体活动提供重要方向。他们创造了一幅"我们要去哪里"的大图景，使日常活动更有意义。在组织内部，当人们有明确的方向感，并知道他们发挥的作用在实现愿景中的重要性时，就可以获得更多的独立和创造性行动的自由。要使愿景真正成为一种力量，就必须满足以下几点。

1. 合乎逻辑

愿景永远不能强加于个人或群体。要拥有情感力量，一个愿景必须内在地被接受，有充分的合理合法依据。这种合法性可以有不同的来源，例如个人参与塑造愿景，或尊重领导或团体提出的愿景，或相信愿景是一个人价值观的真实表达。

2. 分享精神

一个愿景只有在它被共享时才有效。愿景的作用是提出一个集体挑战，调整人们的努力方向，使他们能够自我组织，而不是被控制，并产生一种群体精神，在这种精神下，人们承认和欣赏彼此在趋向愿景方面的贡献。

以自我为中心的愿景，谈论"成功"、"竞争"或被认为是"重要的"，不可避免地缺乏情感力量。这种类型的目标是有效的，但愿景需要更进一步，让人们在他们的最高愿望水平上"有所作为"。愿景必须超越群体或组织本身，以阐明人们的共同工作可以在世界上创造什么，他们可以为社会做出什么宝贵的贡献。

3. 超越现实

容易的挑战永远不会引起一个群体的最大努力。吸引注意力的愿景总是与人们认为可能实现的目标背道而驰，它们足够大胆，让人们思考："这真的有可能吗？"一旦内在的答案是"是的"，愿景的"大胆"就成为其力量的主要来源。因为这种愿景表达了一种具有重要结果的大胆冒险，它赋予参与其中的人一种冒险价值和意义。在这些活动中，人们可以做出重要贡献，超越他们认为的个人限制。

4. 实现可能

即使一个愿景推动变革可能面临众多的挑战，但分享变革的人实际上必须相信，他们最终能够实现变革。他们必须相信它的"最终可能性"，不管它有多么困难，或者需要多长时间才能实现。

好的愿景包含了上述所有元素，但并非所有的愿景都遵循类似的模式。愿景的表述特征往往与创造它们的人或组织的心理相对应。

二、技术战略规划的出发点

随着全球科技的蓬勃发展，科技与人们的经济活动及生活产生了密不可分的关系，面对充满不确定性的未来，不论是国家还是企业都在审视资源分配的有效性，以期运用有限的资源，取得最大的成就。因此，凡是在技术战略规划中的每个步骤，都是以未来发展愿景与目标为核心的，辅以前瞻趋势探索、外部环境变迁、未来需求及科技演进与资源配置效率等评估步骤后研究拟定。然而，为了配合政府层面进行相关规划时所可能涉及的产业科技领域，往往高于企业部门的视野，因此，在技术项目的扫描与研究中，如何借由群组化的模式加以整合管理，也是执行此类规划时的重要课题。

也就是说，科技创新规划必须同时考量"政府决策议题"与"未来情景"，在这样的基础之上，通过多次专家会议的讨论，勾勒未来的愿景和技术需求，找出未来关键性技术项目的候选名单，并逐步归纳与筛选出回应未来环境变化具有发展潜力的技术群，进而拟订出迎合发展愿景的技术政策。通过定期地追踪回顾与外卡（Wild Card）技术的导入，持续地监控与调整现有的技术策略，提升科技规划的执行成效与科技规划的时效性。

此外，作为战略的出发点，愿景是发展战略的重要基础，如果没有愿景，战略规划与行动方案的落实就很容易变成一连串漫无目标的抉择。因而，在执行技术战略规划之前，必须先让各界对愿景达成共识。然而，即便是有了愿景，在瞄准愿景与落实愿景的过程中，也未必能准确地达成目标。外部的环境变化快速、难测，在漫长的执行过程中，政府与企业都必须依照愿景所设定的内容与目标，定期检验成果，修正战略与执行计划，朝向最终的愿景目标持续迈进。所以，愿景的设定与重大技术问题凝练、技术战略规划之间有着密不可分甚至是亦步亦趋的关系，如图 5-1 所示。

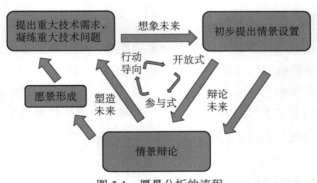

图 5-1　愿景分析的流程

科技创新与应用日趋复杂，不论是政府还是企业都必须面对充满高度不确定性的未来，决策者必须权衡发展目标的合理性，审慎评估外在环境的变迁，并切实掌握科技发展的演进脉络，以求在资源有限的约束下成功实现各项目标。因此，肩负着决策责任的组织，需要构建一套兼具整合性、逻辑性的决策过程，只有这样，才能做出周全的评估与判断，提升技术研发的成功率，并且从中确立自己的竞争优势。

从国家层面来说，政府部门为了使国家资源配置达到最优化，必须特别考量国家现有的优势与限制条件，并聚焦发展关键技术，只有这样，才能有效创造经济增长的实质动力，增强国家竞争力。因此，当局者必须兼顾政策目标、愿景角色定位与全球趋势等因素，思考国家的发展战略。

创新制胜的关键之一在于面对未知的将来能够洞察先机。针对未来可能的情景进行模拟推演，以期能够在不同情景下，执行各项技术的比较与评估，最后找出能够调适外部环境变迁的技术，来进行资源的投入规划与建议。

第二节　需求成为关注的重点

技术推动理论认为，创新是推动经济和社会发展最重要的原动力（Schumpeter，1934），且经济增长和生产力由社会的知识产出驱动。另外，需求拉动理论暗示创新能力通常是广泛而灵活的，但其最需要的还是市场机会。这些理论不关注创新链的开端而是末端，即市场。需求在某种程度上会影响资源配置，推动创新能力朝着满足社会或市场需求的方向发展（Schmookler，1966；Rosenberg，1969）。

技术推动理论未能有效说明市场对创新的重要性，而需求拉动理论则忽视了创新供给条件的重要性（Nemet，2009）。事实上，技术推动与需求拉动都有助于创新的启动和扩散，大量的学术研究文献都意识到了这两种力量之间的相互作用。例如，Mowery 和 Rosenberg（1979）认为，只是单方面的供给或需求对于创新都是不够的，两者应同时存在。Freeman（1974）进行了 40 项创新案例的调查，结果显示，成功案例的主要特征在于可成功实现技术与市场机会的联结。

不同行业领域的创新特点和市场结构有很大的区别。不同行业会表现出不同形式的创新价值链，并利用特定的知识基础，锁定特定的技术，依赖联盟供给方的特定输入，服务于一种（潜在或现有的）需求（经济合作与发展组织，2013）。有些技术领域属于知识驱动型（技术推动型）产业，如生物、能源和材料领域；有些技术领域面向需求和技术应用，如环境、公共安全、城镇化与城市发展等。

在需求趋于同质的产业，技术需求与企业之间的共同进化最终导致了主导设计与产业集聚的出现（如化工业、制药业）。在异质性需求明显，或存在技术封锁、网络外部性及标准，或特殊产品的产业（如信息通信产业、软件产业），出现分散化市场结构的可能性较大。有些产业，尤其是技术推动型产业（如制药和化工产业），原始创新或激进型创新的供给与（现有或潜在的）市场需求配合就显得很重要。这些以科学为基础的产业（Pavitt，1984），多数需要组织内部大型的 R&D 项目，或通过资助高校、小型公司开展 R&D 活动（Melerba，2005）。其他产业，尤其是基于平台或标准的产业，如计算机操作系统、汽车、机械工具或电子通信行业，更多、更频繁地依赖于渐进式创新，从而对市场不断变化的需求做出迅速响应。对此类产业而言，围绕主导设计和锁定的技术路线而不断变化的渐进式创新，更加关注创新与现有产品和服务结合起来，要比引入革命性创新来试图替代已有的标准更重要（Utterback & Suarez，1993；Malerba，2006）。

技术创新不仅仅是单一的发明、发现或革新活动，它是一项经由价值链、知识网络和创新系统联结在一起，由众多主体参与完成的活动。价值链起始于供给方，延伸到公司以及公司产品和服务的购买者。价值就是在这些价值链内被创造出来的。在整个过程的每一步骤，不同的参与者都在寻求价值链交易中的价值最大化。

创新会引发价值链上的参与者发生变化和调整，因此价值链上不同主体的吸收能力至关重要。例如，如果由创新引入而导致的变化具有激进性和破坏性，就会产生供给限制，此时供给方就不能再对新产品和服务提供某种支撑。更进一步深入价值链分析，如果一种创新可能使现有的配套配件、支持产品或服务过时，也会因此而遇到配套创新者的阻碍。

不管终端用户需求量有多大，供给链内存在的诸多限制和不足仍可以在某种程度上推迟创新进入市场的实践，甚至损害创新进入市场的成功率（经济合作与发展组织，2013）。创新扩散与消费者的吸收密切相关。对渐进式创新而言，扩散通常不是问题；但是对于激进式创新，扩散就显得很重要（Bower &

Christensen，1995）。事实上，要成功地将激进式创新引入市场，就不仅要求其在商业上可行，更要求社会接受（如有些国家的公众反对和抗拒转基因技术食品）。一旦一种创新或技术占领了市场，它就被赋予充当领先市场的特征。领先市场可被视为一个有地域扩展潜质的新市场，可为公司创造高于平均水平的收益。领先使用者在"拉动"创新过程中发挥了重要作用。领先市场的一个重要特征是，其对创新的吸收并不是单独由创新的技术优势引起的，还受竞争者、消费者和政府规定等因素的影响，其他国外市场对创新的吸收等都可以影响领先市场的形成。影响市场引入和创新扩散的需求侧的障碍包括：使用者和生产者之间缺少相互沟通（生产者不知道使用者的选择偏好，使用者不知道创新可以或可能被获取）；切换到新技术的成本过高，新技术具有高进入成本（尤其是网络效应明显的相关产业和技术）、技术封锁效应，以及技术的路径依赖性（Edler，2010）。潜在的市场需求未能转化为清晰有效的市场信号：使用者不知道其需求，或者不能将其需求传递给生产商。

技术预测经过几代的演化发展，对需求侧的关注度越来越高。但是不同的领域对应有不同的创新特点和市场结构，其在创新链条上的扩散程度也不一样。这也对新一代的技术预测提出了要求，不仅要明确不同技术领域的创新模式与路径，也要了解不同环节上的创新参与部门和参与者。这是开展技术预测的重要前提。

第三节　愿景需求分析是预测的起点

愿景需求的构建、分析能够有效指导技术预测方法论并帮助明确关键技术优先的原则与准则，提升技术预测对社会科技创新的引导能力，因而，世界上开展技术预测的主要国家和地区均强调在技术预测过程中构建愿景，明确技术预测的实践导向。

一、日本的社会未来愿景研究

日本在 1971 年首次使用德尔菲法开展未来 30 年科技发展与应用的技术预

测调查，可以说是国家技术预测的先驱，但在当时日本国内外并没有引起大的反响，对科技政策的制定贡献有限。直到 1986 年开展第 4 次技术预测调查，不仅在日本国内得到认可和重视，还带动了国际进行预测调查的风潮，1993 年启发了德国与法国，分别利用日本的预测主题作为预测调查的重点，1994 年和 1995 年更是与德国联合开展预测调查研究。

1970 年后，日本每隔五年进行系统的技术预测调查研究，迄今已经进行了 11 次（表 5-1），是所有国家中最有系统且经验最丰富的国家。20 世纪 70～80 年代的技术预测调查以科学技术的发展为视角，描绘了通过科学技术实现舒适、方便和安全的社会。20 世纪 90 年代，社会主题设定为老龄化和全球环境问题等，科学技术逐步应用于解决社会问题和社会需求。自 2000 年以来，日本的技术预测有所转变，以应对科技创新政策方向的变化，内容从科学技术发展向描绘社会未来方向转变，从理想社会向寻找必要的科学技术的方向转变。2005 年开展的第 8 次技术预测加入更多兼具技术供给和社会需求两方面的研究方法，除了前 7 次惯用的德尔菲法以外，新加入文献计量法、社会经济需求分析法及情景分析法等，使得调查研究更符合新一代技术预测的精神。第 9 次技术预测进一步加强重大挑战分析和情景分析方法的应用，面向日本社会挑战（核心科技竞争挑战、绿色创新可持续发展挑战、社会老龄化挑战和安全挑战）制定科技发展战略。第 10 次技术预测基于全球化现状，强调科学技术政策、创新政策一体化，强调在未来社会愿景调查、科学技术发展评估基础上进行未来情景创建，为日本《第五期科学技术基本计划（2016—2020）》的制定提供支持，打造世界领先的"超智能社会（5.0 社会）"。

表 5-1　日本技术预测调查的历史

技术预测调查时期	技术预测方法	科学技术基本计划	技术预测实施的指导思想
1970～1971 年	1970～1996 年，第 1～6 次技术预测 德尔菲法	—	遵循技术自身发展规律，促进经济增长
1975～1976 年			
1981～1982 年			
1985～1986 年			
1990～1991 年			
1995～1996 年		1995 年，科学技术基本法 第一期科学技术基本计划（1996—2000）	

技术预测调查时期	技术预测方法	科学技术基本计划	技术预测实施的指导思想
2000～2001 年	第 7 次技术预测 德尔菲法、需求调查	第二期科学技术基本计划 （2001—2005）	面向未来需求的技术选择
2005 年	第 8 次技术预测 文献计量、德尔菲法、需求调查、情景分析	第三期科学技术基本计划 （2006—2010）	
2010 年	第 9 次技术预测 重大挑战分析、德尔菲法、需求调查、专家讨论	《创新 25 战略》 第四期科学技术基本计划 （2011—2015）	特定社会场景、特点视角下的技术选择
2015 年	第 10 次技术预测 未来社会分析、德尔菲法、需求调查、情景分析	《愿景 2020》 第五期科学技术基本计划 （2016—2020）	
2019 年	第 11 次技术预测 地平线扫描、未来社会分析、德尔菲法、需求调查、情景分析	第六期科学技术基本计划	理想社会下的技术选择

注：根据杨捷和陈凯华（2021）整理

日本第 11 次技术预测（图 5-2）以社会愿景与挑战为导向，目的是支撑日本科技创新政策制定和科技创新战略研究，提供《第六期科学技术基本计划》制定的必要基本信息。从技术预测调查分析来看，第 11 次技术预测增加了地平线扫描环节，定量分析与定性分析相结合，强调对科技、社会、政策等先兆变化信息的广泛挖掘。主要通过文献研究、数据库检索、网络爬虫、专家咨询等方法，收集报告 287 件，为下一步研究奠定基础。自 2007 年以来，日本 NISTEP 一直在开发和运营一个通过评估扫描创新地平线监测信号达成知识整合（Knowledge Integration through Detecting Signals by Assessing/Scanning the Horizon for Innovation，KIDSASHI）的平台，该系统每天采集全球范围内 300 多个高校和机构发布的报告，使用人工智能（AI）机器学习系统分析并编写文章，在 KIDSASHI 网站公开发布，从中获得大量的反馈信息。

与第 10 次技术预测相比，第 11 次技术预测富有创新的地方在于改变了愿景与情景分析的目的和方法，强调社会与科技未来愿景的互动。第 10 次技术预测的社会愿景分析是为了帮助评估关键技术方向，而第 11 次技术预测活动中新加入并特别强调了科学技术与社会的关联性，在掌握变化信息的基础上，同步进行"社会未来形态"愿景研究和"科学技术未来形态"研究，双向联动，一方面基于科学技术去考察未来目标社会，另一方面基于未来目标社会来考察科技和社会双重作用下未来社会可能实现的形态以及相应的对策（许彦卿等，2020）。描绘"社会未来形态"（未来愿景），主要以专家研讨会的形式进行讨论，同时让许多

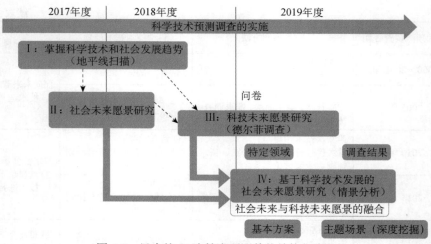

图 5-2　日本第 11 次技术预测整体结构与流程

利益相关者参与其中。日本 NISTEP 公布了 2040 年愿景与方案研讨会的结果，对 2040 年的社会蓝图进行了预测。首先，愿景与方案研讨会就未来社会的目标方向进行了讨论，提出了 50 个未来社会的构想，总结为"人文"（humanity）、"包容"（inclusive）、"可持续"（sustainability）和"求知"（curiosity）四个关键词。作为未来社会蓝图基础上的价值观，愿景与方案研讨会提供了科学技术的发展方向。其次，愿景与方案研讨会以"展望研讨"为起点，提出了未来社会蓝图的补充、方案、相关科学技术和系统，并预测了科学技术的方向，详见图 5-3。

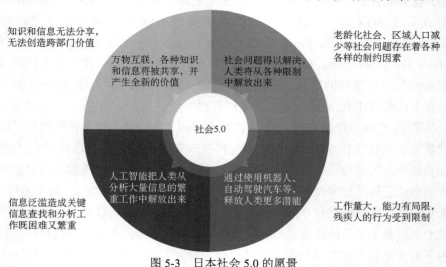

图 5-3　日本社会 5.0 的愿景

资料来源：http://www8.cao.go.jp/cstp/english/society5_1/index.html

国家的未来图景与更宏观的世界和亚洲的未来图景、更微观的地区的未来图景联动。2017 年 12 月举办的国际预测研讨会收集了全球的趋势预测数据,2016～2017 财年在 5 个地区举办的区域研讨会收集了当地发展趋势数据,最终在愿景与方案研讨会上进行审查和总结,成为第 11 次技术预测的重要支撑。

二、德国的社会发展趋势及挑战

BMBF 于 2007～2009 年开展了第一次技术预测,时间跨度为两年,预测重点是科学技术领域。2012～2014 年,BMBF 进行了第二次技术预测,重点是社会发展及挑战,主要聚焦 2030 年社会和科学技术的新发展,特别是健康、科技创新、教育、经济、政治等领域,着眼于找出 2030 年之前德国将要面对的全球性社会挑战,共由三个步骤完成,参见图 5-4。第一步首先找到 2030 年社会上将会出现的趋势和面对的挑战,这些趋势和挑战共涉及 7 个领域,经过整合最后形成 60 个方案;第二步找出科研和技术的发展前景;第三步找到创新的萌芽,借助一些形象的小故事,让未来的形象跃然纸上。

图 5-4 德国技术预测的步骤

基于第二轮技术预测的任务目标,社会趋势可分为三种,即显性社会趋势、隐性社会趋势及常规性社会趋势。具体内容如表 5-2 所示。

表 5-2 社会趋势分类

社会趋势类型	特点
显性社会趋势	在科学、商业政治及媒体等社会领域受到广泛关注,而且对未来的居民及社会互动的影响力不断增强
隐性社会趋势	影响力微弱,尚未得到研究和创新政策的重视及公众的关注
常规性社会趋势	受价值观、期望、愿景或道德标准驱使

针对上述三种类型的社会趋势,相应的研究方法如图 5-5 所示。

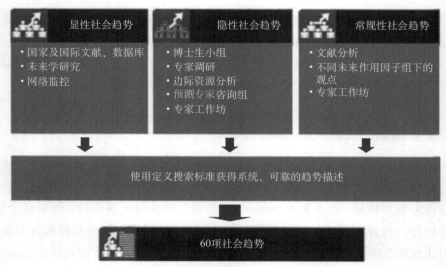

图 5-5 德国技术预测的社会趋势分析

BMBF 用上述方法，依从隐性、显性及常规性社会趋势的前提，对主题重复的趋势进行整合，最终形成 150 种被确定的社会趋势。技术预测办公室的核心小组成员结合选取标准进行详细讨论，最后分析并总结出了 60 项社会趋势，涵盖社会、文化、生活质量、商业、政治以及治理等诸多方面。BMBF 将 60 项社会趋势归为三大类进行阐述，即社会/文化/生活质量、商业、政治与治理。

技术预测办公室的专家采用相关性分析对 60 项社会趋势展开研究，选出 7 个重要的趋势领域，每个趋势领域中都含有多个社会趋势，如图 5-6 所示。BMBF 深入分析已有趋势资源，整理补充文献资料与专家意见，进一步分析 7 个重要趋势领域，推测出每个趋势领域的演变路径、可能给社会带来的机遇与风险以及对创新政策的挑战。

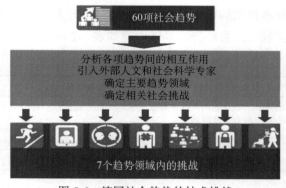

图 5-6 德国社会趋势的技术挑战

三、荷兰的公众需求调查

荷兰每七年会邀请公众提出科学问题，不同领域专家会先将问题分类，再通过公民会议收敛关键问题，并提出可行的解决途径，促进政策制定者、产业界、研究人员与公众的互动，通过自下而上的方式，汇集各界意见以确立国家重要问题，作为科技、经济、文化与教育等相关部门制定科技政策的重要参考依据，此方式获得公众的普遍支持。以 2015 年荷兰国家研究议程（Dutch National Research Agenda）为例，荷兰的公众需求调查包括以下五个阶段。

1. 先期工作

荷兰政府委托知识联盟（Knowledge Coalition）规划问题形成方式及负责执行工作，知识联盟的成员涵盖产学研单位，包括荷兰大学联盟（Association of Universities in the Netherlands）、荷兰皇家艺术与科学学院（Royal Netherlands Academy of Arts and Sciences）、荷兰研究委员会（Dutch Research Council）、荷兰工业与雇主联合会（Confederation of Netherlands Industry and Employers）、荷兰皇家中小企业协会（The Royal Association MKB-Nederland）与应用科学大学（Universities of Applied Sciences）等。

2. 问题收集

知识联盟通过广播、电视与网络等不同传播渠道，邀请公众、科学组织及民间团体等在官方网站与社群网络提出与科学有关的问题，包括问题的主题、关键词、相关科学领域、年龄与性别等，并可说明与目前研究议程（Horizon 2020）的相关性。知识联盟会再选择重要问题访谈填写者，最终总共收集到 11 700 个问题，涵盖社会、技术、生活、自然与人文等整体科学研究领域，形成国家研究议程的基础，例如，"后硅时代"如何延续摩尔定律？地球之外还有生命吗？睡眠质量如何影响健康？如何改善交通运输的安全？等等。

3. 问题分解

由于问题数量庞大，知识联盟先使用软件初步分类问题，再由 5 个领域的专家群，包括人、环境与经济，个人与社会，疾病与健康，科技与社会及科学探索，将问题整理合并成 248 个，并进行简要说明。其中问题的选择标准如下：10 年内面临的问题；问题具有挑战性及开创性；需要有公信力的专家认同该问题，若没有，必须有足够的证据说明该问题的重要性。

4. 会议讨论

召开科学、经济与社会等方向的三场主题研讨会，同时包含多场工作小组的讨论，深入探讨 248 个问题的定义、范围与内涵，将近有 900 人参与讨论。

5. 问题收敛

经过系统性与密集的讨论后，将 248 个问题收敛成 195 个，再由知识联盟进一步精炼 5 个领域共 140 个重要问题，并撰写每个问题的背景、形成原因及关联的人和事物，兼顾问题的深度及广度。为解决上述问题，知识联盟提出可行的解决途径，并列出相关的政、产、学、研单位作为合作伙伴的遴选指引。

传统的自上而下的议题形成方式较缺乏民众意见的征集，且易受到政治因素的影响，荷兰的公众需求调查除了具体问题调查召集公民会议之外，还应用网络爬虫工具，通过社群网站、公民论坛或电子公告栏系统等公开平台广泛征集公众关注的问题，通过大数据分析辅以筛选条件，整理出当前社会的重要议题，从而快速掌握公众需求。

第六章 愿景需求分析流程及方法

预测是为了实现更好的未来。开展预测有助于政府自主构建未来一段时间的发展计划，而不是一味地依赖发达国家的"二手"经验。通过开展技术预测，创建发展愿景，科技管理部门能够更好地构建未来的政策环境，并为决策者提供更多更好的选择，以促进包容性增长和社会公正。面对未来的复杂性、不确定性，新一代技术预测采取的对策是通过数据、信息和情报来塑造这个未来世界，而非诉诸一厢情愿的思考、预言或预测。在技术预测过程中，对愿景的分析也有助于提升一些技能，如交叉影响评估分析和整合、系统思考，以及为长期和深层的不确定性做出规划。主要内容包括：感知可能的、合理的未来态势；主动扫描视野；收集整理、排序、筛选和组合开放、实时数据，以及创建紧密的反馈循环。它需要探索可能的情景和途径，确定未来的风险和机遇，以及系统地预测潜在的反应。

第一节 利益相关者共享的愿景

愿景构建是一种识别、构建和丰富理想未来的方法。愿景构建是制定稳健的战略或变革政策的第一步。在技术预测工作中，愿景构建有时可以被称为"深度挖掘"，因为它会深挖一些特定的场景，这与传统战略规划中强调"愿景陈述"的愿景构建方法形成鲜明对比。愿景构建的时间跨度通常是未来至少 10 年的期限。

一个成功的政策、计划或服务应旨在影响社会的思想和行为以及文化，并能代表战略/政策制定者的心态和价值观。愿景的构建有助于实现这一目的。以参与的方式细化和丰富愿景，是促使不同机构、组织以及利益相关者充分参与并积极探索新领域最有效的机制之一。构建一个清晰且精彩的愿景是战略规划的前提，也是让利益相关者达成共识的关键步骤。

最终，技术预测中的愿景构建不是要构建"我"的愿景，也不是单纯的技术发展的愿景，而是要构建一个由利益相关者共享的愿景。实现美好愿景先要迎接挑战。进入 21 世纪，我们面临一些不确定性挑战：包括发展问题的复杂性与产生综合政策成效的需要；政策实施环境的波动性和不确定性与对政策弹性和适应性的要求；国家与公民关系的变化属性与对公众参与的更高需求；等等。这些都是实现共同愿景所要面对的共同挑战。

科技管理部门需要用实用性工具和"空间"来实验，以学习和适应动荡现实中应对经济社会发展的复杂性、新兴技术发展不确定性带来的挑战。传统公共行政的核心特征是合理性、可预测性和等级性，其许多结构、程序和产出均以这些原则为基础，而复杂性、不确定性和对公众参与的需求则是重大的挑战。预测凭借其良好的使用记录和对行政结构的适应性，正在成为传统规划和政策工具的重要补充。

一、协调发展愿景

从更大的范围来讲，联合国可持续发展目标捕捉了 2030 年的全球发展愿景，这是各国就不同的发展愿望、发展优先级和发展利益进行协商后达成的共识。我国也提出了实现中华民族伟大复兴的中国梦，在此过程中，科技界要会同不同群体就科学技术发展达成广泛共识，制定一个充满雄心的国家科学技术发展愿景，并确定科技发展目标和优先级。在已经存在这种国家发展愿景的情况下，需要先协调各个愿景才能采取有意义的规划行动。

科技管理部门在愿景构建的关键过程中具有重要作用，主要是因为：①那些有技术专长的管理者基于管理实践的考虑来做设计，怎样的未来愿景被认为是"可行的"，以及愿景的优先级都会受到他们的影响；②科技部门作为国家和公民之间的桥梁，能够了解公民当前关注的事情和需求；③科技部门及其下属机构不仅有强大的组织权力，还有在社会中建立的深厚根基，因此可以快速识别、动员核心利益人群，并为他们提供便利。

然而，许多政府机构缺乏参与的机制、程序和方法，而这种参与恰恰是发展愿景所需要的，也是公众所需要的。

政府协商过程可能在多方面受限，利用科技政策研究部门来实施是比较好的选择，包括主动接触（一次性）、参与（无论是意识形态因素还是实践原因），或者纳谏（如果他们的意见与专家共识不同）。开展技术预测就是利用丰富的方法对理想未来进行现实而大胆的规划。这些方法提供了一个平台和框架，使不同的"声音"和观点有意义地展开对话，并产生有价值的判断。

二、预期性治理

愿景的目标是使不同利益相关者尝试去了解世界的复杂性、相互关联性和不确定性，并对其达成共识。例如，实现中华民族伟大复兴的中国梦是中国人民对未来发展的美好图景的勾勒与追求，而愿景正是中国梦的集中体现。在国际发展趋势与国内政治、经济、社会、文化、生态等的相互作用之下，未来社会将呈现怎样的愿景？这种愿景如何以可描述和可实施的方式呈现出来？在通往中国梦这一愿景目标的道路上，我国将面临哪些挑战和不确定性？为了应对这些挑战和不确定性，未来的中国将面临怎样的转型与调整？科学技术作为人类社会进步之源与核心关键因素，如何推进愿景目标的实现，找到转型与调整的突破口？当然，科学技术也具有鲜明的人类价值取向特征，经济与社会的发展目标、方式和形态决定了人类对于技术的需求，影响着人们对科技探寻的方向。

技术预测可以汇聚不同利益相关者一起构建战略愿景，预测其中一些新兴趋势，并评估这些趋势的影响以及不同情景下的政策选择。这样做可以凝聚共识，帮助决策者做出更好的决策，准确把握影响国家未来发展的主导力量。

三、弹性政策规划

愿景目标的实施环境充满不确定性。在全球范围内，政府正在试用一些能够处理变化、复杂性和不确定性的规划工具。传统规划方法重点关注可预测的、逐渐发生的、明确的变化，而我们面对的是未来 5～15 年甚至是更长时间里发生的变化，可能是一些复杂变化、破坏和冲击。但类似新兴技术的发展往往充满了不确定性，政府机构有时会滞后才发现政策越来越偏离现实的轨道，容易疏忽大意，错过大好的机会。在愿景目标的实施推进过程中，我们需要一种工具，以使传统的规划方法在未来保持弹性。

应运而生的技术预测就是这样一种工具，它为传统政策规划提供了控制不确定性和不可预测性的良方。预测的应用是"后向选择"，政策规划者从"理想未来"（愿景或目标）往回倒推，经由不同的实施场景，挑选最具弹性的政策路径。这些前瞻性方法为政策在社会中的实施做出重大贡献。预测使传统规划能够更全面地评估风险，而且可能提供（意外）机会，可以对此时此地的现有规划提供调整意见。这样，做出的政策更具有"弹性"，能在各种不同的环境中发挥作用。

第二节　分析的关键焦点

对于如何构建一个好的愿景，我们需要知道以下 10 件事。

（1）未来无法完全预测。我们对未来的大多数了解往往是对当前趋势的推断，而这又是基于过去的数据，所以我们在前进时不应该只看"后视镜"。

（2）未来应该是多元的。未来并不是单一的，而是存在多种可能性。所以，放眼未来的所有可能性，一些可能性更大或更合理，另一些可能性不那么大。规范的（更可取的）未来是利益相关者渴望创造的未来。

（3）我们无法从未来中获得事实或证据（我们在经历的过程中创造未来）。我们应该根据不同（通常是相互冲突的）个人和群体的观点，借助参考框架和"图景"来思考未来。

（4）很多时候，有用的想法和未来"图景"在当前看起来很荒谬，因为它们难以预想。因此，预测应该挑战现有的信念、价值观、思维模式和行为，以免被困在常态中。

（5）我们如何使用现有技术（和开发新技术）将决定其未来的影响力。

（6）很大程度上需要那些超越现有体制和思维模式的人。

（7）未来是一个过程，而不是一个目的地。人不能"达到"未来或"到达"那里，未来一直存在，总有一个十年接着另一个十年。

（8）从历史上来看，大多数趋势消失较快，而真正重塑未来的大多数重要事件开始时并不起眼，却是变化的微弱信号，所以不要相信炒作。

（9）对于将要发生的每一个未来，都有数百个预期中的未来不会发生，因此我们总是需要计划 B（以及计划 C 和计划 D 等）。

（10）最糟糕的事情是活在别人的过去中并认为那是你的未来。

然而，人们想当然却没有完全意识到的一个问题是政策周期可能很长，经常需要几年的时间才能全面实施。预测的时间跨度也相当大（5～15年甚至更长），但我们通常从当前日期开始计算年份。这时我们试图了解可能会发生什么意想不到的事，然后尝试制定政策，就好像未来会在我们制定这项政策的过程中"等着"或"原地不动"。但是，实际上不会立即实施这项政策，还需要花一定时间验证其对社会和经济的影响。所以，当我们制定好政策并开始实施时，未来已经是另一番景象，并且当我们预期政策马上就要实施并产生预期作用时（这时已经过了很长一段时间了），未来会更加不一样。

为防止政策出现持续的时滞，我们可以从"将来的现在"（future present）设计政策（UNDP Globe Centre for Public Service Excellence，2018）。这种方法提出了一个不同的方向，可称为两阶段预测框架。

第一个时间范畴介于现在和"将来的现在"之间，是指在当前政策周期结束时我们期望发生的情况（5年左右）。对于已采取的行动或者计划采取的中期行动，我们是相对确定其可能产生的影响的。

第二个时间范畴介于"将来的现在"和"将来的未来"（future future）之间，也就是不久的将来再往后推10年可能发生的情况。对于这个期限，我们无法做出确定的设想，这是改革政策的创新场景发展空间。

这个预测的两阶段预测框架中至少包括以下步骤。

（1）在时间地平线内进行扫描，识别趋势并描述"将来的现在"。

（2）找到"将来的现在"的利益相关者。

（3）就"将来的未来"可能发生的社会影响构建理想化场景（当我们预期完全实施新政策的时候）。

（4）在"将来的现在"和"将来的未来"期间使用反推（backcasting）法、未来创意（futures creative）法或地平线任务（horizon mission）法（以及构建丰富描述的系统方法）。

（5）对将在"将来的现在"出台并在"将来的未来"发挥作用的新政策，描述其最低要求和目标/意图。

（6）制订当前计划，并制订战略计划以改进新政策的设计，使其在"将来的现在"能够顺利出台。

第三节　有效愿景的构建

愿景能够帮助我们系统地思考未来的可能性，包括我们正在努力成为什么，为什么我们要做我们做的事情，以及我们的努力产生了什么贡献。因此，构建愿景的过程非常重要，凝聚了不同利益相关者对未来的看法。一个活生生的愿景并非纸上谈兵，而是人们可以分享、深刻感受、相信是可能的并致力于实现的东西。愿景涉及每个人、团体和组织面临的最终问题，即关于目的、意义、方向和存在原因的问题。

不同的组织、群体对于愿景的诉求是不同的，因此构建愿景需要调适正在创造愿景的政府机构或组织。关键利益相关者应参与构建共同愿景。

构建有效愿景的第一步是选择核心参与者群体，需要包括组织或领域内外的主要代表。在会议结束后形成的愿景目标要能在整个组织中有效地贯彻落实，因此选择一个合适的参与者群体十分重要。但群体规模也不能太大，否则难以达成共识和许下共同的承诺。在确保关键领域有代表和创建一个精干有凝聚力的群体之间存在自然的紧张关系。经验认为，建立一个由大约 25 名参与者组成的核心小组是比较好的选择。

构建有效愿景的下一步是为主要参与者创造一个安全、舒适的环境，以分享他们的价值观和愿望。理想情况下，应该不同于日常工作设置，参加会议的人可能来自外地，在规划设想会议时考虑时间和时区的差异总是有益的。

愿景可以在一次会议（如一两天的务虚会）或几次较短的会议上构建。理想情况下，将有几个步骤来构建共同愿景，然后努力使其成为现实。愿景会议的潜在组成部分包括以下几个方面：①了解潜在的未来（考虑趋势和情景，与组织或社区的历史有关）；②进入"有抱负的空间"（引导人们反思价值观、成功和如何为之骄傲）；③形成共同愿景；④制定大胆的目标；⑤找出下一步。

会议协调人需要为分享价值观和愿望创造良好的精神空间，从而形成有效的愿景讨论。他需要将参与者与他们的希望、梦想和目标联系起来，不仅是为了组织，也是为了社会。在愿景构建过程中狭隘地关注组织，最终会削弱所产生的激励人们所需的力量。

一、了解未来

有必要考虑塑造组织或社区的关键驱动力及其挑战。除了侧重环境中最可能发生的变化和一组具有挑战性的事件外，还应考虑更有远见的可能性。制订有远见的设想方案，主题是回答下述问题：如果足够数量的利益相关者成功地追求有愿景的成果，会发生什么？结果会是什么？选择什么样的路径实现这个愿景？实现未来的愿景需要什么样的条件？对这些问题的思考会加深他们对他们想要的东西的理解，并有助于找到实现这些条件的潜在方法。这些情景不是愿景，但它们能给人一种实现愿景的可能性的感觉。愿景是关于愿望的，重要的是让参与者进入"有抱负的空间"，在那里，他们被组织所做的事情所感动和激励。

二、创建愿景声明

如果参与者已经创建了个人愿景陈述，就可以进行成对共享，并由听者总结。或者，如果小组规模足够小，每个人都可以呈现自己的个人愿景。在每个人完成呈现后，询问共同的愿景，询问人们对这份愿景清单是否满意。人们可能需要对列表进行轮询，以确定优先级或消除一些并不是很重要的部分。再对结论进行讨论，听一些重要部分。

在这个过程中，会有一些困惑存在，如愿景是否可以以短语或句子提炼，或者是否有足够的愿景陈述等。愿景的表达是简短还是见长与组织的价值观有关。理想情况下，第一次会议将在为期两天的愿景会议的第一天结束。愿景撰写人员立即编写愿景声明，编撰者需要有敏锐的洞察力来捕捉参与者在愿景会议过程中所展现出来的价值观倾向，并能够将大家的陈述转化为共同愿景。编撰者还可以参考参与者的研究成果来塑造一个愿景。

这种愿景方法也有缺点。如果愿景活动没有在现场完成，参与者在返回日常工作时可能会分心。委托外部研究团队形成的愿景报告可能令人难以信服。来自组织内部的研究团队可能对愿景发展过程施加不适当的影响，并疏远其他参与者。为了防止这些问题的出现，重要的是让其他参与者通过第二次愿景会议或通过电子邮件和电话进行长期接触来起草愿景。多次修改往往是必要的，以制定一个符合尽可能多参与者的共同愿景。

第二种方法是利用整个与会者群体起草一份愿景。在会议进行过程中，主持人从参会者的发言中提炼关键信息，将这些信息转移到挂图、白板或电子系统上。最后，大家共同努力，将这些关键信息整合在一起，形成组织愿景。主持人需要在讨论和制定愿景方面发挥强有力的作用，以防止形成一个听起来似乎是由少数人制定的愿景。这种方法通常会得到参与者更大的支持。

三、提出大胆的目标

愿景给了我们一颗"北极星"，它提供了方向，它与大胆的目标成为旅途中的特定目的地。大胆的目标将愿景带入现实，代表着实现组织愿景所设定的重要、具体的步骤。一个大胆的目标作为一个统一的焦点可以有效地催化团队精神，激励组织来实现它，但必须有一个明确的终点线，这样组织才能知道什么时候实现了目标。

大胆的目标应该使人们暂时停在目标的范围内，它需要非凡的努力，需要10年或更长的时间才能实现。并非所有大胆的目标都是可以实现的，但它们应该有50%～70%的成功概率。

四、分析的流程

从流程上来看，在技术预测过程中，愿景需求的内容主要分为三个部分：未来的经济社会发展愿景、领域科技发展趋势和科技需求、重大技术问题凝练。首先，从经济社会发展、国际竞争、技术发展等方面分析未来经济社会发展的前景及对科技的需求；其次，分析科技发展新进展、新变化、新特征和新趋势，把握未来科技发展的态势和方向，围绕经济社会和科技发展需求，提出领域科技重大任务；最后，根据未来经济社会发展对科技需求与科技自身发展的需求，凝练迫切需要解决的技术问题。

从方法论的角度（图6-1）来看，首先进行扫描，针对可能有影响但尚未被列入目标观察名单的议题，提供早期警示作用，通过持续扫描外部环境中尚未结构化的信息，并用群组资料说明可能具有战略重要性的议题领域，再通过特定的流程进行监测，或经讨论后分类筛选与评定等，以确认具有战略重要性的新议题，也就是从混乱的议题旋涡中找出具有创造价值的议题。一般来讲，前瞻性的预测注重过程，这个过程不能光有"巧妇"而没有"米"，地平线扫描就是为了解决没有"米"的问题。因而，地平线扫描主要用于预测性活动的开始阶段，它可以是一种自动化的独立方法，用于识别"未来的事物"，这通常意味着为识别新的科学和技术来提供有关它们的信息（Cuhls，2020）。

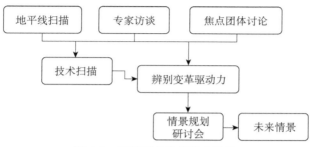

图 6-1　愿景需求分析的方法论

依社会、技术、经济、生态和政治法律（social，technological，economic，ecological，political-legal，STEEP）各维度进行扫描是一种常用的方法，以获得大量、杂乱的事件与议题，由于已经按社会、技术、经济、生态和政治法律的构面去扫描及开展，并不需要在此阶段再去群组，反而可以使用神经网络模式去观察及监测各议题间跨构面的相互关联性，依此模式归纳整理后，再经由与专家讨论进行筛选与评议，获得重要趋势候选名单，与专家进行最后的讨论，将重要趋势依照对经济、社会发展影响的考量去评选并进行分组后，得出核心趋势的结论。

第七章　未来发展蓝图的全球扫描

地平线扫描这一提法来自战略规划领域，是战略规划的探索阶段，即从自身内部条件和发展愿景出发，识别潜在的项目机会，并就当前外部环境提供全面的信息。科技部门管理人员和决策者在其运作的外部环境发生迅速和动荡变化的背景下，不断努力实现理想的未来。为了能在一个复杂且不断变化的世界中有效运作，决策者必须熟练运用战略性预测研究，展望新出现的趋势、问题、机会和威胁，提出高质量、有价值的预测观点，提升组织的未来洞察力，发现不利条件，指导政策制定和战略规划（Slaughter，1999）。

第一节　地平线扫描

在技术预测早期阶段，地平线扫描被证明确实非常有必要。但它们可能不足以满足当前日益迅速、复杂和令人惊讶的变化对高层次战略预测的需要。地平线扫描是一种帮助决策者发展和保持他们所需要的广泛与外部关注的前瞻性观点的方法，又称环境扫描、外部扫描和战略扫描。地平线扫描可以被定义为"获取和使用有关组织外部环境的事件、趋势和关系的信息，其知识将有助于管理层规划组织未来的行动方针"（Choo，2002）。地平线扫描与典型未来情况和趋势调查的区别在于强调微弱信号（潜在变化的早期指标），全面扫描所有部门，强调外部趋势和发展，并包括可能的外卡影响（低概率、高影响事件）。地平线扫描包括不同的技术和组织方法，以确定和解释微弱的变化信号的潜在影响。理想情况下，地平线扫描作为一个早期预警系统，可以识别、确定潜在的威胁和机会，目标是找到未来发展重要的新迹象，以便决策者能够相应地制订计划并及时采取行动，更广泛地促进组织中的预测文化。

扫描长期以来一直是军方情报部门的标准做法，也是商业部门未来研究的核心方法。军事情报官员最初设计了系统收集和分析新出现的外部问题与趋势信息的技术，以了解敌国的最新动向（Cornish，2005）。近年来，公共部门越来越多的领域，如人类健康（Karla & Hindrik，2006）和教育（Munck & McConell，2009）领域，使用了地平线扫描方法。科技领域的地平线扫描也是较常见的，会对外部环境进行扫描，以降低对不确定性环境的焦虑。有些是被动的、非正式的扫描，类似昆虫"保持触角向上"的姿势，等待接收可能是重要的外部变化的信号；有些则是主动的、正式的扫描，尤其是在商业领域，大量扫描研究文献清楚地表明了主动的、正式的扫描的价值（Choo，2002）。

一、扫描和预测

地平线扫描不仅是为了找出可能的或看似合理的事物，而且是为了进入更大的空间寻找未来的可能性和趋势，是系统探索外部环境的方法，其目的在于更好地理解变化的本质和节奏，准确识别与组织应对相关的潜在机会、挑战，以及未来可能的发展路径。

扫描方法还应分清"领域"（所在地：部门、行业、政策问题）和"受众"（谁将使用这些见解和结果）。

扫描与预测的不同之处在于：①扫描不做预测，而是识别和探索新的、创新的想法，以及基础的变革模式；②扫描试图避免通过现在推断未来（主要是使用过去的趋势数据）以及概率的定量计算；③扫描更倾向于"向外看"，并寻找那些可能变成强大趋势的微弱信号，而且它需要在扫描过程中有适当设计，避免与趋势甚至是变革驱动力相关的信息相混淆。

扫描并不是要预测将发生什么，而是要识别可能出现的事物。因此，区别以下概念非常重要。

信号是单独的事件和问题（数据点），把它们和趋势弄混可能使我们认为当前的新闻就是成熟趋势的表现。实际上，出现的信号并不代表就会出现某种特定趋势。信号也应该区别于"噪声"，因为"噪声"要么与我们的前瞻目的无关，要么可能掩盖真实的趋势。

趋势是基本的变化模式，有相对清晰的变化方向。我们可以识别趋势的不同成熟度。

驱动力是最成熟的趋势，对更大范围内的部门和行业有明显的影响（如全球化）。

不确定性是新出现的、正在发生的问题，但我们无法确定它们将如何发展，会往什么方向发展。

在典型的扫描过程中，可能有 100 多个信号、20 多个趋势、10 多个驱动力。不确定性的数量不固定，取决于扫描焦点的复杂性和不可预测性（UNDP Global Centre for Public Service Excellence，2018），详见图 7-1。

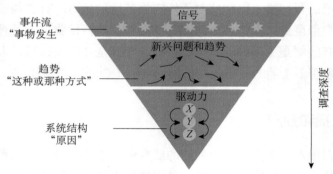

图 7-1　愿景扫描场景（Hogson & Sharpe，2007）

注：X、Y、Z 代表不同驱动力。

扫描之初，我们应先回答以下几个问题。①我们需要回答什么问题？②什么是重要的？什么是不太重要的？③我们认为自己知道什么（已知的已知）？④我们需要知道什么（已知的未知）？⑤什么东西我们没有意识到自己不知道（未知的未知）？

最后一个问题特别重要，因为我们的认知和行为偏见让我们对自己的无知没有意识。这个内容是扫描中最重要的，因为这些"盲区"大多数是微弱信号的来源。我们也需要确定理想的、具体的扫描方式，每种方式都需要不同的技巧和资源分配方式。由于我们可以收集到大量的信息，并且需要以有意义、有用的方式组织这些信息，因此扫描就是将信号和趋势归入预定类别的过程（UNDP Global Centre for Public Service Excellence，2018），参见表 7-1。

表 7-1　愿景的扫描方式

扫描方式	信息需要	信息使用	目标努力程度	信息来源数量	技巧
无向视角	广泛兴趣领域，未明确特定需求	偶然发现	中等偏低	很多	游览式：广泛浏览众多信息源，利用容易获取的信息
条件视角	能够识别一些感兴趣的主题	增加理解	低	少	追踪式：浏览提前选好的信息源，专注于提前设定的兴趣主题

续表

扫描方式	信息需要	信息使用	目标努力程度	信息来源数量	技巧
非正式检索	能够提出疑问	在较小限度内增加知识	中等	少	满足式：检索聚焦于一个问题或事件，但是检索只要恰到好处就令人满足了
正式检索	能够定义目标	正式地利用信息进行规划和行动	高	多	检索式：借助一些方法或程序，就某个目标系统地搜集信息

　　最常用的方法是 STEEP，指按社会、技术、经济、生态和政治法律分类。当信息被收集起来时，就被归入这些类别并进行分析。有时，根据需要也会考虑其他类别，包括人口统计、种族、规则和价值领域，"PESTL+V"［政治（political）、环境（environment）、社会（social）、技术（technology）、法律（legal）和价值观（value）］分类法就比较常见。

　　为了权宜或方便，可以开展所谓的"扫描之扫描"。它是基于对现有扫描报告的收集、分析和合成，可以在几天内完成。但是，它通常不为特定目的或特定组织提供定制的或针对性的见解。

　　扫描通常是更广泛的预测过程的第一阶段，然后促进情景构建。它有助于定义情景的边界和焦点，但也可能缩小新观点的范围。因此，在情景构建完成后也可以使用扫描，以考量后续战略和行动规划的可行性。

二、地平线扫描系统的概念模型

　　未来学家、商业学者和其他人士开发了许多不同的地平线扫描系统。这些系统包含很多方法和元素，大多数系统模型包括至少三个主要组成部分，即扫描、分析和与决策者的互动。Bengston（2013）总结了两类典型的地平线扫描系统：一个是由未来学家 Glenn 和 Gordon（2009）提出的，另一个是由研究人员 Day 和 Schoemaker（2006）提出的。

　　图 7-2 描绘了"千禧年计划"（the Millennium Project）中提到的通用地平线扫描系统（Glenn & Gordon，2009）。扫描开始时，通常由一个小组审视不同的信息来源，以确定潜在的变化和新出现的信号趋势。图 7-2 顶部显示了一些常见的信息来源，除此之外，还应该检查其他潜在的不同信息来源。

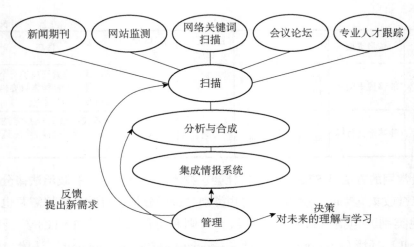

图 7-2　地平线扫描系统的概念模型（Glenn & Gordon，2009）

分析与合成环节包括：识别单个扫描可能的潜在影响，以及综合多种趋势或微弱的变化信号，并研究可能的全局意义。将原始扫描点击的信息以及分析与合成后的结果输入一个交互式数据库，可以方便搜索关键词，以识别模式并生成有关感兴趣主题的报告。数据库应以界面友好的方式提供给管理人员和决策者，想法就是给决策者一个方便进入系统的窗口。最后，与管理层的互动和管理层的反馈也是扫描系统的关键要素，帮助决策者在反馈迭代中更好地理解发展趋势及影响。

为了促进类似 Glenn 和 Gordon（2009）扫描系统的各个阶段能够运作良好，可以开发一个模块来系统地收集扫描信息（即新出现的趋势或感兴趣的发展）。模块包括每个项目的下列字段：①属于（如技术、经济、环境或社会）的类别或领域；②领先指标（如这个扫描点的出现将带来什么样的冲击）；③资料的来源及查阅方法；④对扫描命中的其他评论；⑤该项目的意义、重要性或可能的后果；⑥目前的状况；⑦涉及或影响该项目的行为者；⑧输入的日期和扫描进入该项目的名称。

图 7-3 总结了商业领域用得比较多的地平线扫描模型。该模型基于组织学习理论分为五个阶段：界定范围、扫描、解释、探测和反馈、调整。界定范围是指界定一个组织应如何广泛地进行扫描。如果范围太窄，组织有经常受到外部冲击的风险；如果范围太广，就有被不重要的信号淹没的风险。Day和 Schoemaker（2006）提出了一套指导方案，以便在范围界定方面取得适当的平衡。一般来说，组织环境不确定性越大就越需要更广泛的范围。在适当

的范围内，扫描是寻找新出现的趋势和问题的过程，应该包括探索性扫描（在不熟悉的领域广泛搜索，以提供全局视图）和开发性扫描（在定义明确或熟悉的领域更深入地搜索）的平衡。解释环节易受到不完整和狭隘思维框架的强烈影响。我们要知道可能存在的偏见，也就是会倾向于支持证实我们现有信念的信息（Nickerson，1998），这会影响我们准确解释扫描内容的含义的能力。因此，可能需要改变或扩展认知心理模型，以了解潜在的威胁或机会（Barker，1993）。

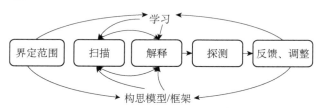

图 7-3　地平线扫描作为学习过程的概念模型

资料来源：Day 和 Schoemaker（2006）

探测是对微弱信号及其预期影响的反应。有三种主要的应对方法：观察和等待（一种被动的方法，在利害关系较低或有很高的不确定性时可能是合适的）；探索和学习（当不作为的成本较高时，应更积极主动地学习更多）；确认和行动（当信号趋同表明威胁迫在眉睫或机会非常有希望时，应快速做出反应）。最后，反馈、调整是对与微弱信号相关行为获得反馈的过程，有助于组织对其环境的理解，包括对其心理模型进行适当的调整。

当然，还有其他地平线扫描模型，但它们是在基本模型上的改变。例如，Amanatidou 等（2012）认为可以有不同的方法来支持扫描过程，探索性扫描方法集中于从来自不同信号源的各种数据中收集潜在出现的问题，而以问题为中心的方法从现有或潜在的新出现问题开始，寻找弱信号，支持前面的问题假设。van Rij（2010）提出了联合扫描概念，建议通过共享英国、荷兰、丹麦等国家的扫描数据，为进一步开展联合预测活动、制定根据弹性的研究计划和政策提供共同的基础。Slaughter（1999）、Voros（2001)和 Hines（2003）则把重点放在扫描广泛来源的重要性上，并借鉴心理学家肯·威尔伯（Ken Wilber）的工作，以实现这一广度。这种"整体未来"（integral future）方法的本质是一个四象限矩阵，它确定了应该纳入扫描的四个领域，包括主观的（subjective）个体内心世界（如个人动机、价值观等）；主观间的（intersubjective）集体内部世界（如共同的组织结构、语言、文和制度等）；客观的（objective）个体外部世界，主要是一些可以观察到的个体行为（如消费选择、投票行为等）；客观间的（interobjective）集体外部世界，所关注的问题是所处的自然环境或构建的外部环境中客观可测量的变化。

第二节　被动扫描和主动扫描

"不是因为他们找不出解决办法，而是因为他们看不到问题所在"（Chesterton，1935）。英国著名作家吉尔伯特·基思·切斯特顿（Gilbert Keith Chesterton）在《布朗神父的丑闻》（*The Scandal of Father Brown*）中的表述恰好说明了扩大视野范围、积极扫描、发现问题的重要性。为了获得有价值的信息，组织部门必须使用不同的扫描方式，用于捕捉和放大存在于周边视野中的微弱信号。扫描也可能侧重于一组特定的优先问题，也可能涉及对整个外部环境的范围界定。方法的多样性表明，扫描系统的设计应符合特定组织决策者的背景和信息需求。Yasai-Ardekani 和 Nystrom（1996）的研究显示，拥有有效扫描系统的组织能够使其方法与其具体的组织背景保持一致。

一、被动扫描

虽然组织部门都明白扫描的重要性，但多数还是被动地进行扫描，坐等接收外部的信号。这种"竖起天线"等待信息的做法，会让管理者自我感觉与周边视野的情况合拍，但实际上这是一种错觉。因为绝大部分信息源来自常规或传统渠道，所以这种扫描方式更多的是在强化旧观念而非挑战那些固有观点，很难有开拓探索的空间。在稳定的、缓慢变化的环境中，被动扫描可能已经足够了。但在变幻无常的环境下，这种被动扫描方式限制了扫描的范围，弱化了人们的好奇心，尤其是极有可能忽略异常和不熟悉的微弱信号。

二、主动扫描

主动扫描反映了人们强烈的好奇心，更加强调在广泛的视野中搜索、识别信息，可能包括一些模糊的业界传闻，也有可能来自类似趋势研究、技术预测研究、科研项目部署等强有力的证据。面对新兴技术发展的不确定性、复杂性环境，主动的、开放式的扫描方法尤其重要，此时，一些意料之外的数据信息可能变得更有价值。主动扫描往往针对一些特定问题，由一些假设驱动，例如，2021 年"元宇宙"的爆发，引发管理部门注意，需要积极探索一些问题的答案，诸如为什么把 2021 年称作"元宇宙元年"？关键核心技术是什么？掌握在谁的手里，未来发展趋势如何？等等。一些有较好积累的部门，将更有可能组建搜索队伍，召集内部或外界相关机构组织扫描活动。

当然，主动扫描也可能是非定向的，是一种更加开放的探索过程。类似地，盯住一些科技信息类的博客、论坛等平台媒体，每天进行系统化地扫描、检索各类信息。最好的方法是购买定制信息，只需阅读那些自己感兴趣的东西。也就是说，各组织可以购买扫描服务和分析，或只需订阅或多或少适合其需要的扫描快报（Lesca & Caron-Fasan，2008）。非定向扫描有可能让我们找到一些问题的答案，而这些问题是我们原来没有意识到或者不知道该如何明确界定的（Day & Schoemaker，2006）。将定向扫描和非定向扫描结合起来是比较好的做法。管理部门不但需要一个开阔的假设范围来帮助聚焦注意力，而且需要随时关注初始假设之外的新信息。可以组建一个专门的内部扫描团队，其核心工作就是搜索、分析和交流关于外部趋势的信息。

最理想的状况就是，组织根据需要同时使用这两种方式。组织不忙时可以扩大参与范围，在内部组建全职扫描团队（或个人）与一个更大的外部扫描网络。Choo（1999）、Day 和 Schoemaker（2005）等提出，这种有许多人参与的扫描更有效，在决策时能产生更丰富的见解。为了提高信息的及时性和价值，可以开发快速环境扫描技术（quick environmental scanning technique，QUEST）（Nanus，1982）。通过挖掘高层领导人的集体知识，快速让这些领导人表达和分享观点，参与扫描过程，并确保他们对结果的接受认可度（Slaughter，1990）。主要包括四个阶段。第一阶段是准备阶段，重点是创建一个初始记录，其中包含有关本组织主要趋势和相关问题的信息，以及组织领域和外部环境的相关问题。信息来源于各种现成的渠道，如行业协会和公开出版物以及最近关于该领域未来的文章，并将记录分发给来自该组织的 10～15 名高管和经理。第二阶段是为期一天的扫描研讨会，重点讨论可能影响组织未来的重要问题。情景开发是第三阶段，在这一阶段，问题调查协调员编写一份报告，分析前一阶段产生的所有信息。报告还包括 3～5 种设想方案的开发，描述未来可能的环境，包括为期一天的研讨会上出现的主题。在最后阶段一周前，将报告分发给参与者，进行为期一天的战略选择识别研讨会。在报告的基础上，参与者提出应对不断变化的组织环境的战略选择，确定优先序排名，还可以成立战略规划小组，以跟踪高度优先战略的制定情况。

第三节　遵循的设计原则

无论是主动扫描还是被动扫描，内部机构扫描还是利用外部资源，都会涉及选用哪种组织方法以及如何组织设计的问题，具体来说，包括扫描范围、扫描频率、信息来源、产出形式等。组织部门必须能够有效监管扫描的流程，明确范围，提出问题，集中资源进行扫描，同时必须权衡扫描深度与所需资源之间的关系。

一、明确扫描范围

地平线扫描活动应从范围界定开始，包括横向的搜索范围和纵向的时间范围。不同的范围区域需要使用不同的扫描方法。一般来说，主动扫描流程可以从组织内部开始。组织的规模和范围往往会造成信息分散、不协调，决策者并不一定能真正了解其内部信息。为了提高组织在内部捕获具有重要价值信息的能力，必须在组织内部构建适当的、实实在在能够共享信息的渠道，以及实际分享有用信息的激励机制。同时，研究竞争对手也很重要，但过于聚焦在直接竞争者身上也会导致目光短视，而且会促成模仿策略，使得技术发展和追赶范围过于集中。过于集中的扫描将无法检测到其他领域的信号变化，从而增加了被意外发展所蒙蔽的风险（Harris，2002）。Day 和 Schoemaker（2006）建议可以通过扩大视角、注意低端竞争、创立虚拟竞争对手、从互补性产品（技术）获得线索等手段来克服过度聚焦于直接竞争者的方法。也就是说，需要用全面或高层次的扫描方法（Hines，2003；Slaughter，1999），很多看似无关的外部环境的变化可能产生意想不到的深远影响。

Hiltunen（2008）在一项调查中发现，智力资源在所有领域中都是最有用的，121 位受访的未来学家认为科学家是识别微弱信号变化的最佳来源。在线来源包括组织和个人的网站、电子数据库、博客、播客、讨论小组和电子邮件通信，以及传统的文本信息等，还包括受欢迎的科学期刊、图书、报纸、学位论文、政府和非营利部门的报告等。

信息来源无论是人还是在线，Schwartz（1996）建议都需要扫描非传统来源，并在社会边缘而非通过主流途径寻找潜在的趋势。一些专业扫描团队建议的来源还包括思辨小说、诗歌、电影、音乐等各类艺术形式，以培养对更深层次文化潮流和社会变化的认识（Coote，2012）。Schwartz（1996）关于"信息搜索和收集"的讨论中充满了寻找创新思想家和关于变化的信息来源的技巧。例如，广泛阅读你的专业和领域内的文本，联系具有挑战性的文章和图书的作者，培养与你持有不同意见但可以与你亲切交谈的人的关系，并通过旅行沉浸在陌生和富有挑战的环境与文化中。当然，也有可能纳入大量不重要信号误导决策者。一个广泛的、高层次的扫描和聚焦特定领域并进行详细分析扫描的混合策略，可能是最佳的（Choo，2002）。

扫描系统有时也会将多个时间范围纳入扫描框架，以帮助规划者和决策者整理和处理未来可能出现或在不同地点产生影响的趋势和问题。例如，英国政府科学办公室推出的"未来工具包"（The Futures Toolkit）将当前和近期在模型中定义为地平线 1（H1）。H1 问题现在具有战略重要性，它们是可见且能被充分理解的，通常也是政府及其利益相关者已经在应对的问题。因此，H1 问题是当前政策和战略的重点。随着时间的推移，H1 问题将变得不那么重要，它们可能被政策或战略所同化，或者被其他现在不那么重要但在中期内将变得更重要的趋势或事件所超越。这就进入下一时期——地平线 2（H2）。H2 问题究竟将如何发展，目前可能还不清楚，但许多决定 H2 问题发展的变化驱动因素已经在发挥作用。组织部门、决策者和战略分析家的任务是密切关注这些问题，探索可能的结果，并根据未来的需要调整政策和战略。从更长远来看，H2 将让位给地平线 3（H3），并将出现一系列新的政策和战略挑战。这些也需要政策制定者做出回应，但目前很难看到形成 H3 的变革驱动因素。目前尚不清楚 H3 因素将如何发展，它们将如何相互作用，或者它们是否会在未来为利益相关者创造机会或威胁。因此，组织部门、决策者和战略分析家的任务是识别和跟踪影响 H3 的驱动因素。这样做可以让他们对战略目标有前瞻性。当然，"中长期"没有固定的定义。时间表是根据相关因素（如技术开发、市场开发、消费者接受和系统性变化）逐个项目定义的。对于一些项目来说，这可能意味着考虑一个相对较近的未来，比如 15～20 年；对于其他项目来说，这可能意味着 50～60 年

（Government Office for Science，2011）。

二、多元化的扫描小组

做好扫描的关键是避免过度依赖其他人均会使用的方法和信息来源。为了获得新观点，我们必须能够看到别人看不到的东西。因此，除了界定好扫描范围之外，扫描团队的多元化视角对取得成功也至关重要。扫描需要发散性思维，做到既见森林，又见树木。然而，扫描团队通常受到他们的专业背景、参考框架和其他个人因素的限制。这种限制对地平线扫描来说是个挑战：如何更好地打破我们对潜在重大趋势和发展看法的范式与思维方式限制，特别是在不熟悉的领域？为了应对这些挑战，有必要进行方法组合设计，一方面，利用咨询公司的专门知识进行扫描服务外包，外部伙伴可以提供很多难以从内部努力中获得的创新观点。但 Day 和 Schoemaker（2005）指出，各组织需要努力确保外部咨询公司的扫描洞察力具有相关性，并纳入战略规划和决策。另一方面，可以在内部设立专职扫描团队，包括一些特立独行的员工，即那些倾向于拒绝传统视角和跳出框框思考的人。一些规模比较大的机构，一般都会在内部设立扫描团队，专职工作就是搜索、分析和交流外部环境趋势信息（Brown，2007；Choo，2002）。Choo（1999）、Day 和 Schoemaker（2005）等认为，这种有许多人参与的扫描更有效，在决策时能产生更丰富的见解。参与式方法的基础是假设一个组织中的每个人，而不仅仅是一个指定的扫描团队或高层领导，外部更广泛的分布参与可能对不断变化的外部环境拥有有效和重要的见解。

三、提高扫描效率

在明确了需要扫描的范围之后，下一步的工作就是创造性地综合整理能够满足扫描过程的所有可能的信息来源和方法，然后根据他们对回答引导性问题的作用进行排序。实际上就是要考虑投入的问题，关键问题包括投入多少预算，谁来收集、分析信息，谁来评价和执行这个过程结果等。我们要把扫描看作一个反复的过程。决策者可能会发现他们所忽略的信息，然后扩大研究范围，或者更精准地扫描另一块区域。每次扫描都为下一次扫描提供了新的思路和线索。

在这个反复的过程中，扫描效率是开展地平线扫描工作需要重点关注的地方，时间太长可能会影响整个技术预测的进程，太短可能会有重要信息遗漏。

广泛使用且有效，同时能降低劳动力强度和成本的扫描方法是扫描"扫描者"，其思路就是利用学术、公共、私人和非营利部门的专业扫描人员免费工作。大多数扫描输出是专有的或保密的，但还有惊人的数量是公开的，比如欧盟委员会联合研究中心（Joint Research Center，JRC）、中国科学院文献情报中心、中国科学技术信息研究所等不定期发布的相关报告。这种扫描特别适合于确定全球与国家趋势和推动力量，初始扫描以确定新出现的区域问题和趋势。

如果有一个比较稳定的专家网络，集聚了一批具有不同创造性的思想家，将是一种非常宝贵的资源。管理部门可以经常向他们咨询：①可能影响主题未来发展的潜在影响；②这些发展的可能性；③鼓励积极发展或应对消极影响的政策。专家小组通常是在多个互动回合下进行的，类似于德尔菲调查。这类专家也可以帮助分析和解释扫描内容。

近几十年来，互联网拥有不断扩展的信息资源，已经改变了地平线扫描实践。首先，一些科学博客成为早期讨论新兴趋势和前沿想法的好素材。博客搜索引擎（如科学博客、中国科学网等）自动监测用户提供的关键字，并在找到相关博客帖子时生成定期的电子邮件更新。其次，博客搜索策略是根据需求编制一份特别的清单以及博客，并定期监测它们，后续博客可以根据感兴趣的领域进行扫描。博客不断地在互联网上搜索与这个主题相关的新进展，并经常添加对潜在影响的解释。还有一些潜在的资源是网络爬虫或文本挖掘软件系统，它自动扫描互联网，以寻找新的创新和趋势。新加坡政府的风险评估和地平线扫描程序使用网络爬虫软件来提高其扫描效率（Stonebridge，2008）。文本挖掘技术的新发展能够将从互联网上发现的大量文本提炼成可读性很强的摘要（Mithun，2012），或将文本归类为变革的主要驱动力（Halliman，2009）。今天，大多数自动化扫描软件都是专有的和昂贵的，也有功能上存在缺陷的免费软件，可根据成本控制需求选择合适的软件。当然，软件系统和互联网不应该作为识别信号变化的唯一手段（Douw et al.，2003）。地平线扫描软件的使用可以大大降低劳动密集和耗时的程度，使得扫描人员有更多的时间进行分析、综合、解释扫描点。

如今，我们正处于一个知识爆炸的时代，人们很容易在详细阅读和仔细检查大量来源与信息中迷失方向，导致错过重要的信号变化（Coote，2012）。为了避免不知所措和更有效地扫描，专业的地平线扫描团队有时会使用广角视野方法（Burkan，1996；Day & Schoemaker，2004）。这种方法的本质特征是放置于整个场景中进行，而不是特别关注某个人。在保持住这种广角凝视的同时，代理人寻找不适合现场的其余异常信息。就像在安全扫描中一样，把所有的东西作为一个整体，而不是过于关注一个特定区域或预期未来。专注于一个领域会导致失察，因为"变化通常会击中我们最不期望的地方"（Burkan，1998）。当然，我们除了通过地平线扫描识别一些连续的外部环境潜在变化以外，还要特别关注那些具有破坏性、概率低但影响大的事件，它们在预测研究文献中被称为"外卡"（Petersen & Steinmüller，2009）、"黑天鹅"（Taleb，2010）或"STEEP惊喜"（Markley，2011）。不连续性、很强的不可预测的变化也被称为"反向循环"变化或惊喜（Walker & Salt，2006）。外卡在扫描中往往被忽略，因为大家更容易处理持续性变化。然而，鉴于外卡的潜在重要性，地平线扫描系统在应对这一问题时应保持敏感性，主动识别和探索它们。

第八章　扫描之后的检视与对照

地平线扫描研究的目的除了延续原有计划的基础外，还通过扫描全球重要事件与政策布局，配合专业机构的中长期观察，运用多种研究方法，增加其广度与深度，归纳出对未来发展影响重大的趋势，并加以检视与对照未来愿景与趋势的发展顺序和重要性，选择与本国有重大关联的相关议题，分析对国家未来产业的可能性影响。但是，我们要看到，如果不对通过地平线扫描形成的信息进行解析，是没有什么用处的。忙碌的规划者、管理者和决策者没有时间对大量未处理的信息进行分类与解释，这就需要通过专家研讨、交叉影响法等方法进一步分析重要的趋势和问题，以及通过综合相关的扫描点击，寻找全局意义，期望能对国家未来产业前瞻有所贡献，协助政府勾勒未来发展愿景蓝图。

第一节　专家会议信息检视

这里以 STEEP 为例，需要针对地平线扫描后形成的信息，从本身的 5 个维度，与政、产、学、研等相关机构的个别专家进行访谈，用第一手资料弥补次级资料的不足。由于在文献整理中，与科技、经济相关的主题相对较多，因此在专家访谈的部分较着重强调社会文化等软性层面，主题依受访者专长领域的不同而设计，或者同一热门话题依不同领域的冲击影响设计不同的谈话内容。

地平线扫描方法的使用经常和头脑风暴法、未来研讨会等方法结合使用，根据 Popper（2008）的研究统计，这两者与地平线扫描组合使用的频率分别为 60% 和 40%。

此外，为筛选趋势的重要性，多次的专家座谈会是很有必要的。专家座谈会是一种群体成员面对面讨论的研究方式，各参与成员间有沟通信息的机会，具有信息丰富、决策易为人接受，以及决策适当的优点。

一、头脑风暴法

头脑风暴法是专家座谈会的一种，亚历克斯·奥斯本（Alex Osborn）首次提出了这种技术。头脑风暴法由一群试图把能够想得到的一切主意集中起来以解决某一特定问题的人们来进行。这种方法通过这一群人的交互作用来激发新思想的产生。它依赖于受到鼓励的自由思维，依赖于避免批评及任何对建议的不成熟的评价，依赖于由涌现出来的激发思维的想法的交互作用所产生的协同作用。基本上，头脑风暴法具有鼓励自发性思考、高度创造性等特点，并可产生一长串的思想列表，供决策者使用，因此，这种方法尤其适用于以下三个技术预测领域：①对现有的技术或产品，认定其新的应用方式；②认定可行的技术及产品应用上的替代方案，以满足现实的需求；③在研发规划程序中，对所做出的技术预测结果，认定其经济含义及可行战略（余序江等，2008）。

头脑风暴法的第一个目的是积累最大数量的想法，不论这些想法是多么异想天开或距离实际有关问题有多远。在头脑风暴过程中，想法是自发产生的，在方式上，除了小组成员受一个主席或主持人领导以外，也是不拘形式的。由于头脑风暴的过程很可能十分发散，不易控制议题前进的方向，因此主持人是很重要的角色，其必须时刻掌握主题，保持成员意见发表的流畅，避免相互批评想法并控制时间。另外，在实施头脑风暴时，必须注意以下几点：一是进行头脑风暴时，应尊重所有的想法，不宜进行人身攻击；二是鼓励自由发言，尽量提出奔放无羁的创意，不必过多考虑可行性问题；三是可以"搭便车"，对他人的创意提出补充或改善建议；四是设定进行头脑风暴的时间。

主持人必须努力避免批评以及过早做出判断，这一阶段只是在会议的后期才出现。那时，经过一两个小时的头脑风暴而产生的数以百计的大量想法，被删减到通常只有原先总数的5%～10%具有明显可接受的解决办法。除了遵循会议设定的流程，以及会议主席使用的一些激发想法的方法以外，整个过程可以说是完全直觉的，没有定式（哈里·琼尼和卜里安·特惠斯，1984）。

从产生以来，头脑风暴法由于引进了主要与下列问题有关的结构和方法而得到了发展。

1. 我们正在解决恰当的问题吗？

首先要做的是，陈述需要解决的问题，并确保整个小组成员充分理解这一问题。然后，通过集中重述这一议题，尽量使问题得到清晰阐明，减少歧义。这一步骤的目的是确定议题的关键因素，以使能够围绕问题产生正确的质疑。

2. 我们能打破合乎逻辑的思维方式吗？

这是一个已经经历了许多发展和改进的阶段，以至于在这个阶段一些方法已成了定量预测的方法。这些方法是以更有条理的方法为基础的，诸如形态分析法、序列检查法以及产生情景的更规范的方法。

在其他系统方法中，还可以寻求一些诸如直接类推和其他类推这样一些手段，广泛利用小组成员的想象力扮演各种角色。作为创新思想的源泉，类推有很多值得赞许的地方。

打破常规逻辑思维方式更进一步的方法是侧面思考法，用来劝导小组成员从连续的垂直形式思考问题的习惯性常规方式转到脱离固定概念的侧面思考，以探求新的出发点。有些人把这看作一种有助于从主观思维转到外部或客观观点的方法。侧面思考法的倡导者强调，会议主持人的经验在鼓励和启发小组成员的直觉思维过程中是最重要的因素。同时，与头脑风暴法一样，为了让小组成员酝酿各种不同想法，最初的热身阶段不仅是需要的，而且几乎是关键的。

3. 我们会变得更易于接受新想法吗？

大多数头脑风暴法都采取一定步骤以鼓励接受新的想法。在想法的搜集已经完成、评价过程可以开始以前，要阻止批评。对新观点提出反对是很容易的。如果最初就让批评盛行，一些重要的项目就会很容易受到阻挠。培养自由思维，使之发挥作用，是克服障碍、鼓励创造性思维所必需的一些做法。

4. 其他人怎样才能发挥作用？

这里真正的问题关系到为数众多的各部门各学科的代表性是否在小组成员中得到了反映。具有不同经历的人在同一实验环境中工作时，每个人的偏好可以客观地得到检验。这一点极其有价值，由各种学科成员组成的团体，其协同作用远远超过各成员单独发挥作用的总和。

虽然可以断言在头脑风暴过程中涌现出来的许多想法也可以用更具分析性和结构性的方法得到，但经验证明，有些结果是全新的，很难通过其他方法显示出来。头脑风暴法还有一个优点，即在积极思维过程的判断阶段，很多想法被提出来并做了评价。虽然它们对最初问题的解决或许不是直接可用的，但仍可能包含了某些有用的实质性的东西。

虽然各种各样的头脑风暴法在预测中占有一定地位，但它们必须和其他激发创造性的更系统的方法结合使用。头脑风暴法可用于商业和技术领域中涌现出来的许多问题，但是对于解决只有一个可能答案的问题或复杂冗繁的问题，它的适用性就要差一些，在需要高度专业化知识的场合，应避免使用这一方法，除非能组成一个可以代表这一专门领域各方面的专门小组。

专门小组应由一个主席或领导者和至少 5 位其他成员组成。这样，可以把主要人物的影响降低到最小限度。在多数情况下，小组成员达十人之多，有时更多一些。人数一多，记录他们的回答就很困难，除非把整个过程录下来。如果小组成员代表来自各个不同的部门和技术领域，具有明显的外向性格，并在组织中具有同等程度的权威，那么由 5～10 人组成一个小组是比较合理的。

邀请参加一个特定会议的成员是否应当得到一些有关议题的预告，这一问题尚无定论。如果他们在使用头脑风暴法方面没有或只有很少一点经验，那么给予某种简要的说明是必要的。在这种情况下，当一个机构首次尝试使用这种方法时，必不可缺少地要组织一次会前试验。这与热身完全不同。即使对有经验的小组成员来说，热身也是十分有益的，目的是营造必要的气氛，鼓励与会者进行自由的、无禁锢的思考，讨论大家熟悉的其他议题，作为头脑风暴过程的前奏。

显然，小组的主席或领导者需要有指导头脑风暴过程的经验。否则，建议可以物色一位局外人作为这一活动的主持人，此人能保守工作机密，具有合作精神。除了发挥领导者的作用外，会议主席还需要在议题解释、想法产生和最终的评价过程中有所贡献。但是，会议主席必须避免由于引入自己的观点而使会议进程带有偏见。会议主持人将会发现，拥有一些把所有蜂拥而至的回答按照一定逻辑迅速记录下来的方法是十分有帮助的。他随时可以利用挂图、活页表或卡片等工具把积累起来的想法展示出来以促进思想的交汇，并在晚些时候对这些想法进行分类。因为 100 多个想法中有很多是相关的，可以按类分组。

然而，与访谈及问卷调查一样，典型的头脑风暴法本身并不是一种预测方法。理由是头脑风暴法通常不产生任何预测结果，而经常被用作技术预测与规划研究过程中的一项投入。

头脑风暴法在使用过程中也有受限的地方：①在头脑风暴过程中，不易控制议题前进的方向。特别是限制批评的方式，更容易使与会者失去讨论的焦点，故会议主席的角色十分重要，其必须掌握住主题要义，并保持群体的思路流畅，同时须适时控制讨论流程。②在会议中，常出现一人独占发言的情形，此时，会议主席须有效控制发言时间，以使每个人都有表达意见的机会。③稍有不慎，十分容易引发成员间互相攻击的情绪性反应，以至于影响并偏离会议主题。此时会议主席须有效阻止各种批评式的意见，以维系会谈的和谐气氛。④必须借助过滤，以评估各种想法的可能性。因为在会谈中所激发出来的各式各样的想法无法在当时进行评估、筛选，故必须在事后逐项检验，以确定其实践应用的可行性。⑤由于在会议中的意见都是未预期产生的，故无法事先准备参考资料，产生会议不易聚焦的困难。

典型的头脑风暴法实施步骤如下。

（1）主题解释。集合8～12位专家，先针对讨论主题及会议程序听取简报。此时，若能有1/3以上的成员事先思考过此主题，则效果更佳。

（2）自由讨论。专家们互动讨论，但规定不得相互批评。此时，重点在于营造轻松且和谐开放的思考情景，并鼓励参与成员自由表达内心的想法。

（3）思想传递。每个人在白纸上写下三个想法或意见，再传递给下一个参与成员阅读，并加上自己的新想法。此目的在于激发成员产生大量新的想法，并积极鼓励整合既有想法，产生新想法。

（4）互动终止。重复此一程序，直到巡回一圈为止。此时，如果群体间能互相合作且富有创意，将会有相当多的想法涌现出来。同时，记录者迅速摘录成员想法，并以大面积白纸贴附墙上，以激发成员产生新想法。直到参与者显露疲态并减缓讨论速度时，终止讨论，通常须费时2～6个小时。

（5）汇总评估。以公开投票作业，由专家们自行选出5～10个最好的想法。此法鼓励专家们达成并建立一定程度的共识，但并无任何强制一致性的成分在内。

值得一提的是，头脑风暴法宜在参与人数较少且参与者彼此认识而互相敬重的情况下使用。当会议主席适度营造开放气氛，并保持互动流程的顺畅时，可达到相当好的效果。相反，当符合以下情形之一时，便不再适合使用头脑风暴法，而必须使用名义小组技术来替代：①群体人数超过12人；②群体成员间互相不认识或彼此不欣赏；③讨论主题具有高度争议性或政治意味；④有部分成员企图垄断会议内容；⑤会议主席在处理群体互动方面有困难。

二、名义小组技术

名义小组技术（nominal group technique，NGT）是一种广泛应用的结构化小组讨论和决策过程的方法。名义小组技术中的"名义"是指参与者大部分是单独工作的，因此它只是一个名称上的组。名义小组技术的一个主要优点是避免了在群体互动和决策中由支配性人格引起的问题。该法最初由Delbecq 和 van de Ven（1971）开发，可以在考虑到每个人意见的情况下快速做出决定。基本上，当会议的主要目的在于发展出较具广度取向的意见或产生一长串思想列表时，名义小组技术就是一种理想方法。特别是在搜集不同领域的专家意见时尤其如此。必须指出的是，名义小组技术并非如同头脑风暴法，以共同合作的方式协力产生意见，而是仅在较正式的情景下适度发表意见。此时所达成的意见一致，并不代表群体间已达成共识，只是代表投票结果而已。但在妥善设计下，名义小组技术可产生大量意见，且可避免发生群众压力下的形式一致或转向多数的见风使舵的情况，以及言语冲突的不愉快事件。

名义小组技术的适用场合包括以下 5 种：①专家们互相不认识及彼此互不欣赏；②成员组成包括权威专家与一般专家，或科技管理负责人与职员的混合体；③讨论具有争议性及政治敏锐性的议题时；④有某一群人必须被说服且必须被纳入此群体中；⑤必须在不同领域专家中搜集各方面的意见。当然，若无以上的限制，头脑风暴法应较名义小组技术为佳，因为前者可"生产"出更丰富的信息。也因此在许多情况下，将名义小组技术与头脑风暴法混同使用。例如，在情景分析中认定关键决策因素的驱动力量时，对现行技术水平认定可行的新应用方式时，以及在不同情景条件下决策企业的回应战略时。

名义小组技术的标准程序需要 5 个阶段（Potter et al., 2004；Tague, 2005）。第一，主持人向参与者解释目的和程序。在地平线扫描方面，目的是通过扫描识别，对趋势和问题的重要性或可能性进行排序或评级。第二，参与者单独产生与目的有关的想法（如对最重要趋势的评级），而不与他人讨论自己的想法。第三，参与者各自分享他们的想法，由主持人记录下来。所有参与者都应有平等的贡献机会。第四，小组讨论。在这种讨论中，参与者可以寻求对已经提出的任何想法的解释或细节，并且可以添加讨论中产生的新的或混合的想法。第五，对原有问题进行投票和排序，形成具体结果。

具体来说，名义小组技术的具体实施程序如下。

（1）阐明目标。扼要描述会议主题目标及会议程序。

（2）静默创作。在团体成员并未进行任何讨论的情况下，由各参与成员先行写下个人的想法。此阶段须耗时 10～25 分钟，目的在于给与会者提供充分的思考时间。此时，并未进行任何互动讨论，这一点明显有别于头脑风暴法的高度互动讨论方式。

（3）轮流发表意见。给予每个参与成员公平的发言机会，发言解释其书面想法。在此阶段，允许成员间发问以澄清质疑，但不允许批评与攻击对方。此方法限制了自发性创造式思考，但也因此降低了会议失控的风险。此时，可轮流 2～3 圈，须耗时 2～4 个小时。此阶段的重点在于确保意见交流的公平性，避免个人意见演说，并产生书面记录，以集中讨论焦点。

（4）思想整合与评估。逐条解释并过滤每种想法，亦可将两种类似想法合并成一种想法，以降低重复性，形成一个主要列表。此时的重点在于重新整合想法内涵，澄清模糊之处，并正视其在意义上的差异所在。

（5）秘密投票。以秘密投票的方式，排列各想法的优先顺序。此投票结果可显示"最佳"方案，获得群体一致性支持的程序。而后，更可借此提供有价值的想法层级，以供日后评估实际效用之用。此目的在于排列优先顺序，以集中讨论，将焦点放在最重要的事项上，并兼顾各种替代方案的产生。

（6）讨论投票结果。对投票结果进行开放讨论。此时有人会不满意投票结果，会议主席须将讨论方向引导至评估的标准上，并找出专家们可接受的评估标准与顺序，以期缓和敌对气氛。此阶段须耗时 30 分钟，目的在于澄清各方顾虑，比较各人认知差异，建立共识的基础。

（7）再一次秘密投票。通过分数尺度的投票形式，以 100 点至 0 点表示其相对重要性，以再次校正各方案的优先顺序，并形成结论。

名义小组技术是一种应用比较广泛的方法，Sutherland 等（2011）的研究就使用该方法来确定和排列与保护生物多样性有关问题的重要性。这一扫描实践的目的是识别新出现的"技术进步、环境变化、新的生态相互作用和社会变化，可能对生物多样性的保护产生重大影响"（Sutherland et al.，2011）。25 名参与者包括各种保护科学领域的专家以及专业领域的专家扫描人员。与会者各自确定并总结了他们认为最相关的 4 个新出现的问题，共有 71 个问题被确定并分发给所有贡献者，以从 1（众所周知和相对不重要）到 10（鲜为人知但潜在重要）进行评分。平均得分最高的问题需要重点关注，并在面对面的研讨会上进行评估，经过批判性的评估和讨论，与会者分别按 0 至 100 的比例对问题的相对重要性进行排序。结果是形成对全球环境保护具有潜在重要性却往往未获承认的问题的优先清单。

第二节　未来轮获取需求

通过地平线扫描确定的趋势和问题的直接或一阶影响可能相当容易识别。但高阶后果通常不那么明显，往往包含意外的信息，而这可能是最重要的。未来轮又称含义轮或影响网络，是一个简单实用的工具，利用"人群的智慧"（Surowiecki，2004）探讨趋势、创新、政策或任何变化的直接和间接后果（Glenn & Gordon，2009）。未来轮作为预测方法主要应用于需求分析阶段（Glenn & Gordon，2009）。基本思想是：每个变化或潜在的变化都会产生结果，而且会伴随次生结果。未来轮帮助规划者、管理者和其他利益相关者识别与思考这些多层次的结果。

未来轮有多种变化的形式，包含心智图及网状图（Glenn & Gordon，2009），都是将想法可视化的工具。未来轮的中心是趋势或事件的名称，从中心延伸出直线，根据前阶层事件或趋势，思考影响或后果。未来轮的发展直到事件或趋势呈现明朗、收敛、取得群组认知与价值共识后停止。未来轮虽然是一种简单的技巧，仅包含简单元素，但富含想象力，是探索未来极有价值的方法。参与绘制未来轮的人员需要在文化背景、知识背景、经验、性别、年龄等方面遵循多样化原则。如果参与者特征太过相像，很可能得不到有价值的结果。在人数方面，小型的未来轮绘制小组可以是4～6人的规模，而大型的未来轮绘制可能会涉及上百人，这时可以分为若干小组同时进行（Bengston，2016）。

具体来说，使用步骤大致如下所示。

1. 确定决策所带来的变化

任何决策都会伴随行动，行动必将带来状态的改变，可以将改变写在一张纸的中心位置上，也就是绘制未来轮的中心问题。

2. 找出直接结果

利用前期头脑风暴法找出某一变化可能会导致的直接结果。直接结果是所有明确的与该变化有直接因果关系的结果，如一项技术的突破带来了对既有产业的冲击。再就是将所有的直接结果绘制成圆圈，分布在中心周围，并用箭头和中心相连。通常情况下，如果中心问题定义狭窄或问题范围较小，直接结果也就 5 个左右；若中心问题较宽或问题范围较大，通常有 15～20 个甚至更多（Bengston，2016）。

3. 找出间接结果

在第二步，你已经找出了所有的直接结果，此时应该为每个直接结果找出与其对应的间接结果。例如，对上一步中的技术突破，其直接结果是形成一项新兴技术，出现一个产品或系统，间接结果会有很多。用箭头将所有的间接结果和直接结果相连。在这个环节，参与绘制未来轮的人员需要暂时忘掉中心问题，思考和讨论如果直接结果产生后将会对未来社会产生哪些影响和结果，包括积极的和消极的。

4. 重复上面的过程

将上一步涉及的过程重复多次，可以列出所有层次的所有结果。在列出结果的时候需要注意，既要列出所有负面的结果，也要列出所有正面的结果。很多人在列举结果的时候往往仅列出负面的结果，但最终会发现这样的未来轮可能会在对一些机会的把握方面有所欠缺。

5. 分析未来轮

我们已经得到了未来轮，现在可以一目了然地看出你的决定究竟会带来哪些负面的影响、哪些正面的影响，以及你的决策是否真的值得执行。

所有这些影响可能有三级后果。Bengston（2016）针对社会生态变迁的影响做了未来轮的方法研究，如图 8-1 所示。一般来说，通常不会超过三阶后果，就会出现一幅关于可能的直接和间接、积极和消极后果的全面图景。当然，具体到第几阶，主要看形成的未来轮是否已经可以较为全面地表达他们想表达的意见。在未来轮绘制过程中，还包括对每种含义的可取性/不可用性和发生可能性进行评级，并比较不同利益相关者群体的评级。最后一步是制定策略来管理可能的负面后果，并利用或鼓励积极的后果。通过计算机支持，可以极大地促进未来轮的构建和对所识别的含义的分析。

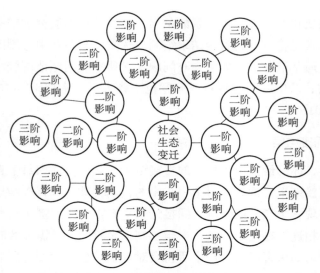

图 8-1　针对社会生态变迁影响的未来轮模型（Bengston，2016）

　　Glenn（1989）做了几个未来轮的案例研究，其中一个是通信装置。根据体积更小、价格更低的通信装置趋势，通过头脑风暴确定一阶影响，根据一阶的影响，由参与成员共同讨论或由小组长带领，针对每一个一阶影响通过头脑风暴确定二阶的影响。找出影响的方式可以有两类：第一是开放性地画出相关者，待最后再考察现实可能性，将不符合的影响剔除；第二是在写下事件或趋势前以审慎的态度接受大家的评论，共同讨论可信度、可行性。在不同层级画出影响彼此可能产生的关联，因此可使用线条和箭头连接，说明彼此之间的交互影响关系，线条和箭头的数量代表后果的级数。未来轮方法也能够作为多种可能情景的预测方法，将上述不同层级的事件或趋势区分类别，联结关系，结合成多种可能情景，再以象限划分。起初未来轮并未限制范围，但 Glenn（1989）发现过于发散的未来轮，如零碎知识的交缠，无法判断、分析可能的情景，因此建议不同领域可以依照目的判定需要分析、思考的范围，分成不同类别，如此可以展现事件更清晰的蓝图。同时需要注意的是，未来轮的绘制过程对主持人和小组成员的相关知识、视野和对未来的创造性想象力等个人综合素质要求很高，选择合适的小组成员很关键。当然，未来轮的优点是很明显的：第一，容易使用，不需要过多的设备，不需要经过长久训练即可运用自如，适合团体思考；第二，有助于转往更周延、更有组织的思考，以演进、互动的顺序联结起来，借此激发人们对于新发展进行复杂但又有系统的方式思考。因此，在技术预测执行过程中，尤其是在思考未来社会、构建愿景阶段，通过未来轮的绘制充分激发参与构建愿景人员的创造性思考，与头脑风暴法等结合，可以将发展趋势或潜在事件可能产生的影响等一系列复杂关系更加显性化，为愿景需求的撰写提供丰富细节。

第三节　交叉影响法

未来主义者 Bishop（2009）简要地指出"扫描是困难的，但也是必要的"。原因有很多，让不同的利益相关者共同参与扫描就是一项挑战。在复杂动荡的环境中识别微弱的信号变化就像大海捞针。将有意义的信号与所有的噪声分开，需要极强的能力来超越流行的心态和范式，同时，分析和正确解释潜在的信号变化需要创造力与洞察力。对初期变化可能带来的机会和威胁采取行动需要有远见的领导与谨慎的战略。成功地实现所有这些要求确实是困难的。很多地平线扫描项目和系统由于预算不足、缺乏管理支持和利益相关者参与不力等各种原因，未能达到预期或实现目标（Lesca & Caron-Fasan，2008）。

地平线扫描尽管面临很多挑战，但是有必要的。快速变化的环境、日益复杂的不确定的未来，需要提升组织的前瞻性预测能力，激发人们思考新出现的趋势如何影响他们的工作和他们的机构使命，并准备应急计划。为了实现这些目标，需要一个设计良好、能够有适当的长期支持的地平线扫描系统。实际的案例表明，有效的地平线扫描系统确实能提高组织绩效（Choo，2002）。扫描可以加强组织对未来问题的讨论，帮助决策者做好预测，并迅速应对外部变化。地平线扫描系统是公共管理机构战略规划过程中一个重要但往往缺失的组成部分。有时候，仅依赖专家会议、未来轮等方法，不足以厘清各类因素之间的影响关系及影响程度，交叉影响法提供了一个加深理解的途径。

一、影响矩阵分析

各种形式的交叉影响法被用来研究多种趋势或事件的交互影响（Heuer & Pherson，2011）。这类技术方法都是基于这样一个前提，即事件不发生在真空中，周围环境中的其他因素可以显著地影响它们或影响它们发生的可能性。Chao（2008）指出："交叉影响法的用处在于系统地分析未来可能的发展之间的相互作用。"交叉影响的一些方法是复杂的，耗时且昂贵，但一个简单的交叉影响矩阵可以通过地平线扫描来检查选定的多种趋势之间的相互作用（Wagschall，1983）。表 8-1 描述了假设的 6×6 交叉影响矩阵。在矩阵的顶部和左侧列出了相同的一组趋势。每个单元格都填满了对左侧趋势、对顶部每个趋势的正面或负面影响的估计。一组联合判断可以通过使用加号和减号来填充空格（即"++"为强烈的积极影响，"+"为积极影响，"0"为没有影响或分歧，"-"为负面影响，"--"为强烈的负面影响）。例如，在表 8-1 中，第一行第二个单元格中的"++"表示了一种共识判断，即趋势一将对趋势二产生强烈的积极影响。在某些情况下，矩阵也可以根据研究文献揭示的类似趋势之间的关系来填写。当所有单元格都已填充时，可以聚合列和行，从中观察到不同趋势相互作用产生的影响力。例如，趋势一对其他趋势产生最强的积极影响，趋势五产生最大的负面变化。

表 8-1 交叉影响矩阵分析

	趋势一	趋势二	趋势三	趋势四	趋势五	趋势六	综合影响
趋势一	×	++	0	++	+	0	5+
趋势二	--	×	0	+	+	++	2+
趋势三	0	+	×	0	+	+	3+
趋势四	-	--	0	×	-	-	5-
趋势五	--	-	-	--	×	-	6-
趋势六	0	0	-	0	0	×	1-
综合影响	5-	0	1-	1+	2+	1+	2-

二、聚类法关联强度分析

我们也可以用聚类分析法来进行关联强度分析，这是一种新兴的多元统计方法，用来衡量关系与关系之间的概念，主要用于辨认具有相似性的事物，并根据彼此不同的特性加以聚类，使同一类的事物具有高度的相同性，可把变数按距离远近分成若干类，并能通过变数与变数的连接状况揭露不同变数或样本的远近程度。聚类分析法的应用范围很广，可涉及宏观经济和微观经济的各个层面，社会学家也多采用该法。

三、影响/脆弱性评估

通过对一个轴的潜在影响和发生在另一个轴上的概率或可能性，创建一个易于理解的问题显示，用影响/脆弱性评估这种技术来确定哪些问题或趋势可能对决策者最重要（Renfro & Morrison，1983）。鉴于通过地平线扫描发现的新问题清单很长，影响/脆弱性评估首先对每个问题影响组织的可能性进行主观评级。可以使用简单的高、中或低尺度，或从 1（低似然）到 10（高似然）的数值尺度。每个问题对各个关切领域的潜在影响，如环境、经济和社会影响，也是主观的评级（如低影响为 1，高影响为 3）。将影响和可能性评级结合起来，可以确定重要性优先序，并根据预期的发展时间绘制这类影响（CERF，2012）。如果可能，也可以将更多因素放置在一起进行评估。

我们有什么样的技术？

第九章　技术竞争评价

技术评价起源于美国。20 世纪 60 年代，世界科技快速发展，为人类社会创造了大量物质财富，加速了社会发展。与此同时，也给人类带来了一系列危害和风险挑战，如环境污染、交通事故等。很显然，科学技术在给社会带来利益的同时，也带来了负面影响，有些负面影响的后果经过努力尚可清除，有的则难以清除或无法清除，对于这种不可逆的负面影响，我们称之为非容忍性影响。为了趋利避害，使科学技术沿着有利于人类和社会进步的方向发展，美国众议院科学、研究与发展小组委员会（Subcommittee on Science, Research, and Development）于 1966 年在研究报告书中首先提出要开展技术评估。之后，技术评估相继被引入西欧和日本，现已成为许多国家和地区科技管理部门的一项重要研究任务。

第一节　技术评估的预警功能

人类的评估行为可以追溯到史前阶段，20 世纪初某些国家对科技的评价分析也可视为科技评价的雏形，但一般认为现代技术评估发端于 20 世纪 50 年代开始盛行的技术预测，通过预测技术发展的趋势，帮助企业和有关政府部门根据自己掌握的资源情况制订技术投资计划（邢怀滨和陈凡，2002）。美国兰德公司等一些知名咨询公司在技术评估的方法论研究方面进行了相关探索，形成了类似技术评估的相关报告。到了 60 年代，工业化国家中公众对资源、环境等问题的意识突然强烈起来，其中一个深远的影响就是蕾切尔·卡森（Rachel Carson）的《寂静的春天》（*Silent Spring*）这一名作发表后引发的广泛影响，让人们认识到技术发展带来的双刃剑效应（陈光，1996）。虽然技术的发展有益于人们的生活，但技术的负面影响也引起了人们的重视，即使这种消极的外部性影响在应用很长时间后才会暴露出来，但科学技术的飞速发展，特别是新兴技术的不确定性和复杂性，使人们越来越难以对技术本身及其后果有直观、清晰的理解和把握。为了更好地利用技术，防止其对社会、环境等可能产生的消极影响，美国率先成立了技术评估办公室，该办公室第一任主任埃米利奥·达达里奥（Emilio Daddario）议员认为，技术评估是政府决策的一种形式，它的目的是为政策制定者提供一个公正客观的评估（Banta，2009）。随后，欧洲许多国家、日本等相继设立了类似的机构。

技术评估发端于对技术发展的社会关怀，是以政策分析工具的形式出现的。它通过系统地收集、调查和分析有关技术及其可能产生的广泛影响，为制定科技政策提供客观的信息支持（邢怀滨和陈凡，2002）。技术评估从诞生起就有多种定义（van den Ende et al.，1998），如技术评估是"一组政策研究，对技术产生及扩散后可能产生的社会后果进行系统的考察，它重视那些无意识的、非直接的或延滞的影响"；"技术评估试图建立一种早期预警系统，以察觉、控制和引导技术变迁，从而使公众利益最大化并使风险最小化"；"技术评估系统识别、分析和评价技术对社会、文化、政策和环境系统潜在的无论是有益的还是有害的影响，从而为决策过程提供中性的、客观性的信息输入"（Smits et al.，1995）。总的来看，技术评估传统的研究领域主要包括技术的影响和后果、技术的政策路径、技术的实施条件和技术冲突等。借助技术评估方法，人们有意识地塑造技术的发展方向，并在技术发展的早期辨别新技术的潜能和利益，以最大限度地获得发展的机会（龚超和王国豫，2015）。在理想的情况下，它就是一个提出合理问题并获得及时且正确的反馈的系统，它能识别政策制定过程中的争论，评估不同行动过程和技术在当前所产生的影响。这种技术评估被称为传统预警式的技术评估。

因科技研发的成本日益庞大，高额的研发成本使得各界极其关注科技政策的有效性和效率，因而需要借由科技评估来检视技术是否值得开发。曾有研究估计美国早期成立的技术评估办公室执行的个别科技评估研究所能带来的成本节省达数亿美元（Sclove，2010），OECD 因此认为基于国家在回应市场外部性上的应有责任，各国政府应进行新制度结构与制度安排的试验，以极小化可预测的错误投资或可能的社会冲突（Schot & Rip，1997）。

本章所说的技术评价主要是宏观层面的技术评价，侧重对技术水平的评价：一方面，通过技术评价，了解技术发展的现状水平、所处的位势、技术竞争制约环节等要素，实现对既有技术的现状研判，做到心里有底；另一方面，通过全面检验评价技术的正面、负面和潜在影响，使技术控制朝着社会的预期方向发展。它不仅注重技术性能和经济效益的有利影响，而且从社会的角度分析和评价不良影响，尤其注重考核非容忍性影响。

与一般评估相比，该类技术评估具有如下特点。

（1）技术评估的对象是能够反映本领域整体技术发展状况、具有广泛带动性、应用前景广阔的基础技术和关键共性技术。

（2）技术评估具有预测性，以事先了解社会、经济的各种问题为目的，在技术开发之前及开发过程中，经常预测技术可能带来的影响和危害，对各方面进行综合判断，以使危害减少到最低限度。

（3）技术评估的内容侧重于技术发展水平现状、技术来源、技术发展阶段等水平评价，并同时兼顾技术发展带来的影响和这些影响的变化与发展。这种评估包括两个方面：一是明确技术发展的水平和竞争位势；二是评估技术的开发与应用可能带来的正向影响，以及潜在的、不可逆的负向影响与由此产生的后果，且将后者放在更重要的位置。因此，技术评估尤其重视技术与人类、社会、环境之间的关系。

（4）技术评估不是依靠一定的规章制度去制约已完成的技术，而是对技术本身做出评价，以及在研究开发过程中对可能出现的各种问题进行预测，寻找对人类的影响，并设法采取对策，开发防止或解决公害的技术。

（5）技术评估的方法需要创造性，更注重客观性、可验证性，用客观性来延续创造性，因而是科学性与解决问题的艺术性相结合的过程。

（6）技术评估并非单纯的方法学，而是一门政策科学，它体现了对科技进行客观评估的态度和思考方法，将定量分析与定性分析相结合，为制定政策和计划、为新技术的研究和开发及其应用提供决策依据。

第二节　创新体系视角下的评价与预测

技术评估与技术预测是紧密相关的，尤其是进行预测导向的技术评估。Sclove（2010）指出，科技运用的非预期性后果极大，如果没有技术评估，科技创新须等到技术应用推广后才能知道其后果，而此时科技已与社会既得利益体制结合而难以扭转。Fuchs 和 Garber（1990）指出，随着全球化竞争加剧，各国政府在科技领域的政策介入程度日益深化，通过科技政策、科技计划，有组织地运用人力、物力、财力介入科技体系及技术研发，使得技术的社会扩散及随后的利用联结日益密切，并大幅缩短了技术扩散及影响发生的时间间隔，这给公私部门的决策者都带来极大的挑战。环境问题虽有技术解决方案，但经济重新调整、政治体制及社会行为却使技术解决方案难以推行，因此，预测导向的技术评估便显得极为迫切。

随着国际技术创新竞争的日趋激烈，许多国家被要求采用建构性的技术评估（constructive technology assessment）方法，以找出社会和国家特定的创新路径，并减少错误尝试的学习成本（Scherz & Merz，2016）。

需求导向的国家与区域创新系统增加了政府对战略情报的需求，科学家被要求能提出产生整体社会问题的解决方案，因而需要知识生产的供给和需求间的有效连接。科技成本的日益增加促进了对战略性科技政策的需求。创新系统对变动市场的调适能力，日益被视为国际竞争力的关键因素（Kuhlmann et al.，1999）。技术评估对创新系统运作极其重要。Nielsen 和 Klüver（2016）认为，技术评估与预测紧密结合，试图通过预测活动找出技术发展路径，与此同时，许多机构开始发展建构性的技术评估，将伦理、法律及社会面向的反省镶嵌于政策发展中。

技术评估是现有机构整体社会决策过程的一部分。它的作用是充当顾问，而不是直接塑造技术，仅提供知识和建议以帮助后续的关键技术清单凝练。社会相对于技术的关系描述是针对正当化（legitimization）的问题，对于技术发展的信心冲突与丧失，技术评估通过促进不同利益相关者的互动来解决这些问题。不论技术评估是采取主动式还是被动式途径，都试图将整体社会反映（societal reflection）镶嵌于科技创新决策的实际过程中，以达成与社会需求及价值吻合的目的（Nielsen & Klüver，2016），因此，技术评估不仅涉及客观的技术分析，而且包括与决策体系的制度镶嵌。如同 Bütschi 和 Almeida（2016）所指出的，技术评估不再仅是关注针对风险的风险治理（risk governance），而且是涉及创新以避免负面影响的创新治理（innovation governance）。

从技术发展的路径依赖观点来看，创新系统中的教育研发系统、产业系统、政治系统三者分别承担三项职责，即原创性生产、财富创造与规范性管控（Mayer et al.，2014；Viale & Etzkowitz，2010），三者之间的互动决定了技术的发展路径（Mayer et al.，2014）。Kuhlmann（2003）指出，跨学科研究及异质技术的整合成为政府科技政策的关注重点，须聚焦研究者、创新者、决策者间的沟通及互动。如同熊彼特所提出的破坏性创新概念，创新往往受到既有利益结构的抵制，而教育研发系统、产业系统、政治系统这三个体系都分别反映现有结构的不同保守性：学术声望层级、短期市场利益、政府失灵。各国政府所设置的科研机构等中介组织，便在三个体系间扮演着中介协调的角色，以引导技术发展路径并减少创新的社会障碍。因此，政府通过中介组织的运作可促进三个体系间的互动联结，使技术发展路径更为多元且具有创新性。Karnøe 和 Garud（2012）认为，新路径创造是由技术发展的反身性中介者（reflexive agents）所建构认知的，将新技术引入其中。技术创新须仰赖发明者、创新者及扩散代理人克服现有技术体制的既得利益权力中的路径依赖的经济障碍、技术范式、制度迟滞，以引入并扩散新技术。教育研发系统、产业系统、政治系统中的相互竞争及协商的行动者采用信息、管理、资金作为主要媒介（Kuhlmann et al.，1999），因而，类似通过技术评估、技术预测等途径获取策略性情报成为在三个体系间互动及调整技术发展路径依赖的重要工具。Decker 和 Ladikas（2004）指出，技术评估的信息不仅是决策的投入，更是一个合法化的工具，与不同信息来源共同影响决策者并相互竞争，如利益相关者的游说信息。公共管理部门的常见偏误是倾向于接受多数人的观点，这样就产生了一个问题：如何侦测代表未来的少数派观点的微弱信号？由于技术发展路径的依赖特性，这些支撑科技决策的战略情报也会着重关注如何摆脱技术发展的路径依赖（尤其是不可逆的技术依赖）。

创新系统是异质性行动者间的网络联结，而非自上而下的决策。决策通常在多层级、多主体参与领域及相关行动者网络中进行沟通、协商。成功的决策通常经由利益相关者观点的互动及重构所协商产生，并以战略情报工具，即技术评估、技术预测等作为协商中介。这些战略情报工具可以达成下列目的：①分析创新系统及研究系统、公共政策系统的变化，分析行动者认知架构；②针对主题的分歧认知采取更加客观的陈述，提供适当的指标和信息处理机制；③辅助竞争行动者间的中介程序和连接。

技术评估、技术预测所产生的战略情报在创新系统中不仅被科技管理部门（如科学技术部）、研究机构所采用，而且被私营部门的研发导向型公司所采用。过去几十年，技术评估与技术预测不断演进，预测的内涵与外延不断扩展，类似情景建构等一些新的方法取代了传统的趋势外推式的预测，技术评估则由被动式的早期预警制度演化为不仅能找出可能的正面、负面效果，还可以协助创新过程中的行动者得以洞察社会所需商品与服务产生的条件。技术预测可运用技术评估方法，技术评估也可采用预测方法，同时，评估可以为预测提供基础素材，预测也可以延伸评估的价值。例如，德国"21 世纪前沿技术"（technology at the threshold of the 21st century）是个预测研究，但其将预测方法扩展至技术评估。参与技术预测的专家可以通过技术评估方法和经验来判断既有技术的发展态势、所处的技术竞争状态，同时关注新技术的效果和影响。技术预测和技术评估可以帮助产生有关未来技术发展及其技术价值的分类情报，但是它们之间仍然存在差异。一般来说，技术评估侧重于筛选或至少修订和调整技术发展，它与创新系统中的各个利益相关者有着紧密的联系；相反，技术预测通常仅限于专家群体。Nielsen 和 Klüver（2016）指出，近年来技术评估扮演越来越主动的决策支撑角色，技术评估与技术预测紧密结合以找出技术发展路径，使科技政策更为趋向分散式的反身性治理（reflexive governance）。Edler 和 Georghiou（2007）强调科技创新政策应有的系统性考量，不仅应专注于研发的供给面（技术研发），还应该系统性地考量需求面（研发采购、示范、管理、标准等），且涵盖科技政策与经济政策、金融政策等不同政策领域，因而需要密切协调。因此，更需要技术评估、技术预测所产生的战略情报来进行跨部门、政产学研及消费者之协调。

在科学技术部开展的技术预测活动中，将技术评估作为预测过程的中间环节，重点在于水平的评价，类似既有技术的事后评估，连接未来的资源分配建议，焦点较集中在产出、所处的技术水平，而非产生的影响或效果。目的在于通过对标相关国家，找准自己的位置，更多的是表现为一种技术能力竞争评价，并不是为了促进政策/行政行动者的倾向的重构，用于修补系统内连接的不足，以及调整多元行动者的既有行动倾向，而是通过技术评估，较偏重于工具性地找出促进经济发展的未来关键技术，兼具通过对未来技术发展的愿景建立社会价值共识，后面与欧洲国家重视预测过程修补创新系统的系统失灵的观点有所不同。

第三节　竞争评价是预测的重要环节

正是由于技术评估不仅会判断既有技术的发展态势、所处的技术竞争状态，也会关注新技术的效果和影响，因此越来越多的国家和地区在开展技术预测时，将技术评估作为重要内容，或是单独进行，或是嵌入技术预测流程中进行。

一、俄罗斯经验

俄罗斯的技术评估是与技术预测一起进行的，在俄罗斯国家科技战略和规划制定中发挥了重要作用。俄罗斯面向 2030 年的技术预测依靠使用广泛、前瞻性的现代工具，一方面，最大限度地与俄罗斯的实际情况相适应；另一方面，其有效性在国际惯例中也得到了认可。在制定预测与评价工作流程的同时，综合了规范（市场拉动）和研究（技术驱动）方法。规范方法本质上是以问题为导向，针对选定的科技领域先确定主要挑战与机遇，再确定技术方案或其他对策方面的相应解决方案。在研究方法方面，选择面向未来可能从根本上改变现有的经济、社会和工业模式且具有突破性的产品与技术。

俄罗斯的技术评估工作是由科研与专业团队参与和组织开展的。在顶尖高校的科技评价中心构建成熟的基础设施，建立并逐步加强和发展组织间的学术交流网络。该网络联合了学术界、政治界、产业界甚至来自全球各个国家和地区的权威专家，他们致力于跟踪技术未来发展、评价特定科技领域和新兴市场的前景，并推广已有研究成果。技术评估助力公众和学术界更好地了解科学、技术和创新的未来，还会吸引新的成员，让他们加入现有的专家网络，从而使未来的讨论更专注于社会对新兴科技的需求。

为做好技术评估工作，工作组进行了非常详尽的前期信息收集工作，尽可能广泛地收集全球有关技术预测和技术评估的前期成果，包括国际组织进行的即时评价分析和预测研究相关资料。

二、韩国经验

韩国政府十分注重从宏观层面把握和调控科技的系统化发展，通过技术水平评价等方式，审时度势地分析、扬长避短地调整本国科技优先领域、政府研发投入方向和国家支柱产业，为制定和实施各个历史阶段的国家科技战略与规划提供重要保障。

韩国于 2001 年制定的《科学技术基本法》是指导其科技发展的根本大法，

其中第 14 条对技术水平评价做出规定："政府应就科技发展对经济、社会、文化、伦理、环境的影响进行事前评估，并在政府的政策措施中进行反映。为促进科技的发展，政府应评估重要核心技术的技术水平，并制定提高本国技术水平的方案。"2013 年 3 月，朴槿惠政府根据修订后的《科学技术基本法》成立了国家科学技术审议会，替代了原有作为韩国科技政策最高决策和协调机构的国家科学技术委员会，其主要职责就包括审议并通过每两年一次的技术水平评价结果。根据《科学技术基本法》第 20 条规定，韩国科学技术评估与规划研究院（Korea Institute of Science & Technology Evaluation and Planning，KISTEP）于 2001 年正式成立，其主要职责是分析研究、参与制定国家科技战略与规划，属于国家级的科技规划、技术水平评价的支撑机构。

韩国国家科学技术审议会负责每两年进行一次国家级重点技术的评价工作，以便为科技规划的制定做好前期准备。为此，国家科学技术审议会专门成立了技术水平评价委员会，由 1 位委员长和 20 位委员组成。技术水平评价委员会还下设五大领域的分委员会：信息电子分委员会；生物医疗分委员会；机械、材料、航空、海洋分委员会；能源、资源、环境分委员会；建设、交通、安全分委员会（图 9-1）。每个分委员会由约 10 位委员组成，他们分别来自政府各部委负责科技规划的专门机构，以及产、学、研各界的代表，以上 5 个分委员会分别负责各自领域的技术水平分析。由国家科学技术审议会业务处和 KISTEP 组成的综合支援办公室负责综合分析美国、日本、中国，以及欧盟等主要国家或地区的技术总体水平。

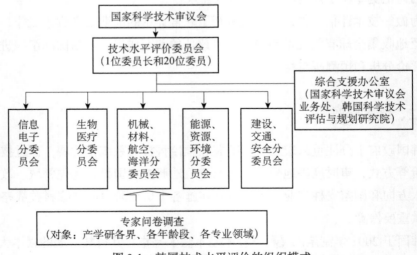

图 9-1　韩国技术水平评价的组织模式

就工作流程来说，首先，由韩国国家科学技术审议会制订工作计划，组建技术水平评价委员会和五大领域的分委员会；然后，对产学研各界、各年龄段、各专业领域专家进行德尔菲调查。调查的内容是比较韩国与美国、日本、中国以及欧盟的技术水平（相当于最高水平的百分比）、差距的时间长短、产生差距的原因，以及韩国政府为了缩短差距所应采取的政策措施。调查的范围包括：各国的技术总体水平、各国各个具体领域的水平、各国在重点核心技术的水平。与此同时，韩国还对相关论文和专利中各国的论文、专利数量、被引频次和影响力指数进行了客观的定量分析。在比对问卷调查结果与定量分析结果后，才获得了韩国与这些主要竞争国家和地区的最终评估结果，并为韩国政府提出了相关的政策建议。

韩国的技术水平评价工作始于 1999 年，每单数年开展一次。从 2004 年开始，改为每双数年开展一次，2012 年、2014 年、2016 年分别对《第三次科学技术基本计划（2013—2017）》中的 120 项国家战略技术进行了三次技术水平评价。截至 2018 年，韩国已经开展了 9 次技术水平评价工作，见表 9-1。每次评估的对象均为国家战略规划所遴选的优先科技领域。

表 9-1　1999～2018 年韩国技术水平评价工作的发展历程

年度	评估对象
1999	科技全领域（七大领域）
2003	国家技术路线图（99 个核心技术）
2005	国家未来潜力技术（21 个技术领域）
2008	科学技术基本计划（90 项重点计划）
2010	科学技术基本计划（90 项重点技术、5 项重点融合技术）
2012、2014、2016	科学技术基本计划（120 项国家战略性技术）
2018	科学技术基本计划（120 项国家重点技术）

资料来源：根据滕洪胜（2013）整理。

以 2012 年度的技术水平评价工作为例，此次评价的对象为《第三次科学技术基本计划》中所规定的 120 项国家战略性技术，分析方法包括对 2000 多位产、学、研各界专家开展的两次德尔菲调查，并与论文和专利的被引频次等定量分析结果进行比对。此次评价的结果将为 2014 年出台的国家重点科学技术战略路线图和政府研发投入方向等政策提供重要参考。该评价报告显示，韩国 120 项国家战略性技术的平均水平相当于美国的 77.8%，整体上技术落后于美国约 4.7年。在 120 项国家战略性技术中，韩国有 36 项技术属于"领先"，有 83 项技属于"追赶"，但没有一项属于"最高"。该结果直观地显示出各国的优势领域、技术水平及综合科技竞争力等方面的现状与差距，为韩国制定中长期科技发展规划和战略提供了重要支撑。

　　韩国从20世纪90年代开始把科技计划的制订转变为采取自上而下和自下而上等相结合的方式，由政府确定长远的国家发展目标，选择技术领域，并征求基层专家意见，经过反复调整，制订科技计划。经过几轮的技术水平评价工作，韩国积累了很多研究经验，通过评价清晰地展示了各领域与世界主要国家和地区之间的差距，提供了一个国家核心技术水平趋势发展和动态变化的分析框架。更重要的是，为其动态调整重点投资的科技发展方向和国家支柱产业提供了科学依据。例如，韩国2012年度的技术水平评价结果表明，120项国家战略性技术的平均水平比2010年的76.5%上升1.3个百分点；2010年度的技术水平评价结果表明，韩国在11个大领域的95项国家级重点科技领域的平均技术水平相当于世界最高水平的60.2%，比2008年的56.4%上升了3.8个百分点；2012年度韩国战略技术落后美国较2010年度的5.4年缩短0.7年，与欧盟的技术差距也从4.5年缩短至3.3年，与日本的差距从3.8年缩短至3.1年。2012年度的技术水平评价结果反映在韩国2014年度制定的国家重点科学技术战略路线图中，直接影响到相关技术领域的预算和资源分配。韩国将技术水平评价作为长期性、基础性工作应用于国家计划、规划的决策管理之中，经验值得借鉴。

第十章　技术评价流程及方法体系

技术评价的核心功能是评估科技工作的价值。在这里，关键是"价值"一词。价值是一种社会属性，因而判断科学技术工作的价值实质上是一种主观的认知活动。同一事物在不同的社会发展阶段和不同的认知阶段都会呈现不同的价值标准。技术评价就是对技术的价值进行判断，核心问题是价值取向问题。

针对技术的价值评判和价值取向，实际上就是要回答为什么评价、评价什么以及如何评价这三个问题。明确为什么评价的问题，就是要明确评价目标或评价目的，解决评价过程中的价值取向问题。在技术评价中，评价对象所从事的科技活动类型、评价的社会环境和历史环境等因素都会形成不同的评价目标或评价目的，产生不同的价值取向。明确评价什么的问题，就是要明确实现价值取向的评价标准问题。在技术评价中，评价标准具有非常敏锐的导向作用，稍有不慎，就会产生"差之毫厘，谬以千里"的后果。明确如何评价的问题，就是要明确评价方法和评价技巧的问题。技术评价有定性评价、定量评价、定性评价和定量评价相结合的方法，任何一种方法又都需要有一套严格的实施规则和技巧。草率行事、简单化和绝对化的做法必然会产生事与愿违的后果。

第一节　竞争评价对象

在经济全球化发展过程中，技术也随着产品的流动而在空间上发生位移，技术在全球范围内进行配置，促进技术全球化，并随着网络的兴起，技术全球化开始加速。全球国家竞争的焦点是科技的竞争，科技全球化主导着经济全球化的发展方向和发展进程，并影响着世界经济竞争格局和分工秩序。科技竞争所引发的风险主要来自自身能力不足而产生受制于人的风险和外部环境趋于紧张的风险。其中，技术受制于人是科技竞争的核心问题，国际环境紧张造成的外部技术来源渠道变窄对国际科技合作交流产生严重影响。从国家层面来讲，审视一个国家科技发展的效果，很大程度上需要回答这样几个问题，即技术水平如何、掌握何种技术能力、是否存在科技安全风险。

目前来看，与发达国家之间的技术实力差距仍然是科技竞争面临的首要威胁。一方面，表现为核心技术不具有优势，受制于人的风险很大。在全球化背景下，各国科技发展相互依存、互相促进，形成国际化产业分工体系。从总体上看，虽然我国的科技发展取得了显著成效，但是关键科技领域的关键核心技术受制于人的局面还没有从根本上得到改变。另一方面，基础技术掌握不足，"卡脖子"风险很大。与产业发展的关键核心技术受制于人相似，我国在很多基础性技术的发展上缺乏自主可控能力，特别是信息技术的底层、基础性技术掌握在美国等少数国家手中，科技发展始终面临不可控的风险。关键技术领域技术研发基础薄弱，技术储备积累不足，制约了相关产业的技术追赶和竞争力的提升。另外，基础性技术缺乏、源头技术在外，制约技术追赶"加速度"。例如在芯片设计方面，我国做得不错，位列全球第二，仅次于美国。但我国在芯片设计领域还存在设计工具方面的短板，如芯片设计需要依赖电子设计自动化工具，目前提供该软件服务的主要是美国的三家公司。在芯片制造领域，包括制造工艺和制造装备方面，我国芯片制造厂80%的装备需要从国外进口。此外，芯片制造所需的材料也大量依赖进口，有的材料如光刻胶须全部进口。我国技术发展阶段与领先国家的差距，使得技术竞争处于不匹配的地位，同样的技术我们处在实验室、中试阶段，而技术领先国家已经进入产业化阶段，我国在相关竞争中处于不利地位，"被动挨打"的风险很大。这些都是国家层面技术评价所需要认清的问题。

同样，从外部环境来看，科技发展的紧张外部环境可能会影响部分受制于人的核心技术的可获得性，这是关键领域技术竞争的现实威胁。由于经济全球化与逆全球化浪潮的激烈碰撞，全球竞争格局发生重大调整，国家间的技术和产业合作模式正在发生变革。工业和信息化部对全国30多家大型企业130多种关键基础材料的调研结果显示，32%的关键材料在中国仍为空白，52%依靠进口，绝大多数计算机和服务器通用处理器95%的高端专用芯片、70%以上的智能终端处理器以及绝大多数的存储芯片依赖进口[①]。目前，美国在半导体核心芯片、

———
① 资料来源于2018年7月13日工业和信息化部副部长、国家制造强国建设领导小组办公室主任辛国斌在2018国家制造强国建设专家论坛上发表的演讲内容。

消费电子终端操作系统等方面具有垄断地位优势，而我国虽然在消费电子、通信设备等终端市场有一定的全球市场占有率，但在高端射频芯片、模拟芯片、现场可编程逻辑门阵列（field programmable gate array，FPGA）芯片、电子设计自动化（electronic design automation，EDA）软件、操作系统等领域依赖进口，存在严重的供应链风险。哪些技术我们有优势，哪些技术是短板，受到发达国家技术壁垒的风险程度有多大，我们的发展基础如何，都是迫切需要从国家层面掌握的。

为了构建有关经济或工业前景的技术评价模型，应首先回顾与技术评价有关的文献。Arbel 和 Shapira（1986）开发的技术评价模型侧重于收益和成本。Piipo 和 Tuominen（1990）强调，除了收益、成本和风险（作为技术评价的主要因素）之外，技术替代还应与公司的能力和策略相匹配。Yap 和 Souder（1993）强调了商业和技术成功的不确定性、技术的融资历史、技术开发所需的资源、技术对既定任务的贡献程度，以及技术的当前生命周期阶段。Coldrick 等（2005）考虑了 R&D 项目评估的技术、公司和战略因素，以及监管、市场、财务和应用因素。Shehabuddeen 等（2006）提出了一种技术评价过程，该过程包括需求筛选、应用筛选、内部因素和外部因素分析等。

经过长期的技术追赶与能力积累，效果如何？对于发展中国家来说，一个主要的挑战就是追赶发达国家（Hsiao F S T & Hsiao M C W，2004）。后发国家具有后发优势，主要是由于先发国家往往要负担沉重的创新成本，相对而言，它们相对落后的竞争者就可以避免这种沉重的研发负担并可以便宜地使用已有过时的技术和较为先进的技术（Nolan & Lenski，1985；林毅夫，2003）。同时，可以从先发国家的发展过程和制度变迁的过程中吸取经验和教训，少走弯路（樊纲，1998）。这样节约了后发国家的大量资源，可以首先模仿发达国家的现行技术，而后创新发明，可以缩短与领先国家的技术差距，那么发展中国家就有可能比领先国家发展得更快些，向发达国家收敛（Acemoglu et al.，2006）。但是，在领先国家不断实施技术创新和限制新技术转让谋求垄断利润的前提下（郭熙保和文礼朋，2007），后发国家与技术领先国家之间始终存在一个最后的技术差距难以逾越，甚至差距会进一步拉大。Rachel（1996）认为，由技术差距导致的技术能力和技术机会的差别是影响技术进步模式从模仿到创新转型的重要因素，这一点同样得到了很多学者的印证（Lai et al.，2009；易先忠，2010；吉亚辉和祝凤文，2011）。还有学者认为，技术差距也是影响经济资源配置格局和配置效率的关键变量（欧阳峣等，2012），是决定国家间经济发展差异和赶超过程的关键（傅晓霞和吴利学，2013）。因此，后发国家首先关注的就是与技术领先国家之间的技术差距是拉大还是缩小。

现实中，对后发优势的偏好往往使得后发国家形成对技术引进的路径依赖性，陷入"落后—引进—再落后—再引进"的技术发展怪圈（黄江明和赵宁，2014；唐未兵等，2014），而且技术领先国家由于面临后发国家的追赶，会不断通过研发创造出新技术以保证其领先地位，同时采取有限制的技术出口策略，延缓后发国家对技术领先国家的技术追赶（袁健红和李存书，2010；俞文华，2012）。20多年来，我国科技发展呈现良好势头，技术水平不断提升，但是，高技术发展是还处于技术发展怪圈的恶性循环，还是已进入"创新跨越"，甚至"创新引领""领跑"，这是摸清"家底"迫切需要回答的问题。当今世界，国家间的经济竞争、综合国力竞争，在很大程度上表现为科学技术竞争，科技创新成为提高社会生产力和综合国力的战略支撑。相对于技术领先国家，尤其是美国等综合国力最强的标杆国家，我们想知道我国的位置在哪里，因此，我们还需要关注的是：与技术领先国家相比，我国的整体技术水平到底处于一个什么样的格局和位置。

最后，在审视整体技术水平的基础上，需要进一步了解核心基础技术掌握情况、技术发展阶段等竞争性信息。在国际技术竞争中，要确保和强化技术领导地位，要在源头和关键技术领域保持绝对竞争优势（陈峰，2005；胥和平，2002），从而在中试、产业化阶段发挥主导作用，并进一步在中下游产业链获取竞争优势（洪银兴，2013）。同样一个技术，从技术指标来看，可能技术水平相当，但可能基础技术或源技术没有掌握在我国手中，原始型科学思想不多，技术积累不足，这样就缺乏应对新的产业变革（黄群慧和贺俊，2013）、引领技术发展潮流的能力，对重大技术路线变革导致的创新产业竞争容易准备不足。我国与技术领先国家即使具有相同的技术发展指标，所处发展阶段也可能不一样。我国有很多技术还处于实验室、中试阶段，对于同样的技术，技术领先国家已进入应用推广、产业化阶段了，因此我国在国际技术竞争中处于不利地位。在对技术发展趋势、技术总体水平分析的基础上，开展国际技术竞争分析，可以全面了解我国科学技术在国际环境中的发展概貌和突出优势，分析对比我国科学技术发展的显著差距和发展瓶颈，寻找我国科学技术发展需要重点跨越的突破口和重要机遇。

因此，技术评价并非简单的水平比较，也不是能力差距的评判，它是一个综合性的判断，需要从纵向技术差距判断、横向技术水平比较、深向技术阶段三维视角分析，明确关键技术发展的趋势、水平及能力，如图 10-1 所示。

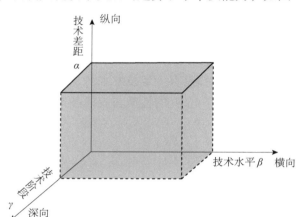

图 10-1　三维技术评价模型

第二节　评价的流程

明确了为什么要进行技术评价、围绕哪些要素进行评价后，接下来主要是流程上的考虑，包括由谁来评价、具体评价什么、用什么方法评价等。

对于研究开发各个阶段的评价，必须遵从预先决定的原则，找出最适宜的评价方法和内容。基于这一思想，在进行评价之前需要做好以下几个方面的工作。

1. 确定评价机构

简单来说，技术评价可以看作是对技术的检查、评比活动。评价与研究开发是科学研究管理系统的两个组成部分。为了保证研究开发与评价工作顺利进行，评价机构应该专职化，因此应该有相应的评价机构。

2. 确定评价专家

技术评价活动是以参加评价的专家意见为前提的，他们根据有限的情报和资料，对包含许多不确定因素的事件做出判断，并采取相应对策。理想情况下，每个参与技术评价工作的专家都应该具备一定专业领域的基础知识。但是，我们也要知道，熟悉和了解技术领域的问题、范围，以前所运用过的干预的评价结果等，也是非常重要的。在最复杂的层次上，评价活动在技术上、概念上可以变得异常复杂，也可以变得非常耗费成本，甚至需要一些有战略眼光的科学家相当长时间地参与。因此，评价成员的人选问题与评价结果的可靠性、科学性有很大关系。为此，应当选择具有一定技术水平、有创造力和洞察力的人作为评价成员。由于部门、行业、企业的性质与规模各不相同，评价机构的组成形式也不相同。

3. 确定评价系统

评价并非评价人员任意采取的行动，评价工作应当系统化。这不仅可以减少许多评价错误，而且可以提高评价的科学性和客观性。同时，对评价系统进行定期的检查也是必不可少的。

4. 确立评价项目

技术评价是一种有目的的行动，因此确定为什么要评价和评价什么项目是问题的关键。无论是对技术发展趋势的评价还是对技术竞争水平的评价，都必须确定是对技术发展进程中的哪一环节或技术本身的哪些方面进行评价，以此决定评价清单。

5. 制定评价标准

在选定评价项目后，应制定相应的评价标准。对于每个评价项目，都应制定详细的评价标准，只划分几个等级是不够的。制定标准时，应综合考虑定量因素和定性因素，并对各项评价标准做出适当说明。

技术水平评价具体可以从以下几个方面设计问题。

（1）技术就绪度。技术就绪度评价主要针对一项技术、产品或系统按照"原理概念—试验验证—仿真运行—现实环境运行"的研发流程划分阶段，并为各阶段制定明确标准，据此来量化评定技术、产品或系统成熟程度的方法。技术就绪度最先由美国国家航空航天局（National Aeronautics and Space Administration，NASA）提出并使用，目前已经广泛应用于环境保护、核能、航空航天、武器装备等领域的科研项目管理中。由于标准明确、阶段性划分清晰且将可靠性内容嵌入其中，技术就绪度评价非常适用于面向成果转化的国家科技计划项目的评估（陈华雄等，2012）。

（2）技术发展趋势。后发国家产业技术追赶是指后发国家以某种方式缩短与产业领先国家之间技术能力差距的行为，其目的是增强本国产业的国际竞争力（刘倩等，2015）。对技术差距进行测度，是一种间接测度技术追赶效果的方法。不少技术追赶效果是通过技术差距的缩小来反映的，如通过本土全员劳动生产率差距的缩小来衡量等，也有使用全要素生产率作为技术差距的衡量指标，计算资本和劳动力共同作用下的产出结果（吴晓波等，2005）。但技术追赶是一个动态过程，指定的技术领先者在总体水平上领先，不一定在整个技术追赶过程中处于领先地位，而且在整个技术创新链中的某项技术上也不一定领先。因此，很难用经济计量学方法去判断一个精准的差距，但可以通过专家运用所在领域的专业知识进行差距大小的趋势性定性判断。

（3）技术发展水平。主要针对我国整体水平状况与技术领先国家相比所处的位置进行评价，明确我国有多少技术处于国际领先、有多少技术仍处于跟踪状态。同时，对我国核心技术掌握情况和发展阶段等竞争态势进行分析，明确我国基础研究成果或源头技术的掌握情况和转化能力，弄清楚我国与技术领先国家的同一技术在创新发展阶段上的差异。

6. 选择评价方法

通常采用组合方法进行评价，做到专家调查和客观数据分析相结合，在调查数据和客观数据定量分析的基础上，对科技水平做出定性判断，使定性判断具有坚实的基础。通过大规模的专家调查和文献调研，运用统计分析、相关分析等数理分析方法，并通过综合分析，对我国的总体技术水平和发展阶段、核心技术掌握情况、技术差距等要素做出定性判断。当然，我们认为技术评价宜以专家调查和专家会议为主，集中多数专家的意见来决定或通过少数专家召开讨论会进行评估。在实际运用的过程中，评价方法并非一成不变，而是要根据变化的情况不断修正。

第三节 适宜的评价方法

技术水平的评价方法种类众多，多达数百种，通常来说，每次技术评价活动都会根据评价对象、评价所要达到的目标，以及所掌控的资源、时间成本等因素，采用三四种方法的组合。总体上看，一般来说可以分为以下四种。

一是专家评价法。这是以评价者的主观判断为基础的一种评价方法，通常以分数或指数等作为评价的尺度进行衡量评价。

二是经济分析法。这是以经济指数做尺度定量图表表示研究开发效益，对研究开发活动进行研究和评价的方法。

三是运筹学评价法。不同于其他评价方法，该方法利用数学模型对多因素的变化进行定量动态评价。这种方法的理论性强，对于含有不确定因素的研究开发来说，能够从本质上逐步逼近以求出最优解。但是，无论是采用运筹学中的哪种评价方法，都必须建立数学模型、决定目标函数，再进行求解。

四是综合评价法。由专家评价法、经济分析法、运筹学评价法进行不同方式的组合形成。由于组合的方式不同、技术性质不同，具体运用的综合评价方法也多种多样。新兴技术具有高度不稳定性和不确定性，技术的应用是多种多样的。技术预测的对象更多的是新兴技术、未来潜在发展的技术，而且从长远来看，这些技术与更高的成本、潜在的意外后果以及不确定的收益相关联。因此，新兴技术评估是创新和技术转让中最重要的方法之一，用于筛选新思想并评估产品和技术是否具有创新性。对于组织来说，这是一种急需的技术，它可以用于检查新想法，识别和分析原因或潜在变更、开发和规划可能的解决方案，以及选择和实施所提议的技术（Yap & Souder, 1993）。

技术评价程序应围绕技术本身及其影响展开，涉及有关的技术、社会和经济因素：①评估技术（产品）系统，以汇编有关性能、技术和经济特征的信息；②成本分析包括对资本、运营和维护成本，以及生命周期成本和成本趋势的分析；③市场研究，以确定技术发展的潜在市场性质和规模；④影响调查，以确定该技术将如何在经济、环境和社会问题上影响用户与周围社区（Huang et al., 2008）。

其中，成本效益分析和专家小组都是最常用于技术评价的方法。但是，单个评估程序或模型很难包含所有上述问题，难以充分、完全地解决这些问题。

成本收益分析可帮助决策者选择解决方案，因此可在考虑预算和政治因素的前提下，选择最具成本效益的替代方案。使用成本收益分析工具，评估人员能够评估项目的潜在风险、固定成本、运营成本和收益，并比较同一项目的两个或多个替代成本/收益方案的结果（Arbel & Shapira, 1986）。

另外，专家组主要关注以下方面（Liberatore & Stylianou, 1995）：选择要评价的技术或定义新技术；选择将受技术影响的业务流程；根据产生的定性要素清单对技术进行评级；使用质量功能展开①进行定性分析；输入技术成本信息；输入技术效益信息；生成输出报告。

尽管评价方法繁多，各有不同的适用范围，但各种方法都具有一些共同的特征，包括一些共同因素。评价方法有以下几个共同特征：①评价的综合性。能够反映科学系统各方面的最重要功能。②评价的客观性。在评价时应防止主观因素的影响，为此应保证提供可靠的评价数据，同时评价结果应能进行检查。③评价方法的通用性。评价方法应适用于评价同一级的技术领域。④评价方法的实际可接受性。从掌握和利用方法的时间、成本等条件来看，方法是可行的。⑤评价原则的协调性。应该与高层次和低层次评价原则协调一致，也就是说，某种具体方法是总评价系统的一个组成单元。⑥评价方法的动态性。随着科学技术的发展，评价方法应不断改进。⑦评价结果的稳定性。所得评价结果应保持稳定。⑧数据处理的自动化。数据利用计算机处理。

总体上讲，随着人们对技术作用的认识不断提高，技术评价不断发展，技术评价范式和方法也有了较大的发展（仝允桓等，2004；王海政等，2006）。除传统客观分析方法（Bekey et al.，2006；黄鲁成和历妍，2010）以外，主观分析方法所依据的数据源则是专家的主观判断（Choi et al.，2005；Korea Evaluation Institute of Technology & Center for Research and Development Strategy，2012；Japan Science and Technology Agency & Center for Research and Development Strategy，2011；滕洪胜，2013）。由于现代社会的复杂性和不同创新主体的相互作用，尤其是对于充满不确定性的未来技术发展趋势的判断，不存在能够把握未来的合理技术方法。因此，最好的方法就是尽可能地获取信息，然后依据个人的直觉信息处理能力，提供一个有洞察力的见解，形成基本共识（Vanston，2003）。相对而言，专家意见调查用得最广泛（Choi et al.，2007）。

---

① 质量功能展开（quality function deployment，QFD）亦称质量屋，是顾客驱动的产品开发方法。从质量保证的角度出发，通过一定的市场调查方法获取顾客需求，并采用矩阵图解法将顾客需求分解到产品开发的各个阶段和各职能部门中，通过协调各部门的工作以保证最终的产品质量，使得设计和制造的产品能真正地满足顾客的需求。

第十一章 技术水平的客观性评价

随着知识经济的来临，全球各个重要经济体近年来已经逐渐重视无形资产（intangible assets）所带来的经济价值，这些无形资产所衍生的价值已经成为经济增长的关键因素之一，越来越多的企业投入无形资产的资本已经远远超过了在实体资产（如机器、设备、厂房）上的投资，这种转变也反映了近年来世界各国在经济及体制上的变革。近年来，许多跨国研究机构和公司通过对专利指标的统计与分析，将其作为衡量国家和企业研发活力的重要指标之一。因此，在通过专利信息对计量数据进行分析时，所选择的分析依据，如专利相关日期、专利国家信息、专利数量、专利价值等，不仅会影响后续统计分析的结果，而且在最终数据所表达的意义上也有所不同。因此，特别是在国际专利计量经济分析比较中，还应考量专利情况与科技进步和经济发展的影响等，仅专利而言，还不足以完全体现技术的综合价值。除了从特定专利局对在该国申请、获准的专利进行分析，也可以通过专利合作条约（Patent Cooperation Treaty，PCT）专利申请、三方同族专利（triadic patent family）了解专利发明的国际化情形，作为研究国家、地区的发明能力与知识扩散情形的参考。

第一节　专利文献计量的适宜性

科学研究是一种信息生产的行为，其基础是交流。Braun 等（1987）从科学信息研究的角度，提出了科学计量学的定义：科学计量学是从定量角度分析科学信息的产生、传播和利用，从而更好地理解研究活动的机制。

科学信息也许可以被看作一种商品（Koenig，1995），因为它具有商品的属性，即价值和使用价值。这里所说的价值可以用学术价值来衡量，是信息的内部特征（如创造性、科学性、新颖性、通用性和连贯性等）。使用价值是指信息产生过程中信息的适用性，也指信息在实践中发挥的作用。基于科学信息，采用一些方法和指标，选定适合的系统，可以测度科学家、团队或国家的相对位置（皮特·温克勒，2014）。

　　无论在国家层面还是机构层面，科学计量的成果总是无法满足科学决策的需求。因此，科学计量学专家必须注意到所采用方法的适用性、局限性和不确定性。尽管如此，对于科学家和科学机构的领导者而言，评价总是必要的，同时这也是社会的要求（皮特·温克勒，2014）。

　　显然，任何论文评价方法都必须获得包括由被评价的科学家产出的科学信息的数量、论文发表渠道水平和发表成果的国际认可。因此，评价各方面所涉及的科学方法和指标是很复杂的。为了支持这样的方法和指标，在相关科学领域，有人开展了一些关于信息的一般和特殊文献计量学特征的研究。例如，如果要应用科学期刊、论文、参考文献和引文开展计量分析，就需要先探究它们的特点和相互之间的关系（皮特·温克勒，2014）。

　　OECD 在 1996 年首次发表的《以知识为基础的经济》（"The Knowledge-based Economy"）一文将专利资料作为衡量国家知识能量的重要指标之一。正因为专利分析可以对全球各国间、产业间、企业间彼此的核心与创新能力有所了解，专利已日益受到世界各国的重视，不论是在国家层面、企业层面、组织层面还是个人层面，专利与竞争力、创新力之间都有着相当紧密的联结关系（Blind et al.，2006；Dernis et al.，2001）。

　　专利在被该国的专利局授权后，专利申请范围所包含的知识产权，自专利申请日的 20 年内，在专利申请国都能拥有对于该项专利内容的相关行为保护权益，此种保护权利/排他权利将使专利权人在该项技术、产品领域更具竞争优势。此外，专利也可以通过授权的方式获得权利金与授权金，即使专利的拥有者没有实际的制造能力，也可以通过专利的所有权创造价值。此外，专利是地域性权利（territorial right），只有在专利局所属国家申请并获证的专利才可以在该国拥有专利权，因此，一个在美国申请并获证的专利无法在日本拥有该专利的排他权。在专利申请的限制上，包括自然法则（laws of natural）、自然现象（natural phenomena）以及抽象的想法（abstract idea）被认定不具有专利性。

一、专利被视为发明活动的统计指标

在计算科技产出的绩效指标中，专利是最常被使用且可获得的资料来源（Grupp et al., 1996；Hagedoorn & Cloodt, 2003）。以专利作为指标计算的统计基础，不仅能衡量国家、区域、企业、个人的发明创新能力，而且能将专利信息与其他统计信息（如 R&D 投入）用于检视专利数量与其他统计量（如 R&D 投入之间）的关系。此外，专利统计也可以提供许多动态创新的过程，包括合作研究跨国家、地区或跨产业、企业的技术流动趋势，以及企业的市场布局策略等。专利资料在评估创新活动的运用上各有优缺点，优点包括：专利包含相当广泛技术领域的信息，某些领域的信息并不容易获得，如纳米科技（nanotechnology）等新兴领域；专利与发明之间有紧密的联结关系，大多数企业对有价值的发明成果都会予以申请专利；每份专利文件中都包含该项发明的详细信息与发展过程；专利信息可通过各个专利局所公告的信息取得，并通过电子化的方式更广泛地流传且有助于后续的统计分析。

但是，将专利当作衡量技术活动的指标同样存在下列缺点：并非所有发明均可申请专利，许多拥有相当经济价值的发明并不符合专利申请的基本要件；许多专利并未拥有产业价值，只有极少比例的专利在产业的运用上有重要的经济价值，因此，在将专利数量当作指标的同时，也会产生偏颇的结果；不同国家的专利法规和申请过程都会在进行专利跨国比较时产生影响，部分专利信息仅能在单一专利局中进行比较；专利法规的改变也会影响到专利信息的状况，因此，在专利量化分析的结果当中，政策或法规也是影响量化数据的原因之一。

二、专利信息可运用的调查主题

运用专利信息的统计分析可以分析许多不同主题的研究项目，以下列出一些能通过专利计量分析进行后续研究的主题，虽然并未完善，但可提供后续研究者在面对下列问题时如何通过专利资料去进行的参考。

（1）技术表现。专利可视为相当接近技术发展的指标，可用来比较不同企业、地区、国家在特定技术领域的技术表现，以及不同企业、地区、国家在特定领域的技术强度。

（2）新兴技术。就新兴技术领域而言，专利信息往往是追踪新兴技术（如纳米科技、生物技术）发展的少数可取得的公开信息之一，这些领域的专利在搜寻上，除了可通过专利摘要或内文的关键词进行检索外，还可以通过专利引用科学文献的情况检视新兴技术的发展动态。

（3）知识扩散和动态的技术演进。因为专利中记载有该技术发明时来自哪些先前技术，因此可通过引用信息去检视知识移转的过程，以及检视不同区域之间技术扩散与动态演进的过程。

（4）地区发明行为。通过专利当中的发明人与专利权人的地理信息，可检视不同区域之间的技术发展过程以及彼此的知识流动，甚至是不同组织（如高校、中小企业等）的发明情况。

（5）发明的经济价值。正因无法单从专利数量去检视专利的强度与好坏，因此可通过专利引用信息，从引用情况来检视该专利是否具备实质的经济价值，被引用数量越高，往往代表质量越高，也是认定该专利实质价值的观测方法之一。

（6）研究人员的流动性与绩效。专利文件所记载的发明人信息，可以检视不同发明人的创新能力，通过姓名的正规化，就可以检视单一研究人员的研发能力，通过专利中的研究人员所属单位及所在地址的信息，可以检视人员在不同组织、国家之间的流动状况。

（7）高校在技术发展中扮演的角色。对专利权人为学校的专利进行分析，可进一步分析不同学术机构在特定技术上的发展程度与专利申请情况，也可了解政府投入在学术机构的经费与实际产出绩效之间的关联。

（8）公司的专利策略。可对专利权人进行分析，了解特定公司在技术领域的布局情况，进而分析该公司在特定技术领域的发展、专利所有权的变动、不同专利局的布局情况，从中归纳出特定公司的市场策略，以及与不同厂商之间的竞争合作关系。

（9）预测专利申请活动。通过以往的专利申请情况，预测特定国家、地区、企业未来的专利申请情况。

第二节　确立评价指标体系

由于指标体系构建的复杂性、各国科研活动体系以及文化背景的差异，目前各国在技术评价指标体系的构建上还没有形成标准化的、内在一致性的规则，因而指标体系的结构、构建方法、构建程序、指标数量等各有差异，无法统一。人们试图构建一个模块化或菜单式的评价指标体系。由单一的基本构件组成模块或子菜单，这样用户可以根据实际需要任意组合模块或子菜单，形成需要的评价指标体系，但目前并不成功，关键是缺乏有力的理论依据，而且与现实差距很大，更无法摆脱主观因素的影响。

评价指标体系的构建是一个复杂的过程，因为指标体系本身是一个复杂的系统，是由一系列相互联系的评价指标构成的有机系统。因此，设计一个完整、科学、系统的指标体系不是一个简单随意的过程，而是要经历多个互相联系的环节的复杂过程，还要严格遵循和明确贯彻评价者的思路与原则。

一般来说，技术评价指标体系构建的方法通常包括以下几方面的内容。

（1）评价指标体系构建方法（初选方法）。评价指标体系的构建主要是通过层次分析法、频度统计法、理论分析法、德尔菲法等方法初步形成指标体系，然后对指标体系进行初选。评价指标体系初选的方法包括分析法、综合法、交叉法、指标属性分组法等，其中最基本、最常用的方法是分析法。

（2）评价指标体系测验方法（优选方法）。评价指标体系测验主要是采用各种定性和定量方法对指标体系中的单项指标与整个指标体系的完整性、系统性、准确性、可行性、可靠性、科学性、关联性、协调性、冗余度等进行测验。一般以专家判断等定性方法为基础，以定量测验方法为补充。

（3）评价指标体系结构优化方法。评价指标体系结构优化主要从层次深度、每层次指标个数、是否存在网状结构等方面进行优化，同样可以是定性与定量分析方法相结合。

（4）评价指标量化与处理方法。指标量化（即指标属性值的确定）分为定量指标量化和定性指标量化。定量指标量化一般由统计和调查得出，定性指标量化根据量化时的具体对象不同可分为直接量化法与间接量化法两种。直接量化法是对总体中各指标的问题选项表现直接给出一个定量的数值（如直接打分法）；间接量化法则是先列出定性指标的所有可能取值的集合，并且将每个待评价单位在该变量上的定性取值登记下来，再对定性指标取值集合中的元素进行量化，将每个单位的定性取值全部转化为数量（如等级评分法区间评分法、模糊评价法等）。评价指标量化还包括指标的无量纲化处理，即采用各种无量纲化方法对不同属性的指标值进行归一化处理，转换成可以直接比较的形式。

在具体研究流程上分为数据对接、数据分析和专家研判三个阶段。数据对接阶段主要通过领域专家和图书情报专家的交互，明确数据挖掘的范围；数据分析阶段主要通过聚类方法获得基于数据的研究热点和专利地图，并通过专家研读获得技术热点；专家研判主要通过专家研讨、问卷调查等方式确定最终的技术方向。同时，为弥补数据挖掘中因算法局限性或数据滞后所导致的研究前沿性不足的问题，领域专家对照数据分析结果查漏补缺，提出技术清单。

专家提名研判前沿是数据挖掘方法的重要补充。在数据对接阶段，领域专家提出研究前沿问题，图书情报专家将前沿问题转化为数据挖掘的检索式，这是分析数据源的重要组成部分。在数据分析阶段，针对没有文献聚类主题覆盖的学科，领域专家提供关键词、代表性论文或代表性期刊，用于支撑数据支撑部门进行定制检索。在专家研判阶段，领域专家对照数据支撑部门提供的文献聚类结果进行查漏补缺，对未出现在数据挖掘结构中但专家认为重要的前沿进行第二轮提名，图书情报专家提供数据支撑。最终，领域专家对数据挖掘和专家提名的清单进行归并、修订和提炼，而后经过网络问卷调查和多轮会议研讨，找出关键技术，并评价我国所处的态势和位势。

第三节　态势和位势文献计量评价

针对关键技术发展的态势与位势的统计分析是技术竞争评价的重要内容，也是可以通过文献计量分析等手段实现的。以国际知名智库爱思唯尔 Scopus 计量评价指标体系为例评价指标分析及其具体描述，如表 11-1 所示。当然，具体的指标设计服从评价需要实现的目的。

表 11-1　文献计量评价指标与描述

指标	描述
科研产出	发文量
总被引次数	出版物收到的总被引用次数
篇均被引次数	每篇文章收到的平均引用次数
作者数量	出版物集合中的作者数量

指标	描述
领域归一化影响力（field-weighed citation impact，FWCI）	广泛认可的研究影响力指征，将同一学科领域收到的世界范围内的引用次数作为基准，通过同年发表的出版物和相同的文件类型（如文章、评论和会议记录）来标准化引用次数 FWCI 的计算公式为 $$\mathrm{FWCI} = \frac{C_i}{E_i}$$ 其中，C_i 为文章 i 的被引次数，E_i 为与文集 i 同类型发表文章（相同发表年份、相同发表类型和相同学科领域）的平均被引次数
前 1%、10% 高被引文献	表示一个国家、机构、研究人员使用世界基准对标所产生的被引次数最高的前 1%、10% 的文献数量。该指标包括： ● 被引次数最高的前 1%、10% 的论文数量 ● 被引次数最高的前 1%、10% 的论文占全球论文份额
前 1%、10% 高影响力期刊文献	期刊百分位数分析代表了一个国家、机构、研究人员产生的 CiteScore 高被引期刊前 1%、10% 的论文数量和份额。该指标包括： ● 高被引期刊前 1%、10% 的论文数量 ● 高被引期刊前 1%、10% 的论文占全球论文份额
合作关系（国际合作、国内合作、机构内合作和单一作者）	根据出版物中四种类型的作者合作关系，可提供合作论文比率（%）和绝对值两种类型指标。 ● 至少有一位作者来自该国以外的机构（国际合作） ● 作者隶属于一个国家内至少两个机构（国内合作） ● 所有作者均来自同一机构（机构内合作） ● 单作者出版物将用作基准（单一作者）
学界-企业界合作	被定义为一个出版物中，公司和学术实体都包含在作者隶属机构中。可提供合作论文比率（%）和绝对值两种类型指标
h 指数	h 指数表示某研究人员至少有 h 篇文献被引用 h 次
引用文献的专利数量	对该主题方向科研文献进行引用的专利数量
被专利引用的文献数量	被国际专利引用的科研文献数量
专利被引用次数	专利引用次数
每项学术成果平均专利引用次数	所选实体发布的 1000 项学术成果收到的平均专利引用量
浏览次数	在 Scopus 中获得的被点击浏览次数
代表性文献	代表性文献在该主题中非常紧密地联系在一起，旨在让我们对主题的中心研究问题有所了解。它们通常有许多主题内的链接，在同一主题内不同代表性论文之间有高度的相关性，并且在同期发文中被引次数相对较高。代表性文献的计算公式为 $$Score = nsame \cdot \left(\frac{nsame}{nlink}\right) \cdot \ln(nc9615 + 1) / greatest(1, year\text{-}pubyear)$$ 其中，$nsame$=同一主题中对该论文的链接数（参考文献+引文），这有利于发现综述和高被引论文，表明这些论文在该主题中有很强的联系；$nsame/nlink$=主题内部链接的比例，从 0 到 1 不等，这有利于评价大多数/所有链接都在该主题内的论文；$\ln(nc9615 + 1) / greatest(1, year\text{-}pubyear)$，这是对数转换的引文数除以发文年限，这有利于高评价被引论文，由于我们使用对数转换，因此引文计数的权重不会超过前两项

续表

指标	描述
研究主题全球显著度	该指标采用了研究主题的三个指标进行线性计算：被引次数、在 Scopus 中的被浏览数和平均期刊因子 CiteScore。其体现了该研究主题的关注度、热门程度和发展势头，并且显著度与研究资金、补助等呈现正相关关系，通过寻找显著度高的研究主题，可以指导科研人员及科研管理人员获得更多的基金资助 根据引文数、浏览次数和 CiteScore 计算主题研究方向的显著度值。第 n 年每个主题 j 的显著度值等式是： $$P_j = \frac{0.495[C_j - mean(C_j)]}{stdev(C_j)} + \frac{0.391[V_j - mean(V_j)]}{stdev(V_j)} + \frac{0.114[CS_j - mean(CS_j)]}{stdev(CS_j)}$$ 其中，C_j 是在年份 n 和 $n-1$ 发表的论文集群 j 中的文章的引用计数，V_j 是在年份 n 和 $n-1$ 发表的论文集群 j 中的文章的 Scopus 浏览次数，并且 CS_j 是发表在第 n 年的论文集群 j 中的文章的平均 CiteScore。将这些原始值对数变换为公式中使用的值，其中 $C_j = \ln(C_j + 1)$，$V_j = \ln(V_j + 1)$，$CS_j = \ln(CS_j + 1)$。如此定义的显著度是给定主题的引用、浏览和期刊影响力的线性组合，其中每个因素通过主题标准差来标准化

基于此，检索主要国家和地区的专利数据，主要包括美国、日本、英国、德国、韩国、俄罗斯、中国（不包括台湾地区）、法国、以色列和加拿大等国家（每个国家数据基于可得状态）。鉴于各个国家的技术优势和发展侧重不同，并非每个国家在所有技术领域都有所涉及。为了便于比较研究，需要选取时间范围与专利检索数据库。

为更好地体现实际技术数量，对检索结果进行了同族合并，即对申请与授权中国专利和国外专利进行了同族合并。在合并时，优先选择中国授权专利；如无中国授权专利，再选择其他。通过同族合并，仅聚焦于对同一技术进行分析。

在计算专利资产指数（patent asset index，PAI）时，仅保留现行有效专利，申请公开后未授权、授权后未继续维持以及其他各种原因导致专利公开后无效的，均不在统计之列。PAI 以及分支评价指标（竞争力、技术影响力和市场影响力），在按照评价年度进行分析时，仅评价有效专利。PAI 为 LexisNexis 的专利分析数据库 PatentSight 的专利影响力评价指标。

考虑到发明专利的授权须经实质审查，专利性较强，一般来说，分析范围仅为发明专利。鉴于专利申请公开迟延的因素，专利分析时某一年的数量下降受到各国专利申请公开迟延因素的影响，并不代表技术发展趋势在该年下降。

专利技术是市场成功的基石，是许多行业的宝贵资产，对专利影响力的有效评价有助于展望未来的竞争格局。因此，一直以来专利排名和专利记分牌十分受欢迎。过往的专利影响力评估方法过度依赖于美国专利数据且专注于美国专利，忽略了全球专利活动的重要性。同时，对专利的有效性判断不准确，以及对专利权人的清洗程度不够，可能导致专利影响力评价的不准确。鉴于各个国家的专利审查制度在专利审查的难度、时间跨度以及其他方面的差别，传统的以计量专利数量为专利影响力主要评价指标的方法也无法得出真实准确的专利影响力全景评价。

举例来说，LexisNexis PatentSight 在考量专利影响力时，对影响专利的各种影响因素进行了数据标准化（归一化）处理。不同评价指标往往具有不同的量纲和量纲单位，这样的情况会影响到数据分析的结果。为了消除指标之间的量纲影响，需要进行数据标准化处理，以解决数据指标之间的可比性。原始数据经过数据标准化处理后，各指标处于同一数量级，适合进行综合对比评价。同时，LexisNexis PatentSight 清洗了 3700 多种法律状态代码，各个国家的法律状态实时更新，同时对机构进行了人工隶属关系整理，在此基础上，开发了专利资产指数专利影响力分析体系。

专利分析指标具体包括以下几方面。

（1）PAI。PAI 是一个专利集中所有专利的竞争力影响（competitive impact，CI）值的总和。平均而言，影响力越大的专利，总体上质量越高。

（2）CI。CI 是技术相关度（technology relevance，TR）与市场覆盖度（market coverage，MC）的乘积。每个专利（族）被赋予一个 CI 值。在分析中，一个专利集合的 CI 值为该专利集的平均 CI 值。

（3）TR。TR 是衡量一个专利（族）对技术发展影响力的指标。通过计算一件专利在全球范围内被引证的数量，同时根据该专利的公开时间、引证来自的专利局以及技术领域的不同进行算法调整，得出被评价专利族的相对技术影响力。简单而言，例如一个专利（族）的 TR 值为 2，则表明该专利（族）的技术影响力是同年公开的同一技术领域的专利影响力均值的两倍。

（4）MC。MC 是衡量一个专利（族）在全球范围内的保护程度的指标。该指标的计算考量了被评价专利（族）申请的同族国家数量，以及各国世界银行当年的国民总收入，同时考量了各个同族的申请、授权或失效的法律状态。

（5）专利组合规模（portfolio size）。去除同族后的有效专利数量。在进行技术主题的专利分析时，重复计量同一技术在不同国家和地区以及同一国家和地区的专利申请，会导致统计结果无法真实反映技术的实际数量，因此须做同族合并再进行分析。

（6）专利权数量（no. of patent rights）。专利权数量包含了全部公开的专利申请、授权数量，同时包含了有效和失效的专利数量。

（7）报告期（年终）[reporting date（year end）]。按照指定的时间，以历史时点的数值进行的评价。同一专利在不同时间点的影响力不同，从而会影响整个技术主题数据集的评分。

（8）技术影响力十段位（technology impact decile）。技术影响力十段位分布分析是将全球所有发明专利合并同族后，从高到低依次排列，分成十等份。"10"段位为专利技术影响力最高段位，"1"段位为专利技术影响力最低段位。目标专利落入"10"的专利为其专利技术影响力值排名在全球所有专利技术影响力值前10%以内的专利，落入"9"的专利为其专利技术影响力值排名在全球所有专利技术影响力值前20%至前10%之间的专利，以此类推。

（9）首次公开后年限（age from first publication）。专利首次公开后到影响力计算时的年数。

（10）专利所有者（owner）。为专利权人自身或对其控制权超过50%的最终机构。

（11）优先权（priority）国家/地区。专利首先申请的国家和地区，是专利分析中普遍采用的分析专利技术来源国的方法。

第十二章　技术水平的主观性评价

技术评价一直是机构管理层面临的最具挑战性的决策领域之一。就国家层面来说，囿于资源的有限性，必须从现存的技术群中寻找适宜的技术进行优先部署。就公司层面而言，必须在复杂的环境中使用多种标准从各种技术替代方案中选择具有相对优势的技术领域并进行投资。以技术为基础的企业依靠现有技术资源的更新和对新技术的利用来保持竞争力并维持增长。因此，无论是国家还是企业，都需要制定合适的技术计划和战略来保持其竞争优势或把握新机遇。对关键技术的评估有助于国家和企业在竞争环境中建立自己的优势。在国家层面，选择和支持关键新兴技术可以帮助各国在国际市场上确立其战略优势。

但是，技术评价面临多准则决策（multi-criteria decision making，MCDM）的挑战。决策者有必要充分考虑诸如潜在收益、风险和成本之类的标准，以确定最合适的技术。此外，这种现实标准之间可能存在相互依存的关系。为了解决这个具有挑战性的决策问题，需要集成的方法构建技术评价结构，尤其要注重吸收专家意见的评价方法。

第一节　确立核心的评价要素

全球科技创新正在进入空前密集活跃期，新一轮科技革命和产业变革正在重构全球创新版图、重塑全球经济结构，颠覆性技术不断涌现，科学研究、技术创新、产业发展正在发生范式变革。国内外技术竞争评价的目的在于找准一个国家亟须发展的关键核心技术，明确当下的着力点，补齐科技短板，为夯实科技基础、有效应对国际竞争提供重要依据。因此，除了从客观文献计量的角度分析前沿技术竞争、技术水平及其优劣势，还须结合主观的专家调查，反映大量无法通过文献统计的方法实现的技术评价。就我国来说，具体的技术竞争评估内容包括：采用专家调查、层次分析、文献分析等方法，从科技发展水平总体、领域技术水平、领域人才队伍等方面与国外技术发展进行比较分析，明确我国科技发展在全球的位势和短板。

一、我国科技发展水平总体分析

（1）我国科技总体格局分析。对选择的基础技术和关键共性技术"领跑、并跑、跟跑"的状况进行分析。

（2）我国与主要国家科技差距趋势的分析。对近年来选择的基础技术和关键共性技术与主要国家之间的差距趋势进行分析。

（3）我国技术发展阶段分析。对我国选择的基础技术和关键共性技术与主要国家发展阶段进行对比分析。

（4）我国技术来源分析。对选择的基础技术和关键共性技术的主要来源进行分析，明确技术基础。

（5）我国与主要国家研发投入总量和产出比较。对我国与主要国家研发投入和产出进行分析，明确我国的研发效率。

（6）国外（世界主要国家和国际组织）相关研究对我国科技水平的评价。

二、领域技术水平分析

（1）领域技术梳理。重点对领域发展的基础技术和关键共性技术进行梳理，提出被评价技术清单。

（2）技术水平客观分析。通过论文、专利对领域提出的技术进行客观分析。

（3）领域技术调查。各领域开展较大规模的专家调查。

（4）领域典型案例分析。各领域选择典型的重大产品、重大技术，分析我国与主要国家之间的技术指标差距及其影响。

（5）国外相关报告对各领域的评价。分析主要国家相关报告对我国各领域及其子领域技术水平的评价，并根据我国实际发展状况做出判断。

三、领域人才队伍比较分析

主要分析领域人才结构、人才培养情况、人才使用情况等。从技术竞争的视角，在明确关键技术优势的同时，找到掌握核心技术的领先机构和领军人才。

当然，不同维度的技术竞争评价对应的关注点是不一样的，需要根据组织愿景的需求，调整所想要摸底评价的内容。

第二节　设立标杆基准

技术竞争评价离不开标杆基准的设置。标杆分析法（benchmarking）在 20 世纪 70 年代末由美国施乐公司（Xerox）首创。标杆分析管理是一个系统的、持续性的评估过程，通过不断地将企业流程与世界上位居领先地位的企业进行比较，以获得帮助企业改善经营绩效的信息。精髓之处在于能够在不同行业间拓宽进行标杆比较，已广泛应用于企业、单位和相关管理机构（于文益等，2013）。最早将标杆分析法用于科学研究活动评价的是美国科学、工程与公共政策委员会（Committee on Science, Engineering, and Public Policy, COSEPP）。1997 年和 1998 年，美国国家科学院（National Academy of Sciences, NAS）分别出版了两份研究报告：《美国数学研究国际定标比超》（*International Benchmarking of US Mathematics Research*）和《美国材料科学与工程研究的国际定标比超》（*International Benchmarking of US Materials Science and Engineering Research*）。美国 NAS、美国国家工程院（National Academy of Engineering, NAE）、美国国立卫生研究院（National Institute of Health, NIH）的报告《科学、技术和政府：新生代的国家目标》（*Science, Technology, and the Federal Government: National Goals for a New Era*）提出，要保持美国在所有科学领域处于明显的国际领先地位。为了判断美国在哪些领域处于国际领先地位，美国 COSEPP 成立了评价小组，对一些领域开展国际比较评价。开展学科领域的国际标杆基准评价时，一般要回答三个问题：本国在该领域相对于其他国家和地区处于什么样的位置？影响本国在该领域研究绩效的因素是什么？基于现在的发展趋势，本国在近期和远期会处于怎样的相对位置（张先恩，2008）？

Polt（2002）认为，在实践中相对于整个政策层面的标杆评比，标杆分析法主要适用于一些具体层面的比较（Fahrenkrog et al., 2002），如科学研究的领先性（Tijssen et al., 2002）、科学基础设施的国际比较（Georghiou et al., 2001）等。

竞争对手标杆则以竞争对手为基准，"锚定"关键指标。在激烈的竞争中，如果竞争对手在所有的关键指标上均优于组织自身，那么组织显然会因此处于极为不利的竞争地位。所以在通常情况下，竞争对手只会在部分关键指标上优于组织，同时又在另一些指标上劣于组织。为此，管理者会有非常强的动机将竞争对手优于自身组织的那部分作为比照标杆，以期待自身组织可以在保证自身优势部分的同时，通过学习竞争对手的优势来改进自己的劣势部分，从而赢得相对竞争对手的竞争优势（李强等，2017）。

一般情况下，实施标杆分析的过程可以分为 5 个阶段，即确定目标、内部分析、分析比较、提出构想、实施方案。

（1）确定目标。实施标杆分析的第一步是成立标杆分析工作小组，由标杆分析工作小组确定分析主题。这个主题可以是企业、产业和国家层面最关心的问题或关键的竞争力决定因素，主要根据其战略目标进行设定。

（2）内部分析。依据标杆分析主题，标杆分析工作小组确认关键要素、核心作业流程或管理实践，进一步收集相关方面已有的研究报告，在此基础上以平衡计分卡理论为基础拟定实地调查提纲和调查问卷。SWOT 分析和流程建模软件是在此阶段和下一阶段经常使用的重要方法与工具。

（3）分析比较。在对调查所取得的资料进行分类、整理并进行必要的进一步深入调查的基础上，进行调查对象之间的比较研究，确定各个调查对象之间的差异，明确差异形成的原因和过程，并确定最佳实践。

（4）提出构想。在明确最佳实践的基础上，找出弥补自身和最佳实践之间差距的具体途径或改进机会，设计具体的实施方案，并进行实施方案的经济效益分析。

（5）实施方案。将方案付诸实施，并将实施情况不断地与最佳实践进行比较，检测偏差出现的可能，并采取有效的校正措施，以努力达到最佳实践水平，甚至超过标杆对象。在完成了首次标杆分析活动之后，对实施效果进行全面的评价，并及时总结经验，针对环境的新变化或新需求，持续进行标杆分析活动，确保对最佳实践的跟踪（于文益等，2013）。

第三节　寻找合适的"小同行"

同行评议是充分发挥科学家群体对科学技术活动进行民主管理的一种方法

或制度。具体而言，同行评议是指某一领域或与其邻近领域的专家采用统一的评价标准，共同对涉及相关领域的某一事项进行独立的价值评议（张先恩，2008）。这是一种典型的定性评价方法，适用于那些难以数量化的客体评价，主要依靠专家的知识和经验，评价的准确程度取决于专家的阅历和知识水平，以及专家评价的具体组织方式方法（潘云涛，2008）。这是一种依靠专家感官，凭借其知识水平而强行定量的方法，因此带有强烈的主观性（史本山和文忠平，1996）。

　　一个理想的同行评议系统应满足下述要求：不太紧缺的资源、无私的决策群体、宽广的专家选择范围、单一的学科和单一的价值准则。同行评议在20世纪60～70年代曾经起到十分有效的作用，但在竞争性经费申请的环境下，随着科学技术发展速度的提升和规模的扩大，以及学科交叉融合等复杂因素的出现，同行评议也面临诸如关系网引发的利益冲突、分学科管理造成的学科壁垒问题。除此以外，还有匿名评审造成的难以杜绝的剽窃行为等问题（李强等，2017）。

　　同行评议适用于对有着多种投入、海量数据、复杂模型、多重假设的科技知识体系的评估或者是基于已有的信息不确定性问题进行最专业的判断，而且该问题有着巨大的、潜在的经济社会效益，抑或这是一项新颖的、有争议的乃至涉及跨部门利益的开创性工作（Science and Technology Policy Council，2015）。显然，技术的评价属于这类科学知识，专家的同行评议非常有必要。

　　由于同行评议本身是一种主观的定性评价，因而不可避免有其系统缺陷，如马太效应、权威效应等。因此，首先，选择适当的实施方式十分重要。例如网络调查有成本低、开支少、保密性好的特点，能够较好地避免人情干扰，而且专家能够有较充裕的时间进行考量，不受从众心理和权威效应的干扰，能够更真实和充分地表达意见。其次，要选择适当的同行专家。在评价实践中可以选择"大同行"，即研究领域与决策问题相近的专家，以及"小同行"，即研究领域与决策问题相同或类似的专家，尤其是涉及多学科前沿问题（面临当今技术发展交叉融合、群体跃进的新形势），真正对技术有较深了解和研究的专家很少的话，则应该将相关学科的专家尽量包括进来。在遴选专家时，还应注意选择活跃在第一线从事研究工作的一流专家，因为他们能对同专业的研究机构、人员和成果的科研实力、学术水平、科学价值、技术难度等做出客观、准确的判断。除此之外，遴选专家时还应注意不同区域、不同机构、不同学术观点的兼顾，对涉及产业化及研究预算的评估，还应该请经济专家、财务专家及管理人员等参加。为确保同行评议的公正性，即决策的科学性，应注意回避与决策问题有利益关系的专家，并定期轮换、注意保密（李强等，2017）。为避免专家评议时的主观性和随意性，应当明确决策问题的评价标准，为此可以拟定条款对评价标准做出说明，也可以给出明确的指标体系请专家进行量化打分（刘鲁宁，2007）。

同时，为了弥补同行评议方法在科学技术评价中的不足，在实际应用过程中，可以对同行评议方法进行改进和完善，包括以下几方面的内容。

（1）建立同行评议专家资格审查制度是保证同行评议有效性的基本前提，包括确定专家遴选标准、同行或单位推荐、专家基本情况登记、专家资格审查、专家公示、专家入库。

（2）建立同行评议专家库，为评价活动提供充足的、符合要求的专家人选。根据评价的需要确定专家数量规模、专家信息的完整性、专家信息的动态跟踪与更新、专家评议信息记录、专家库定期评估与动态更新制度、专家公示（尤其是评价委员会和专家组成员）、专家库共享机制。

为了保障推荐同行评议专家的有效性，让领域研究组推荐专家时，应为其提供专家遴选的标准。例如，对我国第六次国家技术预测技术竞争评价阶段的"小同行"评价专家的遴选提出了相关的标准，供领域研究组推荐专家时作为参考。举例如下：

专家组遴选要求

参与调查的专家应由政府、科研机构、产业界的高层次专家组成。

（1）政府专家应符合以下条件：从事科技创新政策研究、战略规划制定、项目管理等工作十年以上，拥有丰富的科技管理、研究工作经验。

（2）科研机构专家应符合以下条件之一：①具有副高级及以上职称，在相关领域工作五年以上；②作为负责人承担过中央财政支持的科技计划（专项、基金）项目（课题）或是国家科学技术奖励获得者；③作为第一作者或通讯作者，在核心期刊目录中发表过领域代表性论文；④在主要国际学术组织中任中高级职务，或参与国际标准的制修订。

（3）产业界专家应符合以下条件之一：①科技型上市公司的技术总监或技术骨干；②规模以上国家高新技术企业（2017年企业产值在3000万元以上）的技术总监或技术骨干；③国家高新技术企业的技术总监；④国家级创新型（试点）企业、国家高新技术企业、行业骨干企业、转制院所等企业的高级管理人员；⑤国家级高新区管委会、国家农业科技园区管委会及其联盟、创业服务机构、行业协会（学会）、产业技术创新战略联盟及科技类社会组织等的高级管理人员。

海外专家原则上应当在本领域知名高等学校、科研院所或企业任职，或在国际科技组织担任高级职务，或获得本领域国际大奖，在学术界较为活跃。

在此基础上，充分考虑领域研究组专家的推荐，让科技管理部门专业司对专家推荐名单进行把关，适当补充推荐专家人选，提高专家评价的客观、公正和科学性。

一般来说，通过"小同行"打分的形式是比较常用的评价手段。评分法适用于评估指标无法用统一的量纲进行定量分析的场合，采用无量纲的分数进行评估（冯秀珍等，2011）。首先根据评估对象的具体情况和特征选定评估内容项，针对每个评估内容项分别制定评估标准，用分值表示这些等级标准的含义。然后依据标准对评估对象进行分析和评估，评定各内容选项的分值。最后经过一定的运算求出各方案的总分和平均分，以此判断技术水平的位势。

综合评分法的步骤如下：

（1）确定评估技术，即哪些指标采取此法进行评估。

（2）制定评估等级和标准。先制定各项评估指标统一的评估等级或分值范围，然后制定每项评估指标每个等级的标准，以便打分时把握。这项标准一般是定性与定量相结合，可以定量为主，也可以定性为主，根据具体情况而定。

（3）制定评分表。内容包括所有的评估指标及其等级区分和打分形式。

（4）根据指标和等级评出分数值。评估者收集与指标相关的资料，给评估对象打分，填入表格。打分的方法一般是：先对某项指标做出等级判断，然后进一步细化，在这个等级的分数范围内打上一个具体分。这时往往要对不同评估对象进行横向比较。

（5）数据处理和评估。确定各单项评估指标得分，计算各族的综合评分和评估对象的总评分，评估结果的运用。将各评估对象的综合评分按原先确定的评估目的予以运用。

综合评分法的优点是科学、可量化，主要特征是引入权值的概念，评估指标结果更具科学性，能够发挥评估指标专家的作用，有效防止不正当行为。主要缺点包括：评估指标因素及其权重难以合理界定；评估指标专家组成员属于临时抽调性质，在短时间内很难充分熟悉被评估的技术资料，难以全面正确地把握评估因素及其权重。

如何评估这些技术？

第十三章　技术预测调查

当前，全球竞争激烈，在考量国家发展与资源有效分配使用的条件下，国家应先对科技领域的发展目标及优先顺序进行规划，通过技术创新与前瞻政策的实施，增强国家全球竞争力。从国家层面来讲，国家技术预测的开展可以促进有效分配有限的国家研发资源，聚焦于未来可行性高且具有竞争力的领域。更重要的是，可以促进国家创新系统的联结性和效率提升，构建创新体系中的科学技术的发现者、发明者、发展者之间的互动网络，提升联结、沟通与合作的效率，以此改善与提升现有国家创新系统内政、产、学、研之间的互动关系。当然，技术预测的目的之一是形成对国家未来技术发展的共识。国家技术预测的运作，实现愿景需求、技术评价、预测调查、技术选择、路线图的流程优化，目的就在于强化产业界、科技界和政府部门之间的交流、互动、讨论和理解，增进对国家科技基础竞争力、优劣势、国际技术威胁的了解，作为国家科技决策的重要依据，并塑造全国对未来技术、机会和战略的共有认知。

第一节　预测需要利益相关者的共识

从技术社会形成理论的角度来看，技术预测是相关社会群体共同参与的社会过程（Jørgensen et al.，2009），这与早期的预测活动不同，传统预测活动是技术专家用系统的方法探索未来的趋势。近年来，技术预测活动强调不同利益相关者的参与，参与式预测活动在世界范围内得到广泛支持和采用。参与式预测为将来的集体研究建立了对话机制（Faucheux & Hue，2001），并通过扩大参与范围来建立对未来技术的信任和承诺（Loveridge & Street，2005）。但是，参与者人数的增加也将引发其他问题，这是因为小组决策中的不同利益相关者对问题的重要性有着不同的理解，并受其知识结构、研判水平、个人偏好以及信息不确定性、多样性、模糊性等诸多因素的影响（张桂清，2011）。取得问题的共识是技术预测的重要目标之一（Martin & Irvine，1989；简兆权和柳仪，2014）。如何使不同利益相关者就技术预测的内容及其他方面达成一致，即取得共识具有重要意义（Saunders，1985）。

一般来说，取得共识有三个先决条件：①适当的问题定义；②有效的协商结构；③利益相关者的参与动机（Saunders，1985）。最终共同组合形成一个以多相关者参与及共识形成为中心的整合性架构。

每个技术预测都会有特定的目标，设定特定的议题，解决特定的问题，这是整个技术预测的起点。经由不同相关者的参与后，才会进入预测流程。预测流程可能的起始点是强调创新与创意、专业及分析或前述二者的综合，在进行的过程中，不同群体经讨论、分析、互动，最后达成关于美好未来的共识并构建人际网络。总体上说，不同的利益相关者、参与者落实预测的结论，并且保持关注，与未来的愿景需求和技术发展的趋势做因应的监测分析，评估实施过程中可能发生的新议题，作为下一轮技术预测需要解决的问题，这个循环持续进行。在这个过程中，不同群体不断调整行动，建立新的共识与规范，共同促成美好愿景的实现。

技术预测是一个议题导向的活动，是为了创新系统的特定议题而启动的流程。一般来说，国家层面技术预测议题的主体为国家创新系统（Martin & Johnston，1999），主要解决国家创新系统长期面临的类似系统失灵问题、效率不高问题等，参与主体也就是创新系统的重要主体。其他层次的预测也是从不同观点处理创新系统的议题，如 Gertler 和 Wolfe（2004）及 Cariola 和 Rolfo（2004）均是从区域层次观点说明预测议题的内容。技术预测需要为研发资源的部署列出优先顺序，对多相关者参与所带来的多重观点做系统性分析，收敛不同的利益相关者在技术发展初期的分歧。同时，形成新的人际网络，达成共识，顺利完成技术预测过程。更重要的是，得到不同利益相关者的支持、承诺与配合，有利于增强预测支撑下的决策执行效果。也就是说，经由多利益相关者的参与学习，才能确保政策制定的完整性，增强社会的反应能力，以回应技术快速进步及全球化的演变。

预测过程是预测研究的重点，也是预测产生的价值所在。预测过程是实际进行分析、讨论、意见整合、建立共识、建立人际网络的过程，这也意味着需要有一个良好的组织架构和方法体系。不同的相关参与者在预测过程中的路径并不相同，但是其终极追求的是对执行方案具有共识的人际网络，而在这个过程中，不同相关者通过互动及调整，朝该目标推进。因而，预测的分析流程可从不同的角度进行。一个是从专业及分析的角度，以实际数据、模型、专家意见等不同方式对未来进行推演，建立模型模拟未来的发展，这需要高度的专业及分析能力；另一个未来分析角度，是从创新与创意的角度，以规范性思维或群体讨论的方法，探讨未来的可能性；还有其他的角度，包括公众的参与，提出切合自身的未来技术需求等。不同的预测可以选择不同的角度，但从国家层面来说，预测应充分考虑不同利益相关者的参与，方法组合可以回应新形势的变化而变化，整个过程也不一定为直线，可能迂回进行，经由讨论凝聚相关者共识及网络。在这个过程中，预测的主要焦点是对未来的分析及现在应该采取的行动。因此随着分析的进行及共识的形成，预测活动会寻求下一个不同阶段的答案，并继续往下一个阶段行进。预测必须在利益相关者心中建立共识的内容：①可能的未来。未来的发展有哪些可能性？②有利的未来。哪些可能性是对整个社会较为有利的？③偏好的未来。考量不同利益相关者的偏好，哪些可能性是较希望发生的？④现在行动方案。现在要采取哪些行动方案，才能促使偏好的未来在将来实现？⑤落实及推广。要如何进行推广，才能让不同利益相关者都采取前述的适当的行动方案？

技术预测除了支撑科技规划外，还强调行动的推动及落实，行动方案的导入被视为预测绩效的重要指标。预测的执行，除了影响政府科技政策外，还强调不同利益相关者的同时推动。预测不只是政府资源的分配才能塑造共同的未来，在执行中或执行后，伴随不同相关者的参与互动，以及针对科技发展或社会需要或竞争需要，还会产生一些新的议题或是原本没有考虑到的情况。

追求共识当然并非消除差异。对差异的分析实际上也需要重视，最好能专责组织开展此工作，对实际与理想之间的差异的原因进行分析，是因为哪个环节出现了问题，还是选择的评价对象或是选择的参与专家群体并不能反映整个技术趋势或专家群体的代表性。从推动预测的整个社会体系来看，会将执行的新议题与原本描述所偏好的未来进行比较，如果差异太大，就需要循环回最初的议题，再进行另一循环的预测。

第二节 调查收敛专家意见

预测者不可避免地要受到他们生活于其中的环境以及他们自己所积累的经验的制约，因此，存在把未来看作是过去的延续这样一种自然的倾向。在很多情况下，特别是在短期内，这种倾向为预测者的预测提供了一个合适的基础。但是过分强调由过去进行外推，可能导致把注意力只集中在现有的、有意义的技术和参数，从而容易忽视新的技术和正在形成的趋势。对以前的预测提出的批评常常是：这些预测缺乏足够的想象力。反过来，一些更具推测性的脚本却缺少详细的分析和支持这些分析的数据。但总的来说，理想的情况是：一项预测获得的出发点应引导人们从各方面设想并认识事物演变的力量和新技术出现的机会，从而使预测者可以用定性的语言说明他应当预测什么（哈里·琼尼和卜里安·特惠斯，1984）。

一般预测方法都是以客观数据和重复法来代替主观判断的。但是，有几种情形用通常传统的客观数据、趋势外推的方法是无法满足的。其一是缺少历史数据。进行技术预测通常是对技术未来发展的趋势判断，由于适用趋势分析的历史资料事实上并不存在，或者并非通过公开渠道能获取的资料，或者虽然有相关数据，但在处理过程中耗费极大，只能借助专家判断来预测未来。其二是理论方面的考虑。外部因素的影响要比决定原先科技发展的因素更加重要。这些外部因素存在多元、复杂且相互关联的因果关系，其间的任意因素发生变化，都会对预测结果产生影响。其三是社会政治因素。技术发展不仅仅涉及技术和经济因素，尤其是一些新兴技术的出现与发展，还存在明显的社会、文化、政治与伦理上的因素。其四是专家个人因素。专家本身的决策行为就会影响技术预测结果，如专家决策意见对技术的发展或是消费者意愿的影响等。

假若需要专家意见的话，应该如何征求意见呢？专家意见可以由几位专家提出，因为两个人的智慧总比一个人的智慧强。在一群专家里面，个人偏见能够在一定程度上得到缓解，某一个人的智慧可以弥补另一个人的不足。

专家会议或利益相关者座谈是常见的技术预测方法。专家会议的第一个优点就是参与人多，因此集体得来的信息至少要比个人得来的多。即使个人知道的信息要比其他所有人知道的信息加在一起还要多，也不能减少集体所得来的信息的价值，而且其他人仍然还在提供有用的信息。如果这个集体所选择的人都是这方面的专家，那么，这个集体所得到的全部信息可能要比任何个人所掌握的信息多好几倍。专家会议的第二个优点是，集体所考虑的因素数量不次于个人所考虑的。研究发现，凡是有缺陷的预测，其中一个通病都是没有考虑到预测的除科学技术以外的重要因素，从长远来看，这些因素要比科学技术的内部因素更加重要。

一、专家会议有明显的缺点

第一，集体得来的错误信息同个人一样多。我们的设想是可以通过集体的方式使个人的错误信息能够为他人的正确信息所修正，但这种方式无法得到保证。

第二，集体往往对个人形成压力，即使多数意见是错误的，也是少数人服从多数人，这一点在进行集体预测时特别突出。新的真知灼见通常意味着要改变已被公认的观点，因此支持新观点的人在专家会议上会处于少数地位。在面对大多数人联合反对的情况下，坚持这一意见需要巨大的勇气和坚韧的精神。Asch（1955）通过一系列的实验证明，少数派在面临这种情形时，或者会被多数派所说服，或者至少会在公开场合隐藏自己的观点。这样的会议过程实际上是抑制了新的也许是非正统思想的产生，而忽略了其内在价值。但正是这些新见解常常对预测有极大的帮助，虽然现在还是一个非共识性的方向，但可能在不久的将来会得到证实。在很多情况下，迫于集体的无形压力，个人不得不放弃正确意见。与此相对应的是，集体有时候一方面对权威产生崇拜，在面对面的会议上，夹杂着对权威者意见的重视，而压抑自己的意见；另一方面容易受到个别有势力人物的影响，这类专家积极参与辩论，强行通过个人看法或施加各种手段破坏集体的缜密研究。

第三，集体往往强调妥协。如果会议主持人在集体会议时处理不当，集体讨论还会带来无休止的争论，甚至还会出现大喊大叫的少数派强行压倒多数来推行其貌似正确的意见的现象。技术预测涉及未来技术发展的优先选择问题，因此在集体成员中，如果有人的利害与某一观点有关时，他往往会试图极力说服其余成员，而不考虑结论是否正确，不接受正确合理的意见和事实。

第四，我们不能排除整个集体有时也会具有同样的偏见。原因是他们所掌握的文化知识相同，而且共同的偏见会使集体防止偏见的优点化为泡影。

第五，专家的选择缺乏代表性。出席会议的人可能不包括所有有关领域的代表。这可能是因为在召集会议之前并没有认识到某一领域的知识会对解决整个问题有所贡献。在实际操作过程中，真的要让合适的专家都能出席会议，实际上是有困难的。

第六，涉及专家本身的特质。例如，那些口头表达能力强的人能简明而有说服力地陈述自己的观点，但这并不反映他们所表达的意见的内在价值；那些表达能力较差或沉默寡言的人却可能掌握更多更有力的论据，但由于他们不能令人信服地表达出来而使这些观点得不到充分的阐述。大多数人不愿公开地改变其原先在会议上发表过的意见。这样，尽管他们可能已经倾向于接受相反的观点，但仍然固执地坚持原先的立场而不愿公开地承认他们也许是错的。

二、德尔菲法帮助收敛专家意见

在 20 世纪发展形成的正式预测方法诞生之前，关于未来的言语主张总是主观的，这就得取决于圣人或先知的远见和洞察力。他们经常祈祷超自然的启示，这时候的预测往往有政治意图。这些预测的特点是措辞模糊，便于根据不同结果进行不同的解释，从而提高预测的可信度。长周期预测往往超出了先知同代人的记忆或生命时期，因此不可能挑战这些预言。我们学习这些先知的名言，不是因为他们是预言家，而是因为他们善于运用预测艺术。但是我们必须保持警惕，因为在科学方法的框架下，我们常常能在现代预测中找到类似的特征，特别是在缺乏客观数据的情形下，主观判断又必须发挥重要作用的场合。

由于人类知识总量的爆炸式增长，知识趋向专业化。即使在某一科技领域，通晓所有知识的专家也不太可能存在。但这不是唯一的问题。在技术预测方面，如前所说，我们不能就技术讨论技术，而是必须扩大考虑范围，包括经济学、政治学、社会学等许多相关领域，每个领域都有一大批精通专业的专家。系统预测就是把专家们组织起来，使得这些专家能在更大范围内进行预测。预测者必须确定知识的来源，充分利用这些知识和专家的判断，以便他们的预测能够反映不同领域之间各种复杂的相互关系。

如何获取专家集体智慧，就成为技术预测所要考虑的关键问题。与上一节所说的面对面的技术预测专家会议不同，一方面，要尽量做到形式上不需要面对面，专家不具名；另一方面，可以进行不断重复有控制的反馈，对凝聚了集体智慧的答复能做出有效统计。也就是说，方法的使用不仅要发挥集体的优点，同样还要克服集体专家会议的缺点。

德尔菲法作为征求专家集体意见的一种手段应运而生。Linstone 和 Turoff（2002）定义德尔菲法是一种用于团体问题结构化的方法。更重要的是，德尔菲法可以用来帮助团体达成意见一致（Westbrook，1997）。在德尔菲预测调查程序中，集体成员通常不知道集体的其他成员，集体成员的交互往往通过不具名的调查表形式体现。这样就可以避免大家了解到某项意见是哪一个具体人做出的，从而使大家无论是坚持己见还是修改个人意见，都不至于公之于众。此外，没有了权威意见的面对面约束，就可以做到发表意见时就事论事，而没有其他顾虑。集体交互是通过调查表的答复进行的。集体协调人从调查表中归纳的信息仅与问题有关，集体成员可以不受夸夸其谈和无休无止的争论、申辩之苦。任何意见都可以借助调查表的意见反馈向集体提出，不至于喋喋不休地一味要压倒不同意见。这种有控制的反馈目的在于防止集体各行其是。一般来说，集体得出的预测仅概括了大多数的意见，它仅仅代表集体中大多数人所同意的观点，而不可能表现出集体中间的意见分歧程度。所以，集体对某一个问题的答复是用统计方法表示的，用集体意见的中点和中点周围的分布来说明。德尔菲法的具体流程、注意事项与统计应用等问题，我们将在本部分第十五章中进行详细阐述。

第三节　德尔菲法成为主要预测方法

正因为德尔菲法具有一般专家判断方法所不具有的优势，即能充分发挥集体的优点和克服集体的缺点，开展技术预测的一些主流国家，如日本、德国、韩国等，都将德尔菲法作为技术预测专家调查的核心方法，并不断调整优化。

一、日本德尔菲技术预测调查经验

日本的技术预测最早始于 1971 年的"技术预测调查"项目，该项目就未来 15～30 年各个领域的科技发展方向进行技术预测，为未来的科技发展提供了新方向和新目标。20 世纪 70～80 年代的技术预测调查以科学技术的发展为视角，描绘了一个通过科学技术实现舒适、方便和安全的社会。20 世纪 90 年代，社会主题设定为老龄化和全球环境问题等，科学技术逐步应用于解决社会问题和社会需求。自 2000 年以来，科学技术与社会的关系在政策制定中越来越受到重视，例如研发投资回馈社会将有助于解决社会问题等都成为重点内容。

第 11 次技术预测的调查范围主要包括健康·医疗·生命科学、农林水产·食品·生物技术、环境·资源·能源、信息与通信技术·分析·服务、材料·设备·工艺、城市·建筑·土木·交通、宇宙·海洋·地球·基础科学七大领域 702 个专题（图 13-1）。2019 年 11 月，日本 NISTEP 发布了《第 11 次科技预测调查综合报告》，此次调查以 2040 年为目标，绘制了科学技术发展下社会的未来图景。第 11 次技术预测主要围绕科学技术重要度、国际竞争力、实现时间和政策支持开展了两轮德尔菲问卷调查，第一轮参与的专家有 6697 名，第二轮参与的专家有 5352 名。第二轮调查已经持续了两年，分别对 2030 年、2040 年、2050 年的场景进行了愿景规划。

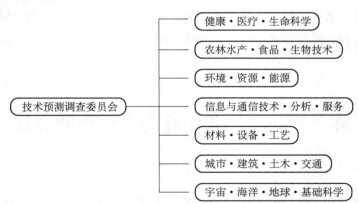

图 13-1　日本第 11 次技术预测的调查范围
资料来源：根据 2019 年发布的《第 11 次科技预测调查综合报告》（速报版）

在德尔菲调查中，调查组设立了一个专门的技术预测调查委员会，主要把握技术预测的整体情况。此外，还针对每个研究领域设立了 7 个小组委员会，每个领域下设 7～17 个细分领域，每个细分领域包含 10～20 个主题，共确定了 702 个专题。然后，使用人工智能相关技术（机器学习和自然语言处理）对 702 个专题进行分层聚类分析，建立了 32 个科技专题集群，对专题集群进行了定量和定性分析。最终将上述成果与专家判断相结合，提取了 8 个跨学科、强交叉的特定技术（表 13-1）。最后，针对每个主题的实现时间（技术实现和社会实施）、重要性、国际竞争力和相关政策支持进行问卷调查，征集各领域专家对于科技发展的预测，从而总结归纳出科学技术的未来愿景。

表 13-1　日本第 11 次技术预测跨学科交叉领域特定技术

序号	领域名称
1	解决适应社会和经济发展变化的社会问题
2	以实现精准医学为目标的新一代生物监测和生物工程
3	利用先进的测量技术和信息科学工具分析原子与分子水平
4	新结构、新功能材料和制造系统的开发
5	彻底改变 ICT 的电子和量子设备
6	利用空间监测全球环境和资源
7	促进循环经济的科学技术
8	自然灾害的先进观测和预测技术

资料来源：根据 2019 年发布的《第 11 次科技预测调查综合报告》整理

调查组结合科学技术和社会发展趋势一揽子报告（第一步）、社会未来愿景（第二步）和科学技术未来愿景（第三步），为构建科学技术发展和社会未来图景提出基本场景，为制定包括《第六期科学技术基本计划》在内的战略计划做准备。目标是把社会未来愿景和科学技术未来愿景结合起来，通过科学技术发展推动实现日本社会的未来图景（王达，2020）。

二、德国德尔菲技术预测调查研究

德国联邦研究技术部（1998 年更名为德国联邦教育与研究部）的一项重要任务是，通过德国工业界、科学界和国家之间的战略对话讨论未来的技术发展与变化问题。受联邦研究技术部委托，德国 ISI 与日本 NISTEP 合作，采用德尔菲法，预测了 20 世纪末到 21 世纪初德国的科学技术发展（Breiner et al, 1994）。这次调查始于 1991 年 12 月，于 1993 年 5 月结束，历时一年半。1993 年 8 月，公开发表了《德国发展科学和技术的德尔菲报告》。

德国的德尔菲调查原则上是按照日本调查的标准和方法进行的，因为日本运用德尔菲法取得了很大成绩，拥有十分丰富的经验。德国学习日本的做法，成立了技术预测委员会。委员会由高等院校、工业界的代表和国家机构的负责人组成。委员会确定调查范围及调查流程，对调查、分析调查结果与发表调查结果负责。委员会下设专业委员会，每个专业委员会均由 11 位专家组成，负责处理自己专业技术领域的问题、选题与内容分析。

（一）专家的选择及范围

德国的德尔菲调查对象是高等院校、经济界、非营利性的私人机构和高等院校之外的国家机构的专家。选择科学领域的专家的重要资料来源是《德国教学和科研机构手册》。当时，德国经济为其高出口配额而自豪，德国市场对国际竞争对手开放，其本身也是影响深远的创新竞争中心。然而，许多问题领域仍然存在，并对经济提出了严格的要求，确定优先事项、分配财政资源和德国研究与发展的战略方向受到挑战。这个手册汇总了大约 12 000 个德国教学和科研机构的有关信息，如专业、研究领域、负责人和主要科研人员的姓名等。选择经济界的专家的重要资料来源是德国《大中型企业手册》，该手册包含有大约 47 400 家德国企业的有关信息。选择私人机构的专家标准是专家必须在私人机构中从事研究与开发工作。

在德尔菲调查的开始一轮，总计向 3080 位专家寄出 6216 份调查表。在这 3080 位专家中，来自高等院校的占 40%，来自经济界的占 35%，来自高等院校之外的国家机构的占 15%，来自非营利性私人机构的占 10%。

（二）专业领域划分

德国发展科学和技术的德尔菲调查结构与日本第五次技术预测的结构是一样的。1990～1992 年，日本 NISTEP 和未来技术研究所受日本科学和技术主管部门委托，进行了日本第五次技术预测。日本技术预测调查组在日本调查了 16 个专业领域的 1150 个问题，德国技术预测调查组在德国调查了同样 16 个专业领域的 1147 个问题，分属材料与工艺技术、电子与信息技术、生物科学、核能和粒子物理、海洋和地质科学、原材料与水资源、能源生态和环境技术、农林渔业、生产、城市规划建筑与建筑业、通信技术、航天、交通、医学与社会、文化与技术 16 个专业领域，其中最重要的课题有 164 项。

德国借德尔菲调查之际，将德国、日本两国的研究开发水平进行比较。综合而论，德国和日本的研究开发水平除了在核能和粒子物理、生物科学、海洋和地质科学、医学与社会、文化与技术等方面有微小差异外，在其他专业领域大致相同。根据预测结果，德国在能源生态和环境技术、原材料和水资源、城市规划建筑与建筑业、农林渔业以及交通领域居领先地位，在与基础设施有关的专业领域德国亦位居前列。

由于专业领域各具特点，单纯依靠平均值确定主要高新技术项目显然不妥，因此德国选择拟定了几个有代表性又较为直观的情景方案供分析使用，如脑研究、毫微领域的微观结构、癌症研究、阿尔茨海默病、生态技术、可再生能源等。前两者属于典型的研究问题，后面是临床医学问题和环境、能源与气候问题。这几个情景方案的设计提供了示范作用。这些例子表明，它们既可以有针对性地为政府部门提供战略支撑，也可以为私人经济的革新战略提供意见，就此而言，这些综合性情景方案的意义比单纯按16个专业领域开展单项德尔菲调查预测要大得多。除个别情况外，这些情景方案都是可操作的、符合逻辑的、有明确时间概念且可信的。

德国德尔菲调查报告内容广泛，其中包括技术政策建议、研究开发管理建议和后续项目建议等，同时还有对调查后所得数据的详细分析，这些都为进一步把预测结果深化为发展纲要奠定了基础。报告的主体部分包括三章：第一章主要阐述科研政策问题和介绍德尔菲法；第二章对与日本的横向比较做一般性介绍，同时从专业领域平均值的角度阐述了征询结果；第三章按专业分类详细介绍了各个专业领域的具体预测结果，同时包括未来科技发展的主要障碍与详细数据资料。各专业的数据资料均采用相同格式，包括以下内容：专业领域涉及范围、参加的专家及专业资历介绍、实现目标的时间、实现目标的障碍、国际合作的必要性、德国在该领域的研究和开发水平、主要观点与展望、具体成果等。

应该肯定的是，作为一项较理想的预测手段，德尔菲法对德国科技发展起到了积极的宣传与推动作用，绝大部分成果是可靠并有说服力的。另外，预测过程中所收集的大量数据也为进一步深入研究和分析，以及与日本进行更加详细的比较提供了良好条件。德国政府、科技和工业界以及社会舆论对德尔菲调查普遍欢迎和重视，随着成果的公布，德尔菲法名声大噪，举国上下掀起了一股关心和讨论未来科技发展与关键技术的热潮。

第十四章　调查技术清单的凝练

技术预测是对所遴选的技术进行分析、评价，进而排出优先序，并以此作为科技决策的重要参考，因此选择适合未来愿景需求、符合技术发展趋势、考虑现实基础的调查技术清单尤为关键。好的技术清单，上承国家战略需求，下启规划计划项目，是预测调查、关键技术选择等后续预测阶段的共同分析基础。在做法上，不仅要遵循由需求来衍生供给的原则，还要充分认识技术变革趋势和国家既有技术基础，以此认定能够满足上述要求的相关技术项目，归类整理成预测技术清单。接下来的关键问题是：有了被评价的技术，如何评价？谁来评价？既要考虑在适当的成本、资源投入情况下，能够通过预测调查尽量获取有价值的数据信息，还要考虑到参与调查专家的代表性，以及可能产生的主观偏差问题。

第一节　关键技术清单来源

关于技术清单来源，主要回答以下三个问题。

一、愿景需求

我们首先需要根据第二部分愿景需求所认定的各种情景的机会点与威胁点，以认定不同情景下的国家技术需求。此时的国家技术需求包括在每个情景中所有对国家经济、社会发展有价值的关键因素，以及所有对国家技术竞争、安全具有利益竞争的突破口。国家技术需求可以从国家的愿景使命、战略性意图乃至未来的决策焦点出发，再配合个别愿景情景的机会点与威胁点认定。至于常见的国家战略需求的认定，可以从国家、公众、世界三个维度来考量。从国家层面来看，一方面，国家经济社会发展需要依赖核心技术来形成产业核心竞争优势，同时，新兴产业更需要科技的支撑来抢占未来世界经济发展先机；另一方面，作为大国经济，庞大经济规模得以高效运行有赖于能源与基础设施的双重保障。从公众层面来看，国家战略需求更多地体现为社会公共服务与保障体系的完善，以及生态环境与民生科技的发展。从世界层面来看，更多体现为构建多层次、多渠道、全方位的国家安全保障，占领重大基础前沿和战略高技术高地，同时，提升对国际事务的协调能力以及中华文化的感召力。不同的需求下会形成未来发展的初步发展情景，参考可能存在的威胁点和机会点，遴选出对应的技术清单。实际上也就是回答决策层的问题：我国迫切需要什么？

二、技术趋势

对未来的技术或整体技术领域的发展趋势进行判断，也符合 Irvine 和 Martin（1984）所定义的技术预测，即有系统地进行中长期科技发展规划，或所谓的国家层级、整体性的科技战略规划。对技术发展趋势的判断，实际上是对技术供给侧的阐释，通过监测、扫描，结合论文、专利等客观数据分析解读，找出各界对于长期科技发展趋势具有较好共识的愿景。这一点技术预测专家更加擅长，他们往往是技术工作者，他们所学的乃至擅长的，主要是在技术方面，因此他们首先关心的是技术潜力，对本领域、自己熟悉的技术发展方向会有趋势性的研判。这同样也是决策者所想了解的问题：未来的技术发展趋势是怎样的？

三、技术评价

技术评价最主要的是对现有技术发展水平的检视，目的是了解国家所处的位势以及优势与短板，因此，其议题导向特性十分明确，自然也不可避免地具有政策意涵。技术评价的一个重要精神是事前预警，所以焦点科技所可能衍生的潜在影响均属于讨论的范围，而非只局限于特定科技计划本身所设定的关键技术、已取得的绩效与预期成效。从国家层面来看，对既有技术项目发展水平的评价，从微观具体技术"小处着手"，"大处着眼"审视宏观整体水平，为的是进一步审视科技发展现状，这种检验需要放在国际技术竞争的大背景之中，从技术发展趋势、技术发展水平、技术源头积累、技术发展阶段等不同维度比较分析，才会产生效果。愿景需求塑造的是一个未来的"新世界"，我们要遵循世界的技术发展趋势，紧跟技术变革的潮流，但也需要正视各种正负影响，兼顾了解技术发展与经济、社会、文化等层面的复杂互动过程中的技术竞争议题，未雨绸缪，这也符合技术评价的真正精神与功能。这里实际上回应的是决策层关心的问题：我们国家的技术"家底"如何？

在上述三个环节中，对愿景需求的分析，有助于凝练需要解决的重大问题，结合对各国的预测研究成果与相关资料的扫描，以及领域技术专家的讨论，整理未来技术发展趋势，并通过专家成员的评估筛选，收敛出关键的技术清单。广泛吸纳各方意见时，不免发生相似的技术项目重复出现，或是技术项目超越资源投入限制等情况，为提升技术领域研究组的评估效率，必须先将技术项目归类，形成"关键技术—子领域—领域"的技术层级架构，将所有技术加以分类并进行评估。关键技术到子领域、领域的收敛过程主要通过专家讨论进行，先筛选不符合条件的技术项目，再将具有相同性质的技术项目收敛成同一群组，并将群组以子领域的形式命名。这种自下而上的操作方法在收集、梳理、凝练技术清单过程中比较有弹性，也可以减少遗珠之憾发生的可能。

第二节　预测调查问卷设计

一、问题的形式

预测调查问卷的设计取决于技术预测的目的，其中问题的形式和内容取决于被预测领域的特性。可按照等级图进行排列，先列出大范围的问题，再列出小范围的问题。

预测调查问卷应附一份说明书，在说明书中说明调查目的、表格结构填写顺序和方法（可以举例说明）。在进行初次调查时，还应附有指导性的函件；进行再次调查时，应把有争议的问题列入调查表内，并附上能启发专家思维的素材资料。对调查问卷的要求与通常意义上的调查问卷要求类似：采用通俗的术语、必须避免概念上的多义性、逻辑上要符合预测对象的结构等。

根据问题的形式制定填写调查表的程序。专家应该评审的问题分为以下三类。

第一类是需要定量评审的问题。例如，技术实现产业化的时间、预测参数的量值、事件的完成率、各种因素的互相影响程度。对于这类问题的调查表，填写程序最简单。由熟悉预测对象的预测者自己在调查表上填写评审参数值、概率和预测时期。至于定量参数值（如时间和特征参数等）的标度问题，最好采用不连续的标度，其不连续的程度取决于预测误差与预测提前时间之间的关系。

第二类是要求以紧凑的形式回答的问题。包括三种形式：①析取范式，例如，"2020～2035年，哪一种技术对解决'三农'问题最为有效？"②合取范式，例如，"未来15年，下列因素中，哪些是制约我国科学技术发展的主要因素？"③内含范式，例如，"请着重指出，如果人们采用启发式的原理来对课题决策，则计算机的结构将发生列举的改变中的哪些改变？"

第三类是要求以扩张的形式回答的问题。分为两种形式：①对预测对象的情况用列表形式进行回答的问题，例如，"第六代移动通信具有哪些显著的特点？"②将肯定或否定的论据用列表形式进行回答的问题，例如，"在建立国家计算中心统一网络的问题上，您有哪些有利于计算技术发展的建议？"

在编制专家评审表时，必须确保含有下列内容：①对于所提出的问题必须有定量的回答；②论证依据的特点以及各种论据对所回答的问题的作用程度；③对课题范围内的知识程度的自我评议。

由于专家集体评审法要分几个阶段进行，所以在每张专家评审表中要增加解释其他专家意见的内容，可以事先将专家信息录入数据库，也可以在回答问卷过程中建议填表的专家推荐一两位对该课题比较专业的专家。

在专家评审表内应填写专家们的集体意见，以及专家们对每个具体问题的意见的一致程度。

专家们的集体意见内容和他们意见的一致程度，以及对集体评审意见的处理方法都因问题性质的不同而异，这些应在问题叙述前的前言部分中加以说明。

在前言中，应以通俗易懂的语言说明调查的目的，对其中最重要的问题要进行适当的强调。为了使被咨询者重视所提的问题，就要让他们明白他们的回答将对决策起到决定性作用。

对前言之后的某些问题，要留出足够的空白位置，以方便咨询者填写所回答的内容。无论是书面提问还是口头提问，都要正确地排列问题和表达问题。特别需要注意的是，要把容易回答和容易引发兴趣的问题放在前面，将比较复杂的问题排列在中间，将难以回答的问题放在最后。

二、问题内容

对于问题提纲通常有很多争论，没有对所有情况都适用的规则。调查提纲的范围取决于课题内容，但是要考虑到有利于对资料的处理。此外，还要考虑到被咨询者的参与因素。当然，它与问题性质有关。

在文献资料中建议把评议内容归纳为下列几个方面：①对参与调查的技术的重要性进行评价；②对调查技术实现产业化、产生经济效益等的完成时间进行评价；③对各种科学技术决策、技术装备、任务等之间的比重（即相对关系）进行评价；④对在将来的某个时期内所能达到的技术发展水平进行评价，将各种可行性意见综合为一种意见；⑤对为了达到某个目标，将来需要完成某项事件的可能性或必要性进行评价。

在组织问题时，应该考虑到如何获得同类的以及可以相互比较的回答，以便在专家评议的最后阶段对评议资料进行数学处理及汇总。应当指出，各种问题中可能有一些不宜以问卷调查而应采用书面讨论的形式进行回答的。部分技术可能涉及国家安全、社会安全等因素，因此设计问题也应当采取相应层级的保密措施。

当然，无论是对一个问题还是对一组问题的评议，都要有专家的评议结论；在专家评审表中列出评审等级，由专家直接把评分填写在表内。

评分问题是专家咨询工作中的重要一环。评分等级取决于该技术的性质及其要求，一般采用1～5级制量表。

为了保证专家们对评分等级理解的一致性，需要对各等级标准进行详细说明，这是一项极其复杂的启发程序。它能使得各类专家在定量评审上的分歧乃是由观点不同引起的，而不是由对评分等级的理解不同引起的。

为了进行定性测量，需要建立几种等级表，并使各类意见在等级表内的排列顺序大致一致。说是大致的，表明各类意见在等级表内的分布十分接近，没有明显的数据差异。不过它虽然精度不高，但是可得出许多共性的东西。如果我们放大或缩小等级表（即使是在不同范围以不同的比例放大或者缩小），其排列顺序仍然不变。也就是说，标度可以放大或缩小，但排列的顺序不变。

当对各类关键技术进行专家评议时，专家对评分标准的理解很难得到统一

（不同专家的评分标准不可能完全一致），因此，用等级方法进行评议具有很大的优点。由于标度放大（或缩小），而排列顺序仍然不变，所以在将这些评议知识用于等级法时，就可能会克服这个缺点。

三、调查形式

信息技术的快速发展与网络联结的普及，使得实现网络在线的技术预测专家调查成为可能。网络问卷调查的优势是非常明显的。通过网络的形式进行问卷调查，成本低，信息传送速度快。重要的是没有时间和区域的限制，专家可以在固定的时间期限随时上网作答，避开时间差问题，方便进行跨区域调查工作。更重要的是，通过网络进行问卷调查，容易降低作答专家的戒备心和焦虑感，也不会因为和他人交换意见而对第三人的意见产生影响（Constant et al.，1996）。

当然，进行网络调查也有一些不足。例如，因为网络调查法完全依赖网络和信息科技，因此容易出现一些技术性问题，类似浏览器版本不一，不能正确显示调查问卷；或是对于文字编码要求不一，容易产生阅读障碍；等等。网络调查也会涉及一些目标对象人为因素的限制。例如，年长专家对于电脑使用的焦虑等、部分专家对于网络调查的经验等，都会导致作答时的偏差（Schuldt ＆ Totten，1994）。另外，问卷的主题是否吸引调查对象，以及调查对象对问卷难易程度的主观判断，都会影响调查专家的回答意愿（Goyder，1987）。

在线形式的德尔菲调查运用于技术预测领域的现象已经陆续出现在各国的技术预测活动中，如日本、德国等国家，韩国在 2001 年第三次技术预测计划中，也开始使用以网络为基础的线上问卷调查。Gordon 和 Pease（2006）提出了实时（real time）德尔菲的概念，强调其可以更有效率，并且减少执行过程中所需要的回合数量，加快收敛专家意见的速度。

第三节　预测专家组成

长期预测比较复杂，它的客观难度在于各种主要因素对事物发展特点的影响期限在 5 年、10 年甚至 15 年以上。只有当拥有能系统地提供可靠情报的信息源时，才能克服这种困难。这种信息源包括在所要研究的专业范围或其边缘学科范围内具有渊博知识的主要专家和专业人员。

将专家作为关键技术未来发展状况的信息源，是因为各部门的专家对技术的部分或全部解决方案具有一定的理解，能在决策意义上进行主观评价，通过自己所掌握的专业知识推测各种可能的发展方案。由于专家评估是专家对事物过去和现在发展过程的分析与概括，因此它是一种非固定方法，也称为启发式预测方法。这是一种与更大范围的科学、技术或生产领域的高级专家（或专业人员）进行系统协商的方法，以获取预测性评估数据并对其进行专门处理。预测专家的评估基于他们的专业经验和洞察力，反映了他们对事物发展前景的个人看法。启发式预测方法的任务是根据具有代表性的专家组系统地处理预测和评估数据，从而获得对预测对象的客观认识。将该方法称为启发式预测方法，是因为在解决科学问题和评估预测对象的发展前景时，专家的思维形式是相同的。

这种预测法基于以下理论假设：①专家们具有心理上的定向概念，即根据他们的职业经验和洞察力，以及使其具体化（资料具体化）的可能性，而构成对未来的定向概念；②对科学问题启发性预测决策过程的一致性，以及对要证实的内容用启发推理的形式可以得到同类型知识；③专家们所具有的独特的自然启发法乃是他们进行评议和采用人为启发法的基础；④以预测模式系统的形式适当反映预测对象发展趋势的可能性。

专家评议法乃是启发式预测法的一个方面，目前正以各种不同的形式被广泛采用。

一、专家评议

专家评议的基础是假设专家们具有专业技能和洞察力，即他们对某些问题的重要性、技术发展前景、各种事件的完成时间、技术发展路径的合理选择等具有可靠的评估能力。

在说明技术议题时，预测工作者必须说明预测问题是什么、预测对象是谁，以及预测目的是什么。如果它是为了提高科技管理部门对研发部署进行决策时的科学依据，这时的预测任务主要在于解决明确未来技术的重要性、技术实现的现实性和可能性、制约因素等问题。

启发式预测法的应用范围乃是不能对发展状况进行分析（无论是局部分析还是全部分析）的科学技术问题和事物，即难以对这些科学技术问题和事物建立适当的模型。预测内容包括技术的重要性、技术实现经济效益或社会效益的时间、预期产生的效果、技术实现的路径、制约因素、与国际水平的比较，等等。

技术预测中所采用的专家评议法分为个别评议法和集体评议法两种：个别评议法是由相应领域内的专家进行预测，不受同行业的其他人员的影响；集体评议法也是由相应领域内的专家进行预测，但是可以相互交换意见。

这两种预测方法的优缺点分别如下。

个别评议法的优点是可以最大化个体的能力，参与者的心理压力较小；缺点是不能充分发挥技术领域之间的互动作用，不适用于制定国家层面的总体战略。集体评议法的优点是专家可以交换意见，这很有启发性，他们可以在定义战略构想方面互相促进，在启发过程中能够获取内部和外部反馈；缺点是参与者的心理压力较大（如受到权威人士和大多数人的意见的影响，以及无法公开反对自己的观点等）。

专家个别评议法包括访谈法和分析法。专家集体评议法是小组评议方法，包括归纳法和德尔菲法。访谈法是预测者与专家交谈，在交谈中，预测组织方根据事先精心准备的提纲向专家询问有关预测对象的发展前景问题。这种方法的效果在很大程度上取决于受访专家针对各种重大问题就地得出结论的能力。通过访谈法可以对预测对象的发展趋势进行长期分析，并由专家对未来的情况和发展路径进行长期评估。

小组评议法是专家小组讨论预测对象的发展路径的一种方法。此时，尽管存在相互影响的因素，但专家们应该坚持自己的观点，并且不受其他专家的影响。当然，这是一种理想状态，现实中很难完全不受影响。

为了减少上述不利因素，可采用归纳法，因为归纳法不允许互相批评。

在采用各种专家评议法之前，必须仔细地研究预测对象。评估工作的成功与否，主要取决于制订专家预测实施方案的水平。访谈法是其中最简单的方法。专家判断中重要的一点，是正确选择预测者。拟订归纳法实施方案时的重要问题，乃是对专家们所集中的内容如何综合表达的问题。

德尔菲法要求预先拟订需要展开研究的预测课题，该课题又扩展出一批问题，经过处理后形成的统计结论就是预测工作的基础。

二、专家的选择

专家评议工作能否顺利进行，主要取决于专家咨询工作能否正确组织，技术预测中专家评议工作的重要阶段就是对专家的选择。各种专家评议法的不同特点将直接影响对专家的综合要求。

根据预测对象要求开展下列工作：①确定必须或希望专家参加的有关技术预测的课题；②把从事基础科学和应用科学的专家们分成若干小组；③确定高校、科研机构、企业及其他机构的比例；④确定各个小组的专家人数。

为了组建专家小组，必须绘制稳定的专家工作能力图表。在第一个迭代中，我们推荐可以为每个问题做出结论的专家，然后从上一个迭代选择的专家中推荐具有决策能力的专家。依次循环下去，直到获得稳定的专家列表，从而形成最终的专家列表。这方面工作宜由领域专家组来完成，并经由决策管理部门备案。

1. 专家组的选择

按照下列程序选择专家组：①准备好需要征询专家意见的问题清单；②编制能对各问题进行决策的专家名单；③把问题清单分发给每位专家，以调查各位专家能否权威地参加对这些问题的评议；④确定每位专家回答问题所用的时间；⑤对专家组的确定，要求每个问题至少有一位专家能够下结论，而且回答问题花费的时间和经费尽量最少。

对选择专家，用专家个别评议法和专家集体评议法时，各有不同特点。前者对专家的要求比后者高一些。因为后者的结论是许多人讨论的结果，而前者的结论则是一位专家的意见。所以采用专家个别评议时，尤其是在访谈式的评议时应对专家提出更高的要求。

2. 专家组规模的确定

在实际预测中，囿于成本、时间等因素，应尽可能组建一个人员数量合适的专家组。如果专家人数减少到规定数量以下，应相应降低选拔准确性。这就需要在专家数量和选择精度之间取得平衡。

3. 专家的权威性

为了评定专家回答的可靠性，还应考虑到专家的研究能力（包括专家对科学理论问题的知识储备和在具体专业范围内解决问题的实际经验）、列入专家工作计划内的专家评审内容，以及专家技术等级等。

准备阶段的基本内容是确定专家的权威性和客观性。为此，要对他们进行各种个别的评议，并对专家组组建提出具体要求。

专家素质的个人评议有下列两种：①启发式的评议，即对情报知识水平进行自我评定、小组互相评议、工作组评议等；②统计式的评议，即偏离平均值的评议、成果再现性评议。

专家在工作中的权威性是各不相同的，预测者的任务就是要以最大的客观性来评定他们的权威性。对专家权威性的评定方法有许多种。究竟采用何种方法，既可以根据预测者所要解决的问题性质来选择，也可以根据专家们解决问题的可能性来选择。在启发式方法中，还可以用建立等级表的方法进行评议，根据所收集到的对专家业务水平的鉴定来确定合适的专家。

在技术预测问卷设计过程中，对于专家的评议内容包括在其专业范围内的业务水平、理论素养水平、实际经验、知识的广度、思考问题的尖锐性和身体状况等在内的综合考量。考察专家对一个具体技术或一组技术进行分析研究的能力，也就是所具有的专业权威性，可以通过专家回答问题时的论证结构以及专家对所提出的课题的熟识程度来评定。这可以引用两个系数，即论证结构系数 K_i 和熟练程度系数 K_j。

（1）K_i 是根据专家填写调查表的办法来确定的。调查表的内容包括学识水平和技术熟练程度、年龄、发表著作的数量、职务等。

（2）K_j 表示专家对所研究课题的熟练程度，它是根据专家所给的评议值乘以 0.1 得出的。

（3）K_k 是权威性系数。它取决于技术熟练程度和论证结构，是将论证结构系数 K_i 和熟练程度系数 K_j 的乘积进行开方而求得的，即

$$K_k = \sqrt{K_i \times K_j}$$

专家对所研究的课题的熟练程度系数 K_j 或专家的自我评议指数还可以用专家评审表的形式得到。

当然，这是一种比较理想的情况，即能获取上述变量的值。在实际操作过程中，也可以借助科技管理部门的专家库遴选专家组，并结合专家的自我评议系数设置专家熟练程度的权重。

第十五章　德尔菲调查收敛专家意见

　　20世纪50年代，美国兰德公司实施美国空军赞助的德尔菲计划，应用数次连续密集的问卷和适当的操控回馈，来收集专家对科技发展可靠而一致的意见和共识。之后，德尔菲法就成为一个以未来为导向，整合专业知识、经验及意见以凝聚参与者对特定议题的共识，以及分析复杂问题、评估现况并用以预测未来发生的科技事件的重要工具（Linstone，1978）。德尔菲法研究的目的是预测和探索可能的未来、发生的概率和参与专家们的期望。德尔菲法是专家重复数次的问卷反馈，达到稳定后，评估意见的收敛程度（Rikkonen et al.，2006）。德尔菲法的基本假设是认为群体决策或信息的广度与深度，往往较个人信息为甚。众人考量的延展性优于个人考量，群体所接受的风险高于个人接受的风险。德尔菲法利用问卷调查结果回馈的方式进行多次调查，并经由每次报告调查结果，以找出一群专家对未来的共识。在这个过程中，专家可以看到群体预测的结果而改变自己的预测，但是坚持不改变的专家意见也能在调查结果中显现（Martino，1983）。德尔菲法能应用成功，是因为其已经成为一个有效的工具，可以让人有计划地去了解长期的未来，以及找出重要的研究领域与新兴技术在经济和社会中的潜在利益（Grupp & Linstone，1999b）。

第一节　促进群体沟通的调查技术

　　德尔菲法是一种调查方法，旨在促进有效的群体动态反馈进程。这是通过匿名、多阶段调查完成的，在此过程中，每轮调查后都会提供集体意见的反馈。在大多数情况下，此类研究会进一步关注专家之间的意见形成过程，通常是共识。

一、基本特征

尽管对这项技术的定义和程序存在异议，但是德尔菲法的四个特征通常保持不变，即匿名、重复、受控反馈、可统计的小组回答。

在德尔菲调查过程中，参与者通常彼此不认识。由于调查过程由德尔菲调查组织部门协调，因此可以保证匿名性。问卷由个人填写，然后交还给组织部门，组织部门组织研究人员分析小组的回答。与其他小组交流方法（如专家组会议和面对面的领域小组讨论会）相比，此方法有一些优势：第一，匿名性能保证不会发生有说服力的说服，因为匿名性会降低权威个人的影响力；第二，小组成员不会面临社会心理压力；第三，匿名使得人们愿意公开表达观点，受访者不必担心因改变先前持有的观点而丢脸；第四，调查中的匿名通常会导致较高的回复率。参与者可能更愿意以匿名的形式对不确定的问题进行估计。Strauss 和 Zeigler（1975）的研究强调了德尔菲研究中匿名的好处。

德尔菲法的第二个特征是：该过程是在一系列回合中执行的。德尔菲调查的组织部门对受访者的判断进行汇总，并将其作为下一轮的基本信息反馈。这个过程通常会反复多次，直到回答呈现稳定性为止，但不一定要达成共识。重复多次的调查，以及提供的信息反馈，减少了有意和无意的噪声，如无关紧要的、非建设性的和可能令人失望的交流。另外，该方法允许修改先前判断。过去，有许多不同的方法来确定何时停止该过程。德尔菲法使用主观分析、描述性统计和推断统计来定义喊停标准。在经典的德尔菲法中，共识测量主要基于描述性统计。

除了匿名和重复之外，受控反馈是所有德尔菲法的另一个特征。称为"受控"，是因为组织部门决定反馈的类型和提供方式。在每轮德尔菲回合之后，将对调查数据进行统计分析并以汇总的形式重新列出。

可统计的小组回答可以用数字或图形表示，通常包括中心趋势（中位数、均值）、离散度（四分位距、标准差）和频率分布（直方图和频率多边形）。在某些应用德尔菲法的案例中，甚至提供了受访者的评论。在查看小组统计信息之后，每个参与者可以决定是更改还是继续持有其先前观点。如果所做估计严重偏离小组回答，参与者通常会提供对情况进行独特评估的原因。通过对连续几轮数据的分析，不仅可以衡量专家意见的稳定性，还可以衡量观点的趋同性。

二、程序

德尔菲法的程序就是用一系列调查表向专家集体征询意见的过程，见图 15-1。每一次调查就叫"一轮"。调查表不仅要提出问题，还要反馈问题，向集体成员提供有关集体意见的情况和集体成员各自的观点等信息资料。调查表就是集体接触交往的媒介。参加德尔菲预测的专家们通常被总称为"专家组"。大型的德尔菲预测还按专业分成若干小组，这些小组按具体专业命名，如信息技术领域研究组。无论是整个专家组还是专家小组，都可称为"专家组"。第一轮之前，必须完成明确主题和说明方法之类的初步任务。

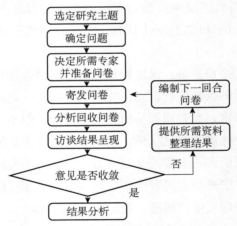

图 15-1　传统德尔菲流程（Riggs，1983）

1. 第一轮

第一份调查表完全不具有任何固定格式。一般要求专家对预测目标、该领域技术发展趋势、需要解决的问题等发表意见，请专家提出未来科学技术发展最有潜力、与目标最相关的领域和项目，说明提出该项目的依据。这种做法有些缺点，也有其长处。专家小组成员都是由于在所预测的某一专业领域学识丰富而被选出的，一般来说，他们在该领域的造诣比预测组织方要深。如果第一份调查表的格式内容过于固定，就会妨碍专家成员预测那些为预测组织方所不掌握的重大事件。这一轮调查回收的主要工作是整理和归类，经归纳加工而成的各项技术就形成了备选技术清单，同时，对这些技术的说明应当尽量简单明了。如果前期的愿景需求分析工作做得比较扎实，又经历对既有技术的全面梳理摸底，再经过领域研究组专家的充分研讨，考虑到成本问题，可以省略这一轮的工作。

2. 第二轮

要求专家根据问卷回复的要求对备选技术项目进行评价。这一轮调查回收后的工作是对专家的评价进行统计分析，通常采取中心意向统计法进行统计，如平均值、方差、标准差、四分位法等，然后将统计结果附上必要的说明反馈给专家，从而进行第三轮的调查。第三份调查表就包括各未来事件和预测结果的统计数字。

3. 第三轮

专家在得到第二轮调查的统计结果和有关说明后，由于信息的增多，将对自己原有的判断做出修正。经过比较分析，专家可能坚持原先的观点，也可能提出新的看法。如果专家的预测结果在上四分点或下四分点，应提出理由，说明自己正确或大多数不正确的原因，其中可以列出其他成员忽视的有关因素及其参考资料和事实等。小组成员可以像面对面那样充分自由地进行讨论，唯一的区别就是这些讨论都是书面和不具名的。这一轮调查的统计分析与上一轮一样，经过整理分析，决策是否进行下一轮调查。如果意见比较集中，就不需要进行第四轮调查；否则，要把上述整理的资料信息变成下一轮调查的问题，特别是把不同的论据反馈给专家。

4. 第四轮

专家组根据全部资料做最后判断和估计，并对不同意见做出评论。

预测组织方收到小组成员的预测结果后，再次算出平均值和四分点数，如果其中有评论内容，还要加以扼要总结。有时小组不能达成一致意见，协调人就得了解双方的论点，征求大家的评论，并且做出分析。Murry 和 Hammons（1995）指出，德尔菲法至少要执行两个回合，通常整个程序不会超过四轮，因为大部分专家意见都会在两轮时达到集中和稳定，随着次数的增加，改变自己上一轮答案的专家数量也会不断减少。

对每一事件的评论可以总结出小组成员认为最重要且能影响预测的那些因素。所以，德尔菲法的输出就包含大量的、比通常会议可能获得更多的信息资料。德尔菲法的本质决定了这些信息资料都集中于协调人所感兴趣的论题，同时资料的组织也便于为人所理解。

一般会议只要能得出一致意见就被认为是成功的，但也有可能得出的是虚假的一致。德尔菲法力图暴露分歧，并谋求一致。德尔菲法的连续程序只要能趋向稳定，也就是说，大家的意见不再改变，而且能对明显的分歧提出理由，就被认为是成功的。如果第四轮以前，对某一具体问题趋向稳定，就可以将该问题结束。但有时也需要重新提出一个新的事件，或者将一个事件分成一些子事件，或者将不同事件加以综合，目的都是促使针对问题达成一致意见，使问题趋向稳定。

一般的经验是：经过连续几轮的调查，小组估计数值趋向集中。小组成员通常在第二轮对每一事件的估计数值有较大的差别，但是在咨询循环中，通过反馈，由预测组织者把前一轮预测咨询所得信息的汇总结果如实地反馈给每位专家，专家们接收到这些反馈信息之后，就会发现自己与他人在观点上的差异。如果专家进一步深究为什么会产生观点上的差异，就必然导致对问题的进一步分析。比较，有助于发现专家观点之间的差异；差异，有助于暴露专家观点之间的矛盾。差异、矛盾的出现，势必促使专家重新认识自己的观点，从而对问题做进一步的分析研究，或者继续坚持自己原来的观点，或者修改补充自己的观点，或者推翻自己原来的观点转而提出一种新观点。其中，小组成员并不总是受小组其他成员论点的影响而改变自己的意见。德尔菲小组成员可以坚持己见，这与面对面会议是一样的。

在国家层面的技术预测中，主要采取有大量科技专家参与的大规模德尔菲调查，这是由经典德尔菲法派生出来的一种方法，日本最早将这个方法用于整个与科技领域有关的技术预测。后来，德国、英国、韩国等国家和地区相继采用大规模德尔菲调查进行国家技术预测活动。与经典德尔菲法比较，大规模德尔菲调查有几个显著不同：首先，当然是参与人员更为广泛，不仅限于科技专家，而且包括来自政府、企业、高校、研究机构和社会各方面的大量专家；其次，涉及问题也不仅限于技术本身，还会考虑技术可能带来的经济效益和社会影响等多个方面。在预测流程方面，一般会成立技术预测专家委员会，并按照领域组建领域专家委员会，确定目标、任务和评价依据，采取各种方法拟定备选技术清单，代替经典的第一轮调查。规模的扩大伴随着调查成本的提高与周期的变长，一般来说两轮左右即可，对于调查结果，领导小组和总体专家组委员会将会组织高层专家进行审核和论证，从而形成最终的评价结果。

三、遵循的原则

德尔菲法的使用不能低廉地进行，需要从组织、流程、参与人员等各个方面考虑周全，在实际操作过程中，是一个费时、费力的过程。尽管德尔菲法不低廉也不容易，但只要避免常见性的忽视和错误，采用这种方法获取有价值的技术预测信息还是划算的。

1. 有效组织参与专家小组

如果调查对象只是按照名单发放，没有确定专家能否参与，那么就有可能得不到足够的、有价值的答复，还有可能导致时间上的延误，能否答复第二轮也是值得怀疑的。

2. 解释清楚德尔菲调查工作程序

德尔菲法并不是所有人共知的，预测组织部门也不能想当然地认为参与专家都很熟悉这种方法。即使这些专家了解这种方法，但他们对德尔菲法的印象，以及对这种方法对他们的要求可能都会存在曲解。最重要的是，需要让专家了解这种方法的反复性质。有些德尔菲调查工作效果不理想，很大程度上是因为专家不了解或不理解德尔菲调查的连续反馈机制。因此，开展调查之前对领域专家组进行相关培训是十分必要的。

3. 调查表简单易懂

调查表的格式应该设计得有助于（而不是妨碍）专家成员回答问题，而不是设计得复杂或令人填写时有困难。此外，由于对未来技术的发展存在较大的理解偏差，因此对备选技术的描述必不可少，可以减少调查对象对其的理解分歧。

4. 问题的数量

关于专家成员能够充分考虑的问题数量，在实践中有个上限，这个数量随着问题类型的不同而变化。一方面，假如每个问题都很简单，只要求一个问题就能回答一个简单事件，那么限制程度就要高些；另一方面，如果一个问题需要认真思考，还要权衡相互矛盾的各种论点，解决反对的发展趋向，那么限制程度就可以低些。根据经验，25 个问题应考虑为上限。

5. 相互矛盾的预测结果

两轮调查结果相互矛盾的现象是完全可能出现的。所以，有两个方向的判断都有可能，但又相互排斥。这种结果应得到充分的重视，可能存在非共识现象，应该让领域研究组了解，经过两轮调查，依然存在明显的意见分歧，需要领域研究组组织专家进行审议。

6. 预测组织部门的介入问题

在德尔菲调查过程中，预测组织部门不时会发现专家对一些问题的参与积极性不高，还有可能明显忽略重要的论点和事实。在这种情况下，预测组织部门可能跃跃欲试将其个人意见反馈在流程中，去选择性地组织专家填报相关信息。这种想法必须摒弃。任何情况下，预测组织部门都不能将个人意见带入反馈信息；否则，预测结果可能会出现偏差。

第二节　精确度与可靠性

人们通常都很关心德尔菲法的精确度，这往往会造成误解，让人以为德尔菲法完全是以专家意见为基础的，预测结果的精确度和预测结果所反映的专家意见是一致的。采用德尔菲法是由于专家意见是唯一最佳的预测，别无他途。因此，问题的关键在于与其他方法相比，德尔菲法是不是听取专家集体意见的最好方法。

德尔菲法的目的是利用专家们的专业知识和判断，确定对今后的技术发展有影响的新因素。这些因素可以是技术方面的，也可以是非技术方面的；有可能是正面的，也有可能是负面的，包括：对通过其他途径的性能预测和时间预测做出概率估计；利用专家的判断预测某一事件的发生时间；审查某特定事件在给定条件下发生的可行性；在缺乏客观资料的条件下获得对技术水平的主观定量尺度。

由于德尔菲法的输入具有主观性，因此其缺点也是显而易见的。德尔菲法隐含了这样一个前提，即建立在满足一致性条件的专家群体意见上的统计结果才有意义，所以它通过"专家意见形成—统计反馈—意见调整"这样一个多次与专家交互的循环过程，使分散的意见逐次收敛在协调一致的结果上，充分发挥了信息反馈和信息控制的作用，但正是这一过程的潜在暗示作用，可能会使专家将自己的意见朝有利于统计结果的方向调整，从而削弱专家原有见解的独立性（田军等，2004）。但对未来技术发展趋势的研判，仅凭对客观数据资料的判断是无法令人信服的，德尔菲法有其存在的重要性，也是当作使用其他方法获得的预测的一种参照。因而，德尔菲法通常用于较长期的预测，如确定新的技术，或用于确定那些在时间序列外推时会引起跳跃或变更的因素。

当然，切莫轻易决定发起一项德尔菲研究。一般来说，当缺乏比较精确的预测方法所需的可靠资料时，才组织德尔菲研究。但它也可以用来与其他途径得到的信息进行对照，特别是在研究过程中发现新的影响因素时。德尔菲法的应用是多方面的。在工业界所组织的大部分研究中，这一方法用来对组织所面临的技术方面的机会或威胁进行预测，常和其他方法结合使用。例如，在构造相关树时，用各种方法，特别是时间序列法，对单个要素做出定量化的预测，通常会出现一些问题无法直接推导出，那就只能用判断性数据来填补。同样，德尔菲输入被广泛地用来建立交叉影响矩阵。德尔菲研究本身还可以揭示一些应该包括在总体预测中的新因素，尽管这些因素一旦被确定就可以用更精确的方法来进行详细分析。在依靠自己的力量用其他方法可以得到更准确的预测的条件下，必须避免邀请外界专家仓促启动德尔菲研究。

既然德尔菲法带有主观性，以专家学者意见为重要信息来源（Hudson，1988），那么专家小组成员的选择便是研究成败的关键。Mithchell（1991）的研究指出，界定专家可以参考的标准有三个方面：相关文献中提及的专业人士；在产业中投入精力日久，对产业又深入了解的人士；获得其他专家成员推荐的人士。首先，必须确定所需专业的范围，当然，我们也不能就技术谈论技术，不能忽视非技术因素的重要性。通常，专家小组的成员被错误地局限于技术专家，这可能导致过分强调技术上的可行性，从技术发展趋势的角度判断什么时候可以达到什么技术，而忽略未来需要什么样的技术来解决可能产生的问题，不是强调获得一个关于"在现实世界中什么将会发生"的真正的预测。因为在现实世界中，技术专家并不是事态发展的唯一主力。其次，一旦确定了所涉及的领域，就必须挑选有关专家邀请他们参加合作。既然我们的目的是寻求所能得到的最好的意见，那么理想的人选就不仅应该来自领域内部组织，还应该包括一些外围专家。因此，总体上看，编制专家名单主要依据的是专家学者参与的意愿、专业能力以及多样化的代表性。参与的意愿可提高问卷的回收率，专业能力与多样化的代表性则影响研究结果的信度与效度（Martino，1983）。

专家的人数是很重要的，但考虑到技术的专业性和成本因素，专家数量也是有限制的，通常认为 15～35 人效果最好（Gordon，2003）。少于 10 人则可能影响学科的代表性，使调查结果容易发散，其结论也不大令人信服；超过 50 人则可能导致管理过分复杂，造成专家成本和预测组织方时间与投入成本的浪费。考虑到有些专家可能会中途退出，一般认为专家人数不应少于 20 人，50 人以内为宜。

编制调查表也有讲究，必须做到以下几个方面。

（1）不存在歧义。问题表述、措辞明确，以使所有的应答者能对此做同一理解。例如，在"该技术进入中试阶段的时间是多少年？进入产业化的实现时间是多少年？"这一问题中，不同专家对判断进入产业化实现时间是否包括中试阶段的时间可能会有不同的解释。实际工作中消除表述两义是很困难的，一般情况下，在开始正式调查之前，需要进行小范围的试调查，以改进表述，减少含糊之辞。

（2）无条件性。既然各事件之间具有交叉影响，那么德尔菲调查的应答者必须在所询问的专门领域内是专家。可能会有这样一个征询问题："到哪一年有500 个座位的横渡海峡的气垫船将交付使用？"对此问题回答的重要条件是：应答者是否认为需要建造横穿海峡的隧道。因此，这里隐含了两个预测——在没有隧道的条件下对大型气垫船发展的预测，以及对建造隧道的预测。因此，至少需要对两个事件进行说明。

（3）具有概率性。给定结果的概率随着时间的后移而增大。在考虑某一问题时，应答者可能会判断，某事件在 2025 年前实现的概率为 50%，在 2030 年前实现的概率为 90%，在 2035 年前实现的概率为 100%。如果事先没有任何说明，有些应答者会做出肯定的预测（100%的可能性），而另一些人则认为高度可能（90%的可能性），这样他们的预测就没有可比性。对于大多数项目而言，90%的概率水平是适当的，应该在总的说明部分（若所有问题的概率水平都是一样的话）或在有关问题中对此做出规定。有时候可以要求根据给出的两个或多个概率水平做出预测（如 50%、90%）。

（4）限于有疑问的部分。有时可列举少量的真实情报，这对理解有关的问题也是有益的。

（5）针对要求。预测是用来帮助决策的，因此务必使所提问题确实针对组织所面临的问题。例如，对环境领域技术的重要性可能分为经济价值和社会效益，环保产业专家可能对技术产生的经济效益更加关注，而公共管理部门专家可能更为关心能在多大程度上解决环境问题、实现多大的社会价值。

（6）数量要有限制。尽管有人用过特别冗长的征询调查表，但若问题太多、太杂，应答者就会失去兴趣。一般情况下，建议问题的数量不超过 25 个。

第三节　数据处理方法

德尔菲调查结果是集体智慧的体现，代表技术领域专家的群体观点。每一轮调查结果及最终调查结果都是通过特定的程序和算法分析处理的。这个过程并不是简单地反映多数人的意见，几轮的调查也不是笼统的少数服从多数的循环投票，而是逐渐深入地调查专家对预测问题的看法、认知与理由。对专家应答结果进行量化分析和处理，是德尔菲预测的最后阶段，也是最重要的阶段。

一、常用的数据处理方法

处理方法和表达方式取决于预测问题的类型与对预测的要求（李华和胡奇英，2012），实际中，通常采用以下三种方法。

（1）平均值法。平均值法是指将各专家对预测目标的预测数值进行简单平均，或者根据各专家的重要性对其进行加权平均，得出最终的预测结果。

（2）协调程度。评测结果所展现出来的专家意见分布情况即专家意见的协调程度，也称协调系数，一般来说用事件评价结果的标准差来表示。

（3）中位数法。中位数是指将各专家对预测目标的预测数值按大小顺序进行排列，选择属于中间位置的那个数表示数据集中的一种特征数。当整个数列的数目为奇数时，中位数为居中位置的那个数；当整个数列的数目为偶数时，中位数则应为数列中居于中间位置的两个数的算术平均值。中位数代表专家预测意见的平均值，一般以它作为预测结果。把各位专家的预测结果，按其数值的大小（如按预测所得事件发生时间的先后次序）排列，并将专家人数分成四等份，则位居 2/4 分点的预测结果可作为中位数，位居 1/4 分点的预测结果称为下四分位点数值（简称下四分位点），位居 3/4 分点的预测结果称为上四分位点数值（简称上四分位点）。或者说，上、下四分位点是从数字序列的第一个数字开始数，数到全体数据序列 1/4、3/4 处便是。数列上、下四分位点之间的数值表明预测值的置信区间。置信区间越窄，即上下四分位点间距越小，说明专家们的意见越集中，用中位数代表预测结果的可信程度也就越高。

当预测结果需要用数量或时间表示时，专家们的问答将是一系列可比较大小的数据或有前后顺序排列的时间。常用中位数和上、下四分位点的方法处理专家们的答案，求出预测的期望值和区间。

二、进一步地完善空间

当然，德尔菲法作为预测技术是否合理，对此还存在许多争论。这种不具名的反馈过程确实能在很大程度上克服面对面接触的缺点，虽然社会科学家仍然对这一过程的合理性表示怀疑，但在没有其他具有理论根据的方法之前，德尔菲法仍然是一种可广泛使用的方法。现在对这种预测方法的许多批评是针对实际的工作，而不是针对该方法。不容置疑，确实有大量的德尔菲研究在组织方面有待改进，主要原因在于准备不充分、事件说明含糊或模棱两可、答复欠斟酌、反馈效率低。所有这些问题都是预测者所不能疏忽的。

预测过程要求专家提供不为常人所知或不为预测者所掌握的新信息。这种信息可以分成两大类：一类是对预测有影响的事实，它之所以为新是它没有被包括在预测内容里；另一类是专家凭借经验洞见某一专业内可能的发展趋势。还需要考虑时间范围的准确性问题。我们不宜过分强调取得一致意见。德尔菲法本身并不是目的，不能简单地将它看作提供技术预测的工具；相反，应该把它看作预测者或计划者得到的信息输入，专家组成员意见一致本身只是反映了这一小组的平均观点，对各不同成员的答复结构及其动机的理解，极其有助于决策者做出决策。因此，在技术预测调查过程中，对不同专家之间的意见分歧进行分析也是很重要的。

第十六章 群体有效沟通是主要目标

如前所述，20世纪50年代，"德尔菲"一词被美国兰德公司用于研究计划。在名为"德尔菲计划"的项目实施过程中，美国兰德公司的研究人员以书面形式进行了结构化调查，以估算轰炸需求。专家小组由经济学、物理学、系统分析和电子学领域的7位专家组成。形成的研究报告指出，专家们对可能的行业目标的首次评估并未达成共识，但在第二次评估中达成了共识，并且据说该程序产出的结果比其他技术更加可靠。1963年，德尔菲法公布于众，不久在各种非军事问题上使用该技术的研究层出不穷。德尔菲法在20世纪90年代初受到越来越多的关注，正如Landeta（2006）进行的大量文献综述表明，这种趋势盛行。

第一节 共识不是唯一目标

群体沟通过程的有效结构可以被视为德尔菲研究的主要目标。反过来，共识测量应被视为德尔菲研究中数据分析和解读的重要组成部分。近年来基于网络实时的德尔菲程序应用越来越广泛，但仍遵循该技术的基本原理，且认为共识测量是分析的关键部分。但是，许多研究人员将其用作唯一的回合喊停标准，这与德尔菲法的最初想法不符，因此不建议使用。实际上，在德尔菲研究中区分"共识/意见一致"和"稳定性"这两个不同的概念非常重要。传统上，许多德尔菲研究在达成预定的意见一致水平（即共识）时就停止了对特定预测的调查过程。然而，Dajani等（1979）指出，如果事先小组未达到稳定性，则共识是没有意义的。因此，小组稳定性被视为必要标准。稳定性可以理解为在某项研究的连续多轮回合中所有回答呈现一致性。就稳定性而言，对于某个预测，两次不同的德尔菲回合的结果在统计上没有差异。某种程度上的意见一致（如趋近于共识的观点），也可能在不稳定的情况中出现。因此，Dajani 等（1979）提出了分级喊停标准，该标准建议仅在答案实现稳定时才测量意见一致的程度。von der Gracht（2012）将多数（majority）定义为受访者超过 50%，而多票（plurality）则是指更大比例的受访者（但不到 50%）。

Chaffin 和 Talley（1980）对 Dajani 等（1979）的研究进行了回应，并建议测试个人稳定性而不是小组稳定性，因为个人意见可能存在重大变更，且个人之间的这些变更会互相抵消，使得小组稳定性在这种情况下仍会实现。然而，与 Chaffin 和 Talley（1980）的观点相反，Scheibe 等（1975）与 Dajani 等（1979）倾向于进行小组稳定性测试而不是个人稳定性测试。因为德尔菲法的关注点就在于群体观点而非个人观点。他们同样建议使用稳定性来衡量何时停止德尔菲调查。在他们的研究中，稳定性是通过每个回合得到的预测的分布百分比变化来衡量的。在任意两个分布中，15%或以下的变化被认为是稳定的情况。从数据解读的角度来看，如果德尔菲调查已经达到要求的稳定性，缺乏共识与达成共识同等重要（von der Gracht，2012）。

遗憾的是，共识是德尔菲法中最具争议的部分之一，且其度量方法差异很大。研究人员使用了许多不同方法，用以确定专家组之间意见的一致程度。然而，Mitchell（1991）研究认为，在德尔菲研究中达成共识的标准从未严格确立。监测团队必须单独为德尔菲流程定义标准，标准越严格，专家组之间达成共识就越困难。Williams 和 Webb（1994）对现有的德尔菲研究进行了总结分析，认为大量研究在开始调查之前并没有设定好共识水平，而是在进行分析后才定义标准。Hasson 和 Keeney（2011）在研究中也注意到了类似缺陷，他们强调，德尔菲技术的识别和测量方法的严谨性仍有欠缺。由于缺乏标准，研究人员对德尔菲法的共识这一部分也解释不好。

大多数研究德尔菲的文献都会关注到共识的测定。但是，在某些情况下，相反的观点（如异议/异见）可能比共识意义更大。从 20 世纪 70 年代初开始，出现了一种新型的德尔菲法。所谓的"政策德尔菲"与传统程序没有太大区别，但是它有完全不同的目标。Turoff（1970）将政策德尔菲定义为"一种将与特定政策领域的观点和信息相关联，并使代表这些观点和信息的受访者有机会对不同观点做出反应和评估的有组织的方法"。一般而言，政策德尔菲法是分析社会状况的一种手段。这些小组必须十分多元，以便包括所有有争议的意见，并能更好地促进对特定决议的利弊进行系统探索。除了常规衡量措施（中位数、值域、标准差）外，还提供了个人和小组之间两极化的补充测量手段。德尔菲调查组织部门寻求异议，这也导致稳定的两极分布，因此产生了两个相反的小组观点。参与者之间的共识可能是该过程的结果，但这不是主要目的；相反，会收集到与政策主题的所有对立观点。因此，问卷设计实际上甚至有可能抑制共识形成。Dunn（2004）将这种方法称为"结构性冲突"，使用分歧和异议来创造性地探讨政策问题。在政策德尔菲调查中，一定程度的共识通常不被视为停止该过程的标准；相反，理想目标是对不同观点和意见进行充分澄清与定义。

近年来，为了提高愿景分析质量，使得愿景影响更加深远，德尔菲法经常被用于愿景规划中。在多利益相关方情景下，德尔菲法有助于对比利益相关方之间的建设性分歧，这些利益相关方之间通常不共享愿景或基本价值观。异议或者说非共识可能起主要作用的另一种情况，是应用德尔菲法进行风险分析（Rainer et al.，1991）。此时，研究更加专注于对基于专家推理的异常意见或微弱信号进行识别。例如，van de Linde 和 van der Duin（2011）在他们的研究中强调了寻求异议的价值，并使用德尔菲法作为荷兰未来激进化和恐怖主义的预警系统。Steinert（2009）和 Tapio（2003）提供了以差异最大化而非共识设计为目标的德尔菲法的诸多示例。Landeta 和 Barrutia（2011）反过来又使用这种经过修改的德尔菲法，提供了广泛参与决策过程，并接受专业管理机构的联合解决方案。尽管如此，异议导向的德尔菲研究仍然只占少数。大部分德尔菲法的应用，主要还是为了在专家群体中形成对某些议题的共识。

第二节　主观标准和描述性统计

许多德尔菲研究使用主观标准或描述性统计来得出共识的程度，但是，标准的选择有时显得很随意。研究显示，研究人员实际上已经使用了各种描述性统计来衡量共识。我们可以找到关联度量以及集中趋势和分散度量的应用。von der Gracht（2012）整理了德尔菲法共识测度的相关文献，总结了该领域的研究结果，它概述了已确定的共识测量，并引用了研究人员为德尔菲研究所定义的相应标准（表 16-1）。

表 16-1　德尔菲法共识测度的标准

共识的测量标准	标准
规定的轮数	"研究表明，三次迭代通常足以确定共识点……因此，本研究使用了三轮。"（Fan & Cheng，2006）
主观分析	"专家做出答复的理由必须与平均群体答复一致。"（Mitchell，1998） "总体而言，认为第三轮研究不会增加前两轮研究提供的理解，因此研究结束。"（MacCarthy & Atthirawong，2003）
一定程度的共识	"一种共识……是通过几天的一系列个人访谈来实现的。"（Lunsford & Fussell，1993） "根据大多数其他德尔菲研究，调查对象之间的共识被界定为 51% 的一致性。"（Loughlin & Moore，1979） "如果至少有 60% 的答复者同意某一项目，综合得分在'同意'或'不同意'范围内下降，则该项目获得了共识。"（五点利克特量表）（Seagle & Iverson，2002） "专家在名义规模（是/否）上达成的共识超过 67%。"（Alexandrov et al.，1996；Pasukeviciute & Roe，2000） "超过 80% 的五点利克特量表在前两项措施（理想/高度理想）被认为是一致的。"（Putnam et al.，1995） "在第一轮德尔菲回合中，共识被定义为 95% 以上的协议。"（Stewart et al.，1999）
APMO（average percent of majority opinions）截止率（多数意见的平均百分比）	"计算 APMO 截止率为 69.7%，因此，低于此速率的协议水平的问题尚未达成共识，并包括在下一轮中。"（Cottam et al.，2004） "计算 APMO 截止率为 70%（第一轮）和 83%（第二轮），以进行一致测量。"（Islam et al.，2006）
模式、平均评级与排名、标准差	"在我们的案例中，模式被用作对某一特定事件发生概率为 75% 或以上的受访者的列举。如果这个值超过总被调查者的 50%，那么就假定了共识。"（Chakravarti et al.，1998） "在可接受范围内（均值±0.5）和具有可接受变异系数（50% 变异）的平均响应被确定为公司共识的意见。"（Sharma et al.，2003） "如果项目的评价（四点利克特量表）在平均值±1.64 标准差的范围内，就达成了共识。"（West & Cannon，1988；Rogers & Lopez，2002） "对平均排名、排名前十的一个变量的管理人员百分比和标准差的分析表明，已经达成了共识。"（Doke & Swanson，1995）
四分位距范围	"当四分位距在 10 个单位尺度上不大于 2 个单位时，就会达成共识。"（de Vet et al.，2005） "如果四分位距在七点利克特量表上为 1 或以下，则获得共识。相应的共识标准是 9 点尺度上的 2 或更低的四分位距。"（von der Gracht & Darkow，2010） "1 或更少的四分位距被发现是 4 或 5 单位量表的一个合适的共识指标。"（Raskin，1994） "用四分位距范围的公式计算群体意见的收敛量，其结果的较高值接近 1.0 表明收敛程度较高。"（Ray & Sahu，1990）
离散系数	"作者发现变异系数在 0.5 或以下，这对他们来说是一个传统上被接受的截断点，表明了合理的内部协调。"（Zinn et al.，2001）
集体后共识	"小组后的共识涉及个人在德尔菲进程完成后，在多大程度上与最后的小组总数、他们自己的最后一轮估计或其他小组的估计达成一致。"（Rowe & Wright，1999）

注：根据 von der Gracht（2012）的研究整理。

　　如表 16-1 所示的前三种类型共识测量方法相对简单，在许多情况下可能也足够了。Wechsler（1978）描述了几种情况，研究人员可能事先规定回合数，而不是将稳定性和共识作为喊停标准。例如，一定的预算可能限制德尔菲进程超过三轮，也就是说，通过成本/收益分析来决定回合数。同样，时间限制也可能会影响该过程。在限制重复次数时，研究人员甚至可以考虑心理因素，如人为的共识。但是，在规定的回合数下，一定数量的德尔菲陈述可能无法达到稳定性和共识标准。

研究人员还可能根据主观标准终止德尔菲过程。例如，MacCarthy 和 Atthirawong（2003）认为，新增一轮回合不会显著改变结果，因此终止了该过程。另外，Lunsford 和 Fussell（1993）通过一系列个人访谈确定了小组成员之间的共识。通常这种方法是不可取的，因为它相当随意且不科学。但是，在某些情况下，主观分析是不可避免的。在定性德尔菲研究的特殊情况下，可以通过内容分析或定性数据分析来评估共识。

许多德尔菲研究使用一定程度的意见一致来量化专家组之间的共识。从表 16-1 可以明显看出，某些选定的标准似乎是随意的，使用了许多不同的百分比，通常做法是在进行分析后才对度量进行定义。然而，如果将名义尺度或利克特量表用于衡量意见一致的程度，则通过一定程度的意见一致来确定共识特别有意义。对某个程度的定义可以基于公认标准，如政治投票系统（如简单多数、三分之二多数、绝对多数）。Naylor 等（1990）的研究表明，共识的定义和标准划分会严重改变结果。在他们的研究中，一个 16 人的小组对医学领域的 438 种情况进行了评估。如果将共识定义为所有参与者都同意一个主题，那么共识压根就不会存在。对于占 75%的大多数人而言，他们会在 1.4%的情况中达成共识。如果反过来，简单多数就足够了，那么他们会在 23.2%的情况中达成共识。

德尔菲研究中常使用的其他度量，如集中趋势度量，指示某一分布的典型值或均值。有三种常见的集中趋势度量：众数、中位数和平均值，选择使用哪种取决于测量变量的要求（表 16-2）。

表 16-2　集中趋势度量

度量	数据表述
众数	可用于所有级别的测量，但不适用于具有许多值的刻度
中位数	可用于排名数据（序数和间隔/比率），但不适用于值较少的刻度
平均值	可用于不偏的间隔/比率数据

需要考虑的是，均值仅适用于区间/比率数据。在许多德尔菲研究中，均值的计算没有考虑所使用的标度实际上是顺序尺度。市场研究公司在描述其调查

数据时通常也会这样做。一般的理解是，利克特量表类似于区间标度的数据，并且所得测量误差的程度并不显著（Shields et al., 1987）。但是，Argyrous（2005）强调，严格来说，顺序数据的均值计算并不是一个正确的过程。尽管如此，Scheibe 等（1975）的研究指出，就像语义区分量表一样，当两端用形容词锚定时，9点量表可能具有区间属性。如果研究人员决定以这种方式处理数据，则应谨慎行事，并应在方法论中提及将评级量表视为具有区间数据属性的风险。Gordon（2003）提出了另一个重要问题，即集体判断中集中倾向的测量方法。在这里，研究人员应使用中位数而不是均值，因为离群值可能会不切实际地"拉出"均值。Armstrong（2001）同样得出结论，当历史数据或误差包含异常值时，中值已被证明在预测中特别有用。Rowe 和 Wright（2001）补充说，使用修整均值来排除这些极值也可以解决该问题。

在德尔菲研究中，通常结合一种或多种显示数据分布情况的测量方法来分析集中趋势的度量。对于区间/比率数据而言，有四种度量途径：值域、标准差、四分位距和（相对）变异系数。定性变化的指数可以与分类数据一起使用，值域是最简单的发散趋势测量，因为它是计算分布中最低和最高数据之间的差值，很容易计算。但值域的计算会随着极值的变化而变化，有时候可能会出现较大的偏差，因此，研究人员通常更喜欢使用四分位距，以补偿这种影响。

标准差是均值分散的量度。它试图找出每个分数与均值之间的平均距离。通常将其与均值一起进行检查，它们共同代表最常见的描述性统计数据。在德尔菲研究中，各种研究都使用了两种方法进行共识评估。West 和 Cannon（1988）以及 Rogers 和 Lopez（2002）使用均值±1.64标准差的范围作为共识标准。然而，Murphy 等（1998）建议在德尔菲研究中使用中位数和四分位距而不是均值和标准差，因为它们通常更可靠。

四分位距是中位数分散的量度，由观测值中间50%的数据组成。因此，四分位距小于1意味着超过50%的所有意见落在刻度上的1点以内。它是德尔菲研究中经常使用的度量，并且普遍认为是确定共识的客观严谨的方法。四分位距的范围实际上取决于回答的数量。刻度上的点越多，可以预见四分位距会越大。根据经验，在一个有10个单位的刻度上，当四分位距小于2或更少时，可以认为在德尔菲小组成员中达成了共识。另外，在一个有4或5个单位的刻度上，四分位距为1或更少可以视作一个合适的共识指标。在许多德尔菲研究中，四分位距低于预定义水平的陈述并未进入下一个德尔菲回合中，理由是共识已经达成。然而，正如 Dajani 等（1979）所提出的，几乎在所有情况下都没有进行有关稳定性的特殊测试。Wechsler（1978）指出，确定可接受的四分位距可能还取决于组织者的期望水平以及研究对象本身。Landeta（2006）以及 Ray 和 Sahu（1990）使用四分位距的方式略有不同。他们计算了一个相对的四分位距，以便评估连续几轮调查中团体意见的趋同程度。计算如式（16-1）所示（Ray & Sahu，1990）。

$$CG_i = \frac{IQR_{2i} - IQR_{3i}}{IQR_{2i}} \qquad (16\text{-}1)$$

这里，$0 \leqslant CG_i \leqslant 1$，$CG_i$ 表示报表 i 中集体意见的一致性程度，IQR_{2i} 表示报表 i 中第二轮的四分位距，IQR_{3i} 表示报表 i 中第三轮的四分位距。

CG$_i$ 越高，越接近 1.0，表示小组意见的收敛度越高。Spinelli（1983）报道了在德尔菲研究中使用四分位距的另一种方法。他实际上在其研究中测量了共识，在三个德尔菲回合中四分位距的变化超过了 1 个点。

变异系数是分散的标准度量，可用于比较各个分布。它是一个无量纲的数字，由标准差除以均值可得。通常将其乘以 100 来表示为百分比。在德尔菲研究中，很多研究都使用变异系数作为共识的量度，因为它可以直接比较后续各回合的陈述。理想情况是某个项目的变异系数逐轮减小。English 和 Keran（1976）发布了以下规则，关于如何解释用于测量共识的变异系数参见表 16-3。Dajani 等（1979）补充说，通过检查连续两个回合之间的变异系数的变化，发现变异系数也可以用来测量稳定性。

表 16-3　测量共识的变异系数

变异系数	判断准则
$0 < V \leqslant 0.5$	良好的共识度，没有必要增加轮次
$0.5 < V \leqslant 0.8$	不满意的共识度，可能需要增加轮次
$V > 0.8$	不好的共识度，有必要增加轮次

第三节　共识测量的推断统计

推断统计是有助于建立变量之间的关系并从中得出结论的统计。这种统计检验的应用取决于数据水平以及该数据是否大致符合正态分布。如果是后者，并且数据是呈区间/比例缩放的，则可以使用参数测试。另外，非参数测试可用于不符合正态频率分布的名义或定序尺度数据[①]。在德尔菲研究中，参数测试和非参数测试都已用于共识测量与回合间的稳定性/收敛，但最常用于小组的比较。von der Gracht（2012）总结了已应用的统计检验，并引用了研究人员为德尔菲研究定义的相应标准（表 16-4）。

表 16-4 共识测量的推断统计

共识的测量标准	标准
卡方独立性检验	Ludlow（1975）使用卡方独立性检验来分析同质参与者分组之间的分歧
麦克尼马尔（McNemar）检验	Weir 等（2006）以及 Rayens 和 Hahn（2000）使用麦克尼马尔检验来量化德尔菲回合之间反应的变化程度
威尔科克森配对符号秩检验	第二轮和第三轮之间的共识变化是用威尔科克森配对符号秩检验评估的（de Vet et al.，2005）
组间相关性系数、卡帕（Kappa）统计	用组内相关系数评估第一轮和第二轮参与者之间的一致程度（Ferri et al.，2005）。 小组成员之间的整体重要性一致性（五点利克特量表）是用类间相关系数来衡量的，而问题内一致性则是用科恩（Cohen）的卡帕系数来衡量的（Weir et al.，2006） Brender 等（2006）使用组内相关系数来评估反应的一致性（5 点评级 scales） Molnar 等（1999）使用 Kappa 统计量来测量在三点评级量表上评级的专家之间的协议水平。在下一轮中，对等于或低于 0.74 的 Kappa 值的问题进行了重新评估
斯皮尔曼等级相关系数	"通过计算斯皮尔曼等级相关系数来反映第二轮评级和第三轮排名之间的一致程度……高的相关性反映了高度的一致程度。"（DeLeo，2002）
肯德尔（Kendell）和谐系数	"总体得分加起来有一个中等的负相关系数，这表明在第二轮和第三轮之间正在达成共识。"（Clark & & Wenig，1999） 肯德尔和谐系数在排序型德尔菲调查中使用，以衡量达成共识和相对强度；W=0.1（非常弱的协议），W=0.7（强协议）（Schmidt，1997） Cooper 等（1995）在样本的两个亚组中测量了肯德尔和谐系数，发现它们是 W=0.65，W=0.34，对最终排名的分析结果表明，W 为 0.54，在 0.001 处显著（von der Gracht & Darkow，2010）
t 检验、F 检验	Hakim 和 Weinblatt（1993）使用 F 检验来检验一个亚组内的方差（或缺乏共识）是否与另一个亚组内的方差有显著差异。 Buck 等（1993）用 t 检验方法测试了德尔菲轮之间的一致性，发现第二轮后平均权重无显著性差异，表明一致性水平较高

---

① 名义尺度，也称定类尺度或类别尺度，是将调查对象分类，标以各种名称确定其类别的方法，实质上是一种分类体系。定序数据（ordinal data）是由定序尺度计量形成的，表现为类别，可以进行排序，只能比较大小，不能进行数学运算。

一、推断统计举例

卡方检验（χ^2 检验）是一种非参数检验，通过它可以评估两个变量之间是否存在关系。有人提议利用这种方法，从获得的回答中检测德尔菲回合的独立性。Dajani 等（1979）提议利用卡方检验来检测各回合中回答的稳定性。然而，Yang（2003）指出，卡方检验适用于检验两个独立样本对考虑中的陈述回答是否存在显著不同。在德尔菲研究中，通常要求同一小组在连续两个回合中回答几乎相同的问题。因此，卡方检验可能并不适用，因为各样本并不独立。对于德尔菲研究而言，非独立样本也面临同前后实验（before-and-after experiments）类似的情况，因为在实验中会对同一个人进行两次测试（重复测量）。因此，Yang（2003）建议使用 McNemar 卡方检验或二项式检验来检查德尔菲研究中的稳定性。这两种非参数检验比较了两个非独立样本在名义尺度数据上的分布。我们可以使用它们来量化德尔菲回合之间回答的偏移程度，这种偏移可以是正向的，也可以是负向的。

但是，研究人员可能经常在德尔菲研究中使用顺序尺度。在这种情况下，上述检验并不适用。相反，适用的是威尔科克森配对符号秩检验（Wilcoxon matched-pairs signed-ranks test）。它是配对学生 t 检验（paired student's t-test）的非参数替代方案。因此，同在前后实验中一样，它适用于同一组个人的配对数据，因此适用于德尔菲研究（Riley et al., 2000）。研究人员可以确定两轮德尔菲回合的数据之间的差异是否具有统计显著性，从而测试数据的稳定性。例如，Seagle 和 Iverson（2002）发现，在第二轮到第三轮中，用威尔科克森配对符号秩检验测得的 147 个（100%）项目的回答非常稳定（没有显著变化）。de Vet 等（2005）在医疗领域的研究中，使用相同的测验评估了从第二轮到第三轮德尔菲回合的共识程度的变化。

Armstrong（2001）将一致性定义为"遵循相同程序的两个或多个评估者之间的意见一致程度"。Armstrong（2001）认为，评判间信度对判断性预测或评估预测问题中的条件非常重要。学者们在德尔菲研究中使用了 Kappa 统计量和组内相关系数来确定一致性程度。Kappa 统计量包括 Cohen Kappa 系数和 Fleiss Kappa 系数：前者适用于两个评估者的情况，后者适用于从一组固定数量的评估者中随机选择的情况。但是，这两者都是衡量名义尺度的指标，并假定各等级没有自然排序。他们认为，观察者的同意或不同意态度有时纯属偶然。Seagle 和 Iverson（2002）在 Fleiss（1981）以及 Landis 和 Koch（1977）的工作基础上，总结了解释 Kappa 统计量的标准。Kappa 值为 1，代表评估者之间达成了完美的意见一致，值为 0 恰好是偶然期望；反过来，负值表示一致性小于偶然期望，如观察者之间潜在的系统性分歧。

组内相关系数用于评估多个定量测量之间的一致性，并且可以视为对皮尔逊相关系数（Pearson correlation coefficient）和斯皮尔曼等级（Spearman rank）相关系数的改进。对于不同种类的组内相关系数，它们可以是参数化的，也可以是非参数化的。我们在选择特定系数时必须谨慎，因为当应用于相同数据时，不同的组内相关系数可能会产生完全不同的值。因此，Müller 和 Büttner（1994）开发了用于系数选择的决策树。组内相关系数在德尔菲研究中已有一些应用，主要是在医学领域，用于评估小组成员间回答的一致性和一致程度。Ferri 等（2005）、Weir 等（2006）和 Brender 等（2006）的研究属于此类示例。

相关性度量偶尔也用于共识度量，可量化两个变量之间的关系。它们表示一个变量的值变化与另一变量的值变化相关的程度。相关性度量的选择取决于刻度的类型。例如，Goodman & Kruskal *tau* 系数可用于至少存在一个名义变量的情况，而皮尔逊相关系数适用于刻度上存在许多点的区间/比率变量。Yang（2003）报告了皮尔逊相关系数的用法，并总结说，在高度相关的情况下，专家对考虑中的德尔菲陈述的评级是稳定的，波动较小。然而，DeLeo（2002）的研究认为，可以使用斯皮尔曼等级相关系数来衡量两轮德尔菲回合之间是否达成共识。Schmidt（1997）还报告了肯德尔等级（Kendall rank）相关系数在德尔菲研究中的应用。还有些研究人员在德尔菲研究中使用的另一个共识度量标准是肯德尔和谐系数，这是一个非参数统计量，可用于评估评估者之间的一致性。Schmidt（1997）在其有关使用非参数统计技术管理德尔菲调查的文章中，讨论了肯德尔和谐系数在德尔菲排名型调查中的用法。有了这个统计数据，就可以衡量共识及其强度和变化。系数 0.1 表示一致性很弱，系数 0.7 表示一致性很强。

在德尔菲研究中使用的最后一类测试，是指区间/比率数据（其近似正态分布）的参数测试。根据样本类型和方差齐性，使用了 t 检验或 F 检验。之前已经强调过，来自两个连续德尔菲回合的数据是相互依赖的。更具体地说，由于对同一个人进行了两次测试，因此重复测试的情况十分普遍。在这种情况下，可以对两个非独立的样本进行 t 检验，以检验连续德尔菲回合中各均值之间是否存在显著差异。例如，Hakim 和 Weinblatt（1993）发现，德尔菲调查在第二轮之后仅有微小变化发生，从而终止了这一进程。另外，研究人员可能希望检查德尔菲研究中的独立样本。如果要对小组或两个不同德尔菲研究的数据进行比较，则可能是这种情况。我们可以使用两个样本 t 检验，以比较德尔菲研究中两个小组的数据。反过来说，F 检验（单向方差分析）可用于检验两个以上小组之间的显著均值差异。例如，Hakim 和 Weinblatt（1993）在他们的德尔菲研究中使用 F 检验比较了三个小组的回答，发现一些 F 值具有显著性差异。他们得出的结论是：一组内的差异（或缺乏共识）与另一组内的差异显著不同，这表明他们内部的分歧更大。但是，非独立样本和独立样本之间的区别是一个重要问题。一些德尔菲研究忽略了这些前提，并且选错了检验方式。Yang（2003）和 Dajani 等（1979）指出了 F 检验的不适用性。他们参考了 Jolson 和 Rossow（1971）的研究以及 Schoeman 和 Mahajan（1977）的研究，因为这些研究都使用 F 检验来测量德尔菲回合之间的差异，即非独立样本。F 检验不适用，进一步的原因是如果要采用这些检验，则分布须属于正态分布，且应进行方差齐性检验。因此，如果对基本假设的实现存有疑问，通常最好进行不太精细的非参数检验。

二、继续中的努力

德尔菲研究中的共识测量一直是大家关注的重点，因为相关文献比较多，也包括为稳定性进行的测试。但是，我们也要看到，在德尔菲研究中如何衡量共识的通用标准尚不存在。在实际应用过程中，会以主观标准以及描述性和推断统计来衡量共识与趋同。如果单纯依赖统计手段，可能会出现违反基本假设的情况或进行错误的检验。除此之外，对德尔菲法的运用大家一直有一个错误的印象，即共识必须被视为德尔菲回合的主要目标和喊停标准。实际上，许多研究人员已经说明了在基于共识终止德尔菲回合之前，应该首先测试稳定性。因此，仅对共识进行测量不足以进行德尔菲检验，因为这不是德尔菲法的主要目标。德尔菲研究组织方应该同时进行稳定性测试（如通过卡方检验或连续回合中变异系数的变化）以及一致性水平测试（如通过四分位距进行测试），以便充分利用数据。除被用作喊停标准外，共识度量必须被视为德尔菲数据分析和解读以及异议度量的关键组成部分。共识分析和异议分析（如针对数据中相反的群体观点的分析）都应互补使用，以便对数据进行更深入的了解。

　　德尔菲研究中的群体行为大致可以确定为三种情形，且这三种情形最有可能取决于初始情况。如果存在多数意见，很可能形成最终决定。另外，如果小组成员之间初步达成共识，则最终的团体意见可能会转向更极端的观点。如果最初存在观点对立，则小组最终会倒向其中一种观点；反过来，一些有凝聚力的小组可能导致达成共识的机会减少。在这种情况下，我们应该尝试在异议导向的分析中找到有价值的结果，例如统计异常值和极端值、双极或多极分布或小组比较。

　　尽管如此，即使小组成员无法在某些陈述上达成共识，该过程通常也有助于澄清问题。我们应该记住，除了共识统计外，其他分析（如散点图、小组分析或影响分析）也可能在德尔菲研究中得出有趣的结果。

　　近年来，越来越多的研究旨在强调结构性分析，以便比较相反观点，并特别关注异议导向的分析。此类研究的设计方式必须不同于经典的德尔菲调查，如它们在专家对话期间包含更具启发性的预测或其他反馈。未来的研究可能会更多地关注异议导向的德尔菲设计中的特征，以便最好地达到方差最大化和挖掘不同论点的目的。

　　对于共识的度量和标准的多样性，我们很难说孰好孰坏，要依据既有的数据条件，以及所想要达到的目标。德尔菲研究人员应意识到，因为德尔菲法说到底还是基于专家的主观判断的方法，只要是有人的参与，就可能会出现某些偏见，这些偏见也可能使结果偏向共识或异议。期望偏差可能会使专家对概率的估计出现分歧，并阻碍达成"真正"的共识。因此，在解读数据时，以共识或异议为导向的分析也应考虑潜在的偏差。未来的研究可以更详细地分析某些偏见如何影响共识测量。除此之外，预测过程或流程方面的不科学，也是导致德尔菲调查缺乏共识的另一个重要原因所在。应该特别注意的是避免在预测中产生歧义和条件性陈述。在这种情况下，专家可能对同一预测的理解有所不同，从而可能导致更多的异议。专家回答过程中出现的两极化现象可能表明意见是基于不同的数据集，或基于相同数据的不同解释。一方面，如果预测的措辞过于简洁，受访者可能会以不同的方式解释它们，从而无法形成共识；另一方面，过于冗长的陈述通常也难以达成共识，因为难以将太多要素同化为单一解读。因此，强烈建议对问卷进行预测试并进行独立审核。整个预测的流程质量控制非常关键，以确保有一个科学而深刻的数据库用于分析和解读。

如何选择这些技术？

第十七章　关键技术选择

　　一个国家的发展战略确定之后，选择重点领域与优先项目就是制定国家政策和计划的核心任务。科学技术的总体规划，一般要通过技术预测来确定未来可能的领域和项目。科学发现是科学家长期献身工作的结果，往往在时间和内容上都是难以预测的，需要一个宽松的、相对自由探索的环境，才能取得有效的进展，并最终转化为技术。产业技术的开发和应用主要是利用已知的科学规律与研究成果，契合经济社会发展的需求，进一步开发直接可用的产品或工艺，目的性比较强，需要的投资大、时间长，因而要求比科学研究更严格的选择和更集中的资源。因此，关键技术的选择不是科学意义上的学科选择，也不是一般的重点领域的选择，而是国家技术政策的体现，是保证国家战略目标实现的手段。

　　当前，国家关键技术选择及其实施计划已是许多国家政府新的技术政策的核心。一般来讲，国家关键技术是指那些对经济社会发展和国家安全至关重要的技术，这些技术的发展对提高本国产业的国际竞争力、促进经济持续增长、改善人民生活质量、保障国家安全具有决定性的作用。国家关键技术选择并不等于国家的技术发展计划，而主要是通过这种方式来沟通学术界和产业界，使双方在确定发展战略之初就加强联系，共同确定技术发展的方向和目标，以便在未来的发展和竞争中顺利地联系与合作，对国家产业技术整体水平的提高和综合国力的增强有所贡献；选择出来的国家关键技术清单则为国家技术发展计划的制定提供依据。

第一节　从预测到选择

　　技术预测与关键技术选择所发挥的作用是相似的，强调科技与经济的一体化，强调技术的市场实现，都是通过构建政、产、学、研互动平台和建立沟通、协商与协调机制来强化政、产、学、研之间的合作伙伴关系，使各方对未来技术发展趋势及其作用达成共识，并据此相应调整各自的战略（刘冰，2007）。技术预测和关键技术选择从以下几方面有助于政府的宏观决策和私人部门的微观决策：①对那些影响未来经济发展的总体科技发展趋势进行大范围监测；②提供与可能出现的重大机遇和挑战相关的高质量信息，从某种程度上说是提供一种早期预警信号；③评估和预测与目前规划相关的重大科学突破和技术发明实现的时间，这是在捕捉某种行动紧迫性的信号；④根据可能出现的机遇和挑战做出科技政策的重大调整，根据新技术竞争对经济竞争力的重新定位或者修改经济发展战略以及研究与开发战略（万劲波等，2003）。技术预测的主要目的是把握未来科技的发展方向，研究的时间跨度一般较长，重视技术突破和萌芽技术的研究。国家关键技术选择考虑的时间跨度一般较短，强调的是竞争前技术（《技术预测与国家关键技术选择》研究组，2001）。在许多国家，技术预测、关键技术选择和科技计划已经整合在一起，已被公认是一项保障国家目标实现的重要战略措施。

技术预测与国家关键技术选择、科技政策和计划的制定有着极其密切的关系。技术预测是依靠专家的远见卓识，通过信息交流和反馈，集思广益和综合平衡，从而达到对未来各种可能的技术发展趋势、潜在机会和挑战，以及适合本国情况的技术方向的基本一致的认识。具体来说，为科技政策和计划的制定而开展的技术预测，应该提供有关科技发展的趋势，指出潜在的机会和挑战，找到适合本国国情的发展方向。因此，技术预测的内容应该包括对世界科学技术趋势、动向的跟踪和监测，对本国科技实力和水平的分析，以及与世界各国的对比，对各种可能的科技发展前景与机会的预测，有利于实现本国战略目标的选择，论证及建议的提出。其中前两项内容属于前期阶段，后三项是技术预测中期的实质性内容。预测的后期，实际上已经是计划和政策的拟定与实施阶段了。如果用于科学技术的比较与评价，则只要进行预测前期调研就可完成；如果用于政策制定和技术选择，则要加上中期过程；如果要通过技术预测制定计划或具体的、可执行的政策，则须加强后期工作。

从广义的角度来看，关键技术选择是技术预测的目标，愿景需求、技术评估、预测调查的过程是科技计划和关键技术选择的前提。技术预测前端几个环节更多体现的是研究性质，关键技术选择部分则更偏重决策管理过程（《技术预测与国家关键技术选择》研究组，2001）。关键技术的选择不是对一般的重点领域的选择，而是国家技术政策的体现（李思一，1994）。国家科技发展规划的制定和执行已经与技术预测相结合，形成了一个需求分析、现状评估、预测调查、重点选择、行动或实施的决策管理链。在这个决策管理链中，核心是经过科学和民主化的技术预测过程，选择出应当优先发展的关键技术群，这可以说是决定未来发展战略成败的"神经中枢"。

第二节　国家关键技术选择

一、关键是"有所为有所不为"

制定国家关键技术计划的关键，在于确定"有所为有所不为"的技术领域，牵涉一系列复杂的定性和定量分析。

国家关键技术的选择不同于对一般科学技术重点或优先领域的选择。区别主要体现在什么是关键技术以及如何选择关键技术方向。它的定义、组织和实施、方法以及后续的政策与计划，决定了其能否作为国家新技术战略。

自 20 世纪 80 年代开始，美国、日本、德国、澳大利亚、韩国等国家相继推出本国拟在后续 10～15 年优先发展的国家关键技术。由于各国国情不同、国家的发展目标不同，所选的国家关键技术在其内涵和特征上也有所不同。但是，各国在选择国家关键技术时一般会考虑到其对国家经济的决定性影响，同时也会考虑到技术发展趋势，还应该体现本国社会发展的现实要求和未来发展的总目标。例如，美国白宫科技政策办公室发布的美国国家关键技术被认为是对美国的经济繁荣和国家安全都至关重要的技术；德国联邦研究技术部委托弗劳恩霍夫系统与创新研究所与 7 个管理局合作提出的 21 世纪初的德国关键技术指的是对国家经济有决定性影响，而且考虑到技术发展的趋势，可在 10 年左右有重要商业应用的技术；韩国政府制定的先进国家计划认为关键技术是能够给经济带来最大潜力，并对社会有综合效益的基础性通用技术和应用性产业技术。

关键技术的定义，体现了技术战略的总思想和发展的总目标。为了保证通过技术选择和有关政策与计划的实施达到这个目标，必须进一步研究分析关键技术的性质与特点，以便拟定技术选择应遵循的指导原则和选择准则。

二、国家关键技术的性质

国家关键技术与过去的科学技术发展的优先领域或重点项目不同。国家关键技术具有以下 4 个主要特点（国家技术前瞻研究组，2008b）。一是重要性。这些技术的突破、创新和应用，对促进经济持续增长、提高国际竞争力、改善人民生活质量、保证国家强盛具有决定性作用。二是通用性。这些技术应用领域广阔，能促进多种产业的发展，能带动多项技术的进步和发展。三是先导性。这些技术起先行和导向作用，能带动其他技术的发展。四是竞争优势。我们具有一定的竞争优势，在未来 10～15 年可以投入应用，并且同其他技术配套形成具有良好市场需求的产品、设备、系统和工程。

国家关键技术是保障国家目标实现的一个先进技术群。关键技术不是一成不变的，而是根据国家发展的战略目标、国际竞争环境、本国的经济和科技实力不断调整与更新。

这里需要说明的是，通用性主要是指关键技术是各项产业技术的通用基础，在具体应用时须进一步开发。先导性和竞争优势则同时包含实用和时效双重意义，强调技术必须在有限的时期内依靠本国的技术实力和产业基础实现商业化，产生经济效益与社会效益。除此之外，随着时间的推移、技术的发展，以及国情和国际环境的变化，关键技术的内容也要做相应的变更。因此，国家关键技术应随着时间进行滚动性调整。

三、国家关键技术选择的内涵及特征

选择国家关键技术必须顺应时代和社会发展的潮流以及国际科技发展的大趋势。当今世界，科学技术成为人类社会发展的巨大推动力。准确把握国际科技发展的大趋势，是各国政府正确选择国家关键技术的前提。对发达国家而言，把握未来科技优势对确保科技大国地位具有深远的影响；对于发展中国家和新兴国家来说，集中优势资源、找准技术发展路径，有助于实现技术追赶和赶超。我国科技发展进入"领跑、并跑、跟跑""三跑"并存的发展阶段，高科技的快速发展和产业化，为通过重大科学发现和技术突破实现跨越式发展提供了机遇。目前，不少国家政府都认识到顺应科技发展的大趋势对国家发展的重大意义，从而把技术预测作为政府的一项系统的和长期性的工作。

国家关键技术选择作为技术预测的重要一环，与科技战略规划、研究、应用是一个系统的协同过程，政府、科研部门、企业分别发挥不同的作用，又有着密切的联系，从而形成了一个特殊的体系结构。关键技术方法的目的是确定中期（通常为 3～10 年）的科学和技术优先事项，这一办法不仅适用于国家层级，而且适用于个别经济部门，特别是与贸易有关的部门（Sokolov，2007）。

关键技术选择的组织合理性、程序严谨性和方法科学性是保证所选关键技术具有科学性、权威性和影响力的决定性因素。选取适当的组织形式、程序和方法是达到关键技术选择的目的和取得预期效果的关键。因此，对使关键技术具有科学性、权威性和产生重要影响的成因进行深入分析，是十分必要和有益的。

（一）关键技术选择的科学性

关键技术选择是否具有科学性的标志在于它能否反映目标、背景、技术之间错综复杂的相互关系，揭示事物本身的发展规律，从众多备选技术中真正优选那些客观存在的至关重要、牵动全局且一旦突破即可带来巨大效益的关键技术，由此，选择的客观公正性和准确性是构成科学性的基本要素。为了达到科学性，在选择过程中必须抓住判断准则、技术分类、预测方法三个重要环节（《技术预测与国家关键技术选择》研究组，2001；周永春和李思一，1995）。

1. 制定合理的判断准则

关键技术选择准则的制定是正确选择的依据。事实证明，如果准则定得过高、过低或者过繁、过简，均会直接影响所选关键技术的质量。忽略了某些边界条件只考虑重要性而未认真考虑可行性，准则层次混乱或不分层次、缺乏详细标准而难于操作，各项准则彼此重复甚至相互矛盾等现象，均应予以避免。合理制定判断准则的关键在于：弄清需求目标，掌握背景情况和现有条件，对每项准则反复认真推敲，最好是采用专家调查和定量评价的方法，并结合多次专家研讨予以确定，而不宜操之过急，若选择发生偏差再改则晚矣。

2. 系统分析技术分类体系

各项备选技术之间、关键技术与备选技术之间、关键技术之间存在千丝万缕的联系，对这些技术进行深入分析，研究并建立科学的分类体系，是保证关键技术选择科学性的基础。从世界各国进行的技术预测来看，其都是在分析了技术发展现状和趋势、经济社会发展需求，并结合本国国情进行综合分析后，按照科学分类方法，形成多学科、多技术的完整而系统的关键技术体系。在梳理、收敛备选技术，凝练关键技术清单的时候，通过分类、细分、调查与专家会议，还可能形成新的跨领域技术群或交叉前沿技术群，进入新轮次的技术预测活动。

3. 综合应用科学方法

如果科技发展规划、计划的编制仅仅依靠少数专家的经验定性研讨，其结果将难免缺乏系统性、科学性和实用性。但以系统工程研究方法或软科学研究方法学为基础建立起来的定性和定量分析相结合的选择评价方法体系，配备大数据、智能化处理手段，则是今后选择关键技术必须依靠的工具和发展方向。综合应用这些科学方法，不仅可以归纳大量专家尤其是高级技术和管理专家的真知灼见，也可以吸收更大范围的"门外汉"建议，而且能够通过建立模型、统计运算和处理，使这些意见系统化、有序化、合理化，得到增值和升华，从而获得更加科学、公正、客观、可信的结果和结论。

（二）关键技术选择的权威性及影响力

有些关键技术仅具有宏观指导意义，而有些关键技术与科技计划制定、经费分配挂钩。有些关键技术层次高，涉及范围广；有些关键技术层次低，涉及范围窄。但无论何种关键技术，都存在一个是否具有和具有多大的权威性与影响力的问题，主要和下列三个因素密切相关。

1. 组织架构和决策层次

一般说来，国家层次技术预测通常由国家或政府部门的领导人及各方面的权威人士组成领导小组，由来自政府、企业、高校、研究机构的战略专家组成总体研究组。这样做：一方面使国家全局性整体利益能得到充分体现；另一方面，各方面权威专家的参与，保证了预测结果的影响力。相对而言，由各部委、地区或行业协会组织研究形成的关键技术，影响力主要在本部门、地区及行业范围内。一些知名智库、大型企业长期关注擅长的技术领域，不断积累，有自己的组织体系和方法论，选择的关键技术建议往往会引起较多的关注。

2. 法律、政策依据及其保障条件

如果关键技术的选择有国家或地方法律、政策依据及条件保障，那么它的

成效和影响显然就有了坚实的后盾，如美国国家和国防部关键技术都是根据《国防授权法》而成立组织进行选择的。中国《"十三五"国家科技创新规划》提出"建立技术预测长效机制，加强对我国技术发展水平的动态评价和国家关键技术选择"。2017 年，习近平总书记在中央全面深化改革领导小组第三十二次会议上更是明确提出要健全国家科技预测机制。这种政府政策导向会赋予国家关键技术选择和技术预测的制度性认可，随之带来资源(包括财力、物力、人力)配置的保障，使关键技术的选择和发展具有公认的权威。当然，如果所选关键技术不能反映实际的客观规律，又不能及时修订或滚动，即使暂时仍会受到法律和政策的保护，其权威性和影响力也会大打折扣。

（三）选择程序的可信性

程序的公开，一方面，可以让公众监督预测与选择的公正性；另一方面，会吸引更多的人参与讨论。这样做，可以使所列技术清单更加全面，确立的准则更加合理，所用方法更加可靠。更重要的是，在关键技术选择过程中广泛参与，可以起到传播技术预测成果的积极宣传作用。

当然，除了上述组织、制度、程序方面的保障以外，关键是要让技术群、专家群和方法群的组合发挥出"1+1+1>3"的整体力量和综合作用。

四、关键技术选择的目标、原则和准则

根据技术预测设计的总框架和技术路线、关键技术的定义和性质，在完成愿景需求、技术水平评价、预测调查的基础上，提出技术选择所依据的基本原则，并进一步确定选择准则，从而建立合理、系统、可行的技术评价指标体系，并以此作为对备选技术进行评估的衡量尺度。这项工作在整个技术预测工作流程中非常重要，它是进行备选技术评价和关键技术遴选的前提，是论证的基础。在关键技术选择的组织形式和选择程序确定之后，需要立即着手关键技术选择的目标、原则和准则的确定。

（一）技术选择的目标和原则

1. 选择目标

从整个技术预测的流程来看，国家关键技术选择作为国家技术预测的核心环节，其目标服从国家技术预测的目标。例如，第六次国家技术预测的主要目

标是通过开展技术预测工作，明确我国当前重点领域的技术现状，分析国内外技术竞争态势，摸清"家底"，找准短板，明确我国科技发展的优劣势；瞄准世界科技前沿，预测未来 15 年影响经济社会发展的技术方向。在此基础上，提出国家关键技术选择建议。明确的选择目标将贯穿于选择工作的始终，并以此为出发点，形成合理的选择原则和选择准则。由于决定技术发展方向和重点的因素多且复杂，因此有必要在总的目标下做进一步分解，构成一个目标体系。

首先，关键技术选择应该设置一个总体目标，也就是在一定时期内，国家为实施关键技术计划所要求达到的期望值；或者期望通过关键技术选择，并在实施关键技术计划之后将能解决的问题、取得的效益、达到的效果。这和技术预测的愿景需求环节密切相关，需要去响应该环节的研究成果。类似地，希望选出对经济社会发展有决定性影响的关键技术群，或者能培育和发展战略性新兴产业、有效提升传统产业改造、提高人民生活质量、改善生态环境的关键技术等。关键技术选择的总目标是由许多因素决定的，往往涉及科学技术、经济、国家安全，甚至社会文化因素。这些因素对决定备选技术能否成为关键技术，以及能否实现关键技术的总目标，在不同的时间节点、不同的世情国情形势背景下，作用和效果是不同的，因此要提出"单项冠军"，也得选择综合考量下的"组合冠军""全能冠军"，以便在多种因素中，既能考虑技术发展的特别需求，也能突出决定性的因素。

另外，根据科技发展新趋势、经济社会发展新态势，目标的设置是有所侧重的。例如，就我国国家关键技术而言，20 世纪 90 年代更多强调的是经济发展、技术进步、社会进步和现实可行性四个因素，它们构成总目标下的四个子目标。当前新形势下，关键技术选择在强调上述目标的同时，还将重点考察全球技术竞争、国家安全、创造市场和扩大市场、民生改善、生态文明建设等方面的相关目标。

2. 选择原则

结合技术预测目标，明确关键技术选择目标之后，整个技术预测流程需要落实的重要步骤为确立关键技术选择的原则。关键技术选择原则是在对国家技术预测目标和需求深刻分析、对当前技术水平准确评价、对技术发展趋势有一定掌握、对选择背景有明确认识，并考虑关键技术选择的诸多因素的基础上形成的。它将从多方面对关键技术的选择进行指导和约束，并结合愿景需求分析、技术评估、预测调查过程后形成的各种判断，选择符合原则或指导思想的因素，作为建立评价备选技术准则的依据，并用于关键技术的遴选。

关键技术的指导原则和选择准则的确定是建立评价指标体系的核心。进行国家关键技术选择首先要确定评价技术的原则和准则，指导整个工作使之科学、严谨、规范、可信（胡望斌，2007）。指导原则必须符合技术发展的规律。由于资源有限性的固有特点，再加上技术发展的不确定性、技术变革速度加快，很难有国家能够获得全域的技术领先优势，而是必须集中力量，有所为有所不为，重点突破，才有成效。同时，科技的发展无法脱离经济、社会的发展，它们之间存在深度渗透、相互影响的紧密联系。这也是技术预测经过一代一代发展，内涵和外延不断变化、发展的过程。

周永春和李思一（1995）强调了关键技术的选择原则或指导思想在整个技术选择过程中的重要性，认为至少在两方面起着直接作用：其一，在选择工作中，为了遴选关键技术，需要以选择目标为出发点或依据，建立判定备选技术能否入选的选择准则或评分的指标体系，在此过程中选择原则将用来指导准则的建立，并将作为选择目标的逻辑延续在选择目标与选择准则之间架设过渡桥梁，它将为准则的建立提供边界条件，确定范围，从而构筑一个准则的粗略框架。其二，选择原则虽然一般不作为备选技术的具体评分指标，但它为关键技术的入选和最后的综合集成提供了思想原则，划出了基线，确定了边界条件，因而它也成为备选技术项目能否入选的重要考虑因素和判断依据。

通常情形下，国家层面的关键技术选择侧重于技术能在多大程度上为本国经济社会发展和国家竞争力利益服务。当然，这也和国家发展程度与全球位势有关，技术领先国家和新兴技术国家根据国情特点有不同的目标和选择原则。综合来看，最重要的是国家在发展经济、促进社会进步和维护国家安全方面对技术需求的影响，以及技术发展的环境条件的影响，还受到技术发展的现有水平、经济状况及经费支持能力的影响。

因此，确立选择目标和原则时，需要详细了解和掌握国家的经济、社会发展阶段，以及科技的发展水平现状评估及潜力预测；了解国家在国际技术竞争中的位势和态势，需要和现有的国家近期和中长期发展规划目标结合，理解国家重要纲领性方针政策，同时需要尽量掌握和了解国家或部门未来中长期的发展目标、需求及发展规划，注意关键技术的选择与国家现有计划的区分与衔接。

（二）选择准则

关键技术的选择准则，构成了技术评价的指标体系。选择准则是用来判别具体的某项备选技术能否进入关键技术的尺度和依据。在具体实施关键技术的选择过程中，对备选技术需要采用选择准则逐项进行评价。选择的原则和准则也是比较容易混淆的（李思一，1994），在实际运作过程中需要加以区分。

在由多个选择标准组成的评估体系中，任何选择标准都基于选择目标和原则，并综合考虑了既有条件、技术需求和能力。因此，关键技术选择的标准应当考虑国家经济社会发展的愿景需求、技术发展趋势、技术发展水平、技术竞争状况以及关键技术未来发展的经济和技术可行性等各要素。也就是说，要根据本国客观状况来选择关键技术。

选择准则一般是由多个准则组成的多维准则群，能基本上体现关键技术选择的目标和原则。有学者认为，各项准则的组合构成的准则体系要能满足对备选技术进行全方位评价的要求，从而达到对备选技术进行全面评价的目的（周永春和李思一，1995；石东海等，2016）。但这种追求准则完备性的想法，标准太多，而且缺乏明确的解释，几乎任何技术都可以随意归类为关键技术（Sokolov，2007；程家瑜和张俊祥，2008）。为避免这种情况，标准体系的构建还是应该紧扣目标与原则，且相互独立，以不超过10个为宜。

选择准则还应体现出层次性。相同层次上的选择准则在评价备选技术实现选择目标上处于同一等级。如果重要性有程度差别，还可以通过专家研讨设立权重加以区分。建立选择准则层次的意义在于，对备选技术进行评价时，只有采用同一层次的准则进行的评价及其评分结果才具有可比性，从而才能得到科学合理的结果。如果对选择原则不加层次区分地一并用来评价备选技术，那么由各项准则得到的评分结果显然难于比较。在实际的选择活动中也难以编写出合理、清晰的专家调查表，并根据调查表进行后续的数据处理和综合评价（周永春和李思一，1995）。例如，Klusacek（2006）提出国家关键技术评估准则包括两个层级，第一层级准则较为宏观，包括技术吸引力和技术研发可行性。在第一层级准则下，针对技术吸引力和技术研发可行性又进一步开发第二层级准则，技术吸引力包括经济和社会利益与科学技术机会两个方面，可行性准则包括研究和技术的潜力以及带来的经济和社会利益的潜力两个方面。这里需要注意的是：备选技术清单应处于同一层次，这样才适用通用的选择准则体系，才能进行比较分析，得出恰当的结构模型和数据处理下的关键技术群。

确定各项选择准则时，还需要充分考虑各项准则之间的相互关系。如果准则之间相关性显著，可能存在概念交叉和范围相交的问题，从而造成重复评价、重复计算甚至重复加权，不能客观反映真实的情况，关键技术的遴选结果就会欠缺科学性和合理性。同时，为了便于进行备选技术的评价，选择准则应通俗易懂，简单明确，不易产生歧义，易于让专家理解和做出判断，所得到的评价数据易于处理。

关键技术的选择目标、选择原则和选择准则体系，将贯穿渗透每一项备选技术的评价和关键技术的选择之中，并决定了技术选择的结果，因此对它们的确定必须进行深入、审慎的工作。通常应该由国家技术预测总体研究组组织专门研讨，并征求科技管理部门和领域研究组的意见，提出选择目标、原则和准则。

第三节　主要国家的关键技术选择

随着知识经济时代的到来，经济全球化趋势不断加强，国家之间的竞争更加激烈，科技竞争无疑成为这场竞争的焦点和关键。但是，任何国家能够投入科技开发的人力、财力、物力资源总是有限的，世界各国都不可能在所有的重要科技领域平均地投入大量的资源，也不可能在所有的科技领域均占据领先地位。根据本国国情与发展目标，正确选择和优先发展对本国的经济繁荣、社会进步和国家安全至关重要的技术，实施关键技术选择，已成为 20 世纪 90 年代以来一些国家推动科技发展的重要战略举措。

一、美国国家关键技术选择

20 世纪 80 年代，美国的科技战略重点是以军事应用为主要目标，"美国战略防御计划"（SDI）就是体现美苏高技术领域争夺战的典型代表。进入 90 年代，美国的科技发展战略重点由军事对抗转向了经济竞争。实际上，自 1989 年以来，美国政府有关部门就提出了关键技术计划，如美国商务部出台的含 12 个技术领域的《新兴技术：技术和经济机遇调查》，该报告还评价了美国、日本和欧洲共同体在这些技术开发和商品化方面的相对竞争地位，这一计划成为后来制定"先进技术计划"（ATP）的主要基础。美国国防部于 1989 年提出第一个关键技术计划，目的是保持美国武器系统的质量优势；美国竞争力委员会从产业角度开展技术政策和技术优先顺序的研究，发布《赢得新优势：美国未来优先发展的技术》（Gaining New Ground：Technology Priorities for America's Future）的研究报告；等等。根据 1990～1991 财年《国防授权法案》（National Defense Authorization Act），美国白宫科技政策办公室指定成立国家关键技术委员会，于 1991 年 3 月向美国总统和国会提交首份双年度研究报告《国家关键技术报告》（National Critical Technologies Report）。国家关键技术委员会所选技术方向主要在于加强美国国家安全和经济竞争能力。具体来说，美国国家关键技术的选择准则主要根据三大方面，即国家需求、重要性和关键性，以及市场规模和多样性。每个方面又细化为若干准则。该委员会原先推荐了近 100 项独立的技术供审议，根据选择准则和非官方机构与政府的大量意见材料，筛选出对美国长期国家安全和经济繁荣至关重要的 22 项国家关键技术（惠益民，1992）。

1992 年底克林顿总统上台后，继续执行布什政府施行的支持发展产业技术和军民两用技术的政策，并进一步加强和延伸了这些政策。1993 年 2 月，克林顿政府发布《促进美国经济增长的技术：增强经济实力的新方向》（Technology for America's Economic Growth，a New Direction to Build Economic Strength）的倡议，美国关键技术研究中提出的关于选择关键技术的目的、准则和目标等在其中得到了充分体现（岳瑞生，1993）。1993 年度的美国研发预算，重点突出了关于竞争力、关键技术和技术转让等项目的资助；减少国防研究开发经费，强调发展两用技术；加强基础研究与产业之间的联系，注重对国家未来起关键作用的技术。随后，美国陆续以几大技术发展计划来具体推进关键技术计划，如"先进技术计划"、"国家信息基础设施计划"、"军转民计划"、"生物技术计划"（人类基因组计划）和"环境保护技术计划"（清洁能源和清洁车辆计划）等（吴叶君，1995）。

无论是美国官方还是民间，都把围绕关键技术计划的行动作为新的技术战略的核心。产业界、高校和政府都在积极推行这个新战略，经过几年的实施，已经取得初步成效。1995 年，美国竞争力委员会再次推出《国家关键技术报告》。该报告调查了美国政、产、学三方对提高劳动生产率、促进创新和增强竞争力所做的种种努力。该报告还依据 1991 年的报告，分类评价了美国关键技术在国际上竞争地位的变化。事实表明，通过实施国家关键技术计划，美国在国际市场上的竞争力得以巩固。

美国国家关键技术计划呈现出以下几个特点。

（1）以立法形式确定，保证了关键技术计划的持续性。美国的国家关键技术计划以 1990～1991 财年《国防授权法案》为依据，并设立了由经济科学家和工程领域的专家组成的国家关键技术委员会（National Critical Technologies Panel），规定自 1991 年起到 2000 年止，每两年向国会和总统提交一份有关美国国家关键技术的报告。这项规定不仅突出了美国国家关键技术计划的法律效力，而且保证了该计划的连续性与规范性。1991 年 3 月，美国白宫科技政策办公室发布的《国家关键技术报告》，表明了美国的国家关键技术计划是由美国总统亲自负责的。1993 年克林顿上台以后，国家关键技术计划受到高度重视，已成为国家技术发展战略的重要组成部分。总统、副总统经常就国家关键技术发表讲话或签发文件。

（2）美国国家关键技术计划立足国家利益并兼顾企业利益。根据立法规定，国家关键技术委员会应选出不超过 30 项的国家关键技术。这些技术应是对美国长期国家安全和经济繁荣至关重要的技术领域，并且不仅要考虑产品的技术要求，而且要考虑制造工艺水平。由此可见，从长远利益讲，美国国家关键技术计划的目的在于满足其国防需求和经济利益，同时使企业成为最大的受益者，在提高企业竞争力的同时也提高了美国在世界上的竞争力。例如，在 1991 年的《国家关键技术报告》中，材料、制造、信息与通信等领域的技术包括了国民经济基础领域的大部分，生物技术与生命科学、航空与地面运输、能源与环境则更接近于技术应用领域。这些技术的解决将对美国的国家安全、经济繁荣与企业利益产生直接的影响。

（3）在关键技术计划制定与实施过程中，美国采用政府牵头、企业参与的方式，这种方式有利于避免技术与产品、研究部门与生产部门的脱节。由于企业是技术开发的主体，所以关键技术计划理应以企业为主加以实施。但在美国，国家关键技术计划实施初期过分强调了政府牵头的一面，忽视了以企业为主这一重要原则，参与国家关键技术计划的单位大都是高校和研究院所。后来，通过评估发现了这个问题，并逐步纠正。1997 年美国的《国家关键技术报告》就此进行了较大的改革，主要是以企业家为主角进行的。

（4）计划周密，落实具体，但对实施效果的评估力度不够。由于美国的国家关键技术计划兼顾国家与企业的双重利益，因此，计划既有一定的宏观性和系统性，又有具体的技术细节。1995 年美国的《国家关键技术报告》不仅提出了 7 大类 27 个关键技术领域，描述了每个技术领域的现状以及美国在世界上的竞争地位，而且详细列举了 90 个子领域中 290 项关键技术的技术细节和市场前景。为保证计划的实施，在执行过程中将关键技术计划分解成若干专门计划加以落实。例如，在信息和通信领域，美国陆续以几个大型技术发展计划来分步实施国家关键技术计划，如高性能计算和通信（HPCC）计划、提高战略运算能力（ASCI）计划、信息高速公路计划、下一代因特网（NGI）计划和面向 21 世纪的信息技术发展战略计划（IT2 计划）等。

美国的国家关键技术计划也存在明显的缺陷，最突出的问题就是没有对其近 10 年的实施情况进行全面有效的评价。该计划与其他部门的重点实施计划有重复和交叉现象，造成了浪费。

二、德国的技术预测与关键技术选择

德国政府历来重视关键技术选择。配合关键技术的选择，德国于 20 世纪 90 年代开展了三次技术预测。德国的研究、技术创新委员会也是德国制定创新战略方面最重要的咨询机构，自 1995 年成立以来，该委员会已经发表了 3 篇指导创新战略、涉及关键技术选择方面的报告。1998 年 6 月，该委员会发表了题为《全球竞争中的能力》的报告，共同制定了得到各方认可、涉及德国科研体制调整以及关键技术选择等具有战略意义的研究计划（黄群，1999）。同时，由政府出资委托有关研究所进行相关研究，如 1998 年 5 月几家研究所共同进行的《德国技术能力》（Germany's Technological Performance）报告、弗劳恩霍夫系统与创新研究所对未来进行预测的《德尔菲研究报告》（Delphi'98-Umfrage），都是政府和研究机构进行合作开展关键技术选择取得的成果（国务院发展研究中心国际技术经济研究所，2002）。

与第一次技术预测几乎同时完成的是关键计划选择。弗劳恩霍夫系统与创新研究所受德国联邦研究技术部委托，与德国其他从事研究开发计划管理部门的专家组成一个多学科研究小组，对 21 世纪初的技术进行鉴别和筛选，并于 1993 年 8 月发表研究报告《21 世纪初的德国关键技术》（《技术预测与国家关键技术选择》研究组，2001）。该报告认为，关键技术指的是对国家经济有决定性影响，考虑到技术发展的趋势并可在 10 年左右有重要商业应用的技术。德国在技术预测和选择关键技术的过程中，特别强调产业结构的调整，实现从"夕阳工业"向新兴产业的转移。科技发展的重点是为建立20世纪90年代和21世纪初的支柱产业服务。为了把相互交叉和渗透的各项关键技术联系在一起综合分析，德国关键技术选择采取从社会经济需求拉动技术发展的分析方法，以未来的问题和需求为出发点，然后鉴别出满足这些需求所需要的技术，即所谓的相关树法。通过相关树法，把未来各项关键技术对解决社会、生态和经济难题与瓶颈问题的贡献与能力有机地联系起来。

在鉴别和确定关键技术时，遵循了两个方面的准则。一是技术科学准则。包括研究开发的基础条件是否具备、开发的风险程度如何、人才资源能否满足、经费开支能否承担、当前所处竞争地位等。二是需求准则。主要表征技术对解决经济、生态和社会问题的贡献，如技术上的主要特征、经济上的渗透能力、市场规模、对世界经济的依赖性、对社会进步的贡献等。

在关键技术选择中，德国考虑了自己产业的国际竞争力，首先比较了德国和美国、日本在科学技术未来的重点领域中的水平，进行了美、日、德三国技术水平的对比，同时对每项备选技术在各产业中应用需求的重要性、对产业发展的影响进行了评估。根据产业需求强弱来评估和选择关键技术。这种选择方法本身就体现了技术与产业经济的相互关系，目标是选出对德国经济有决定性影响的技术，以确保德国在世界上的竞争地位，有利于人民生活质量的提高，同时兼顾社会、生态的需求和伦理方面的问题。按照以上研究方法和确定关键技术的准则，共选择和确定了9个领域的80项关键技术，包括新材料（24项）、毫微技术（4项）、微电子技术（7项）、光学技术（10项）、微系统技术（4项）、软件与模拟技术（10项）、分子电子技术（4项）、细胞生物工程（10项）、生产与管理工程技术（7项）（企言，1994）。

第十八章　关键技术选择的流程及方法

关键技术选择的途径、过程和方法与其发展目标、性质，它在科技和产业发展中的地位、作用，以及实施的方式密切相关，关键技术选择能保证技术优先发展方向遴选的科学性、权威性和有效性，使随后而来的各部门、各层次（部门、地方或企业）科技计划的制定和实施能够顺利进行，并且通过这些计划的实施实现关键技术发展的总目标，使国家的宏观调控能以较低的投入发挥高效率的作用。关键技术选择的组织、评价指标的建立和方法的选用是实现科学而有效的选择的三大要素。

第一节　需要重点解决的问题

经过技术预测的愿景需求—现状评价—预测调查阶段之后的关键技术选择环节重点解决五大问题。

1. 适合

界定出能支持或满足国家战略愿景需求的技术领域，也就是回答"什么样的技术是支持我们的战略性基本要求的？"此时，需要认定这一技术组合能否与国家的未来需求相适应。同时，更进一步指出：提升国家竞争力的未来应发展的主力技术是什么？国家具有重大竞争利益的关键性资源是什么？有哪些技术能支撑实现？

2. 影响

界定国家关键技术是什么。认定其是否在战略重要性和经济、社会效益和国家安全上具有价值。也就是回答：哪种技术组合可为国家提供最大的战略重要性和战略价值？同时，进一步认定该技术的发展时机，探究我们应在何处、何时建立核心技术能力，我们是否必须主动建立这种核心能力等。

3. 优先性

决定各项技术间的相对优先性。此时须认定：哪种技术具有战略重要性、经济社会价值、国家安全及竞争地位上的最大吸引力？换言之，在投资时机、重要性、技术可获得性等均纳入考量的情况下，哪种技术应予以优先考虑，或增加或减少？

4. 可行性

决定是否要自行研制或是依赖外部资源。需要回答：通过什么样的方式实现技术突破？是自主创新，还是需要通过技术许可、技术转让、国际合作获取外部资源，抑或是寻求与他人联合研发或并购对方？

5. 平衡

对于关键技术清单，进行个别认定并排列其优先顺序。也就是说，在既定战略之下，哪种技术是必须要发展的。同时，更要探讨：这一技术组合能否在投资风险、时机及技术可获得性方面都取得平衡？

若要明确回答上述各个中心主题，更须在技术预测过程中检视各个环节是否已经做好。具体包括战略工具间的良好配合，即经过愿景需求分析、技术发展现状评估、德尔菲调查工作之后，开展关键技术选择工作。其中，在愿景需求分析和技术发展现状评估的基础上凝练的关键技术清单非常关键，将同一类型的技术项目归并成技术子领域来进行，这样容易在各部门间建立一个方便沟通的界面。至于技术领域、子领域的确定，则可通过代表技术供应者、中间使用者、最终使用者等的专家组来确定。在这种情况下，便可通过预测调查形成的各问题指标计算统计，分析各个要素的平衡影响，形成技术组合战略，界定出最佳的技术层级组合。在此期间，其实已经包含了情景预测部分、最优的技术组合战略，也就是符合未来情景推演国家战略需求的关键技术群。关键技术选择的这一过程所扮演的是桥梁角色，用来衔接国家战略需求与技术供给之间的缺口。

一般来说，每种技术都具有优点及特色，以达成一定的资源使用收益，满足国家战略需求。但不一定所有的技术都能迫切地适合国家需求，所以我们需要有所选择，以使国家能在有限的时间、人力与物力资源的限制下，做出最合宜的技术决定，避免投资偏差、资源错配的情况发生。换言之，前面愿景需求的研究目的是指出未来环境是什么，以及国家需要什么。这里的关键技术选择的目的，则是在技术层面指出能做什么，从而使得整个技术预测具体落实到关键技术或研发计划项目的选定阶段。

第二节　组织形式和选择程序

回应关键技术选择需要解决的重点问题，科学的组织和选择程序至关重要，以此来保证选择结果的有效，支撑下一步各部门、各阶层科技发展战略的制定。也有学者指出，国家关键技术遴选与评价组织过程是非程序化的，拟定一个很规范的工作程序是不现实的（王硕等，2001）。美国的关键技术选择就缺乏统一的组织和策划，没有一套较为规范的选择程序，但这也是与美国多样、自由、开放、冒险的民族个性比较吻合的，但从国家、产业、企业层面的整体运行来看，仍不乏条理性和层次感（孙中峰等，2005）。

关键技术选择的组织形式和程序是不可分割的整体，组织形式是选择的前提和基础，选择程序则是实施选择的步骤和过程。由于选择关键技术的目的是为政策制定人员和技术管理人员提供有关各项关键技术的简单、完整、清晰的路线图，以便突出重点，带动全局，达到事半功倍的效果，因此，这种选择必须按照目标、能力、需求和客观规律进行，同时还应考虑本国的科学技术管理体制、社会文化环境，以及各部门之间的关系，从而采取适当的组织形式、明确的指导思想、科学的实施程序、系统的方法路线，使选择结果得到应有的重视和具体的实施。

一、组织类型

目前世界上许多国家都选择了国家级的关键技术或制订了相应的计划。就国家级关键技术而论，由于其地位重要、涉及范围广泛、决策层次较高、影响面较大，因而其选择的组织形式也更加严密，程序更加科学，过程更加复杂，周期往往较长。周永春和李思一（1995）按照选择的组织机构层次、性质、实施方式及影响效果，提出了以下三种类型的组织方式。

（一）政府直接组织与实施

一些国家政府十分重视本国关键技术的选择，往往由国家最高领导人或最高行政机构直接负责，并委任有权威性的官员与专家组成有权威性的委员会或领导小组、研究工作组、咨询审议组，分别或共同进行关键技术的考察、选择、分析、评论和报告编写。如果随后立即制定相应的计划，则还要对计划进行审议，提出实施建议。例如，1991年美国发布的《国家关键技术报告》，就是由布什总统亲自过问和审阅的。为了选择国家关键技术，根据美国《国防授权法案》专门成立了一个国家关键技术委员会，该委员会成员覆盖广泛的技术领域，对技术问题具有高度的洞察力。该委员会既负责审议和选择国家关键技术，还负责编纂国家关键技术报告，是享有最高权威的组织。根据审议通过的准则、大量背景资料，按照选择方法，从备选技术中选出22项被认为是最重要的关键技术。

（二）政府委托研究机构进行

有些国家的政府虽然也关心与支持本国国家关键技术的选择，但由于政府机构的职能权限与分工不同，或者由于当时需求不明确和时机不成熟，因而不是由国家最高权力机构或行政机构直接出面组织国家关键技术的选择，而是采取间接的形式，由政府职能部门委托具有一定权威性的研究机构负责组织对全国性关键技术的选择与评价，并以此作为指导本国技术经济发展的参考性依据或者制定最高层国家关键技术（计划）的基础性文件。例如1993年发布的《21世纪初的德国关键技术》，是由德国联邦研究技术部委托弗劳恩霍夫系统与创新研究所牵头，组织主管研究发展计划的7个管理局，并通过对全国各方面的专家的咨询调查来鉴别与筛选国家关键技术的。由于联邦研究技术部仅提出了简单的基本要求，而未对研究结果施加任何影响，因此这项研究具有相当的独立性和客观性。对选择准则的确定，既考虑了技术科学准则，又列出了需求准则，后者强调了技术对解决未来社会、生态和经济难题与瓶颈问题的贡献或作用。选择、评价关键技术采用的是相关树法，以此来评价技术对解决上述各种问题的作用和能力，最终确定9个领域的80项关键技术（《技术预测与国家关键技术选择》研究组，2001）。

（三）非政府部门独立进行

有些国家级的关键技术，完全是由一些非官方机构（主要是非营利性机构）通过公开渠道选择出来的，当然它们也可以或者必然要获得政府有关部门及其所属机构专家的支持。不过从选择结果来看，则更具有独立性、客观性和公开性，基本上代表着专家们的独立见解，因而有较高的学术水平和实用价值，往往能产生特殊的影响和实际效果。例如美国竞争力委员会于1991年在题为《赢得新优势：美国未来优先发展的技术》的报告中提出的关键技术清单就是这方面的一个很好的例证。这些报告对美国关键通用技术的竞争地位进行了卓有成效的评价，不仅影响了美国国家关键技术的选择，而且举世瞩目。美国竞争力委员会对关键技术选择的组织十分完善，选择程序也相当严格和富有特色。

二、组织形式

虽然各种类型、各个层次的关键技术的选择在目标、范围、规模和作用上不尽相同，组织形式和实施程序也多少有差别，但是总的做法基本相同。一般来说，关键技术选择的组织应考虑实施选择的组织结构与功能，以及组织内各单元的关系。其中包括领导（或指导）组织、研究（或工作）组织、咨询专家组、论证组织（评审机构或专家）、评定组织，以及这些组织之间的相互联系。

（一）领导（或指导）组织

这是关键技术选择的最高决策机构，主要职责包括：审议通过国家关键技术选择工作方案，听取技术预测整体工作进展汇报，并对国家关键技术选择研究成果进行审定。

（二）研究（或工作）组织

研究（或工作）组织可以分为总体研究组和领域研究组两个层级，以及各层级具体的研究工作组。

总体研究组由具有权威性和代表性的政府部门工作人员、高级专家和企业家组成。其中的专家既应包括主要的科技领域、产业部门的专家，还应包括管理领域和社会科学领域的专家。总体研究组的主要职责是审议关键技术的定义以及选择的目标、原则、准则，对研究工作组提出的选择程序和方法加以认可，审定随后提出的备选清单，以及审定通过最后选定的技术项目。此外，在最终报告出来后，指导组织还要组织进行全面严格的评价审查，提出修改意见。必要时，还要进行复审，以确保达到原定的委托目标。领域研究组则完成本领域的上述职责。

研究工作组是关键技术选择的研究执行机构，往往是受政府有关部门委托来执行这项工作的。它可以是独立的政府决策咨询机构、非营利性的政策研究机构，也可以是由若干决策咨询机构组成的合作研究组。无论是何种形式，都需要由一个在政策研究中比较有权威、有知名度、有影响的咨询机构牵头，以便随后的专家咨询和调查能够顺利开展。如前所述，关键技术选择不同于技术预测的其他环节，更侧重决策管理，因此最好有类似科技管理部门战略规划机构或专业管理机构等部门的人参与。

（三）咨询专家组

关键技术选择工作依靠的是广大专家的专业知识和远见卓识，离开了专家，这项工作是无法进行的。咨询对象由两部分组成。一是，要有较少数的高层专家组成领域专家委员会，他们的主要职责是根据研究工作组基于预测调查结果处理好的领域关键技术备选清单，依赖自身的工作经验和对未来的预测，提出本领域的关键技术备选项目，并对所提出的项目说明选择依据。在研究工作组根据各位专家的意见综合汇总后，再对综合汇总的清单提出新的意见。二是，需要在总体研究组专家之外，在考虑各个领域平衡的基础上，吸纳若干领域的战略专家组成国家关键技术选择专家咨询组，在最后阶段的关键技术选择专家会议上，站在国家战略高度，以解决未来发展的瓶颈问题和满足未来国家战略利益作为出发点，遴选出具有优先序的关键技术。

（四）论证组织（评审机构或专家）

这是对选出的关键技术进行论证的机构。这项工作可以由专门的论证组承担，也可以由研究工作组聘请具有战略眼光的专家完成。研究工作组组织专家来论证结果，首先，须让专家了解整个技术预测及关键技术选择的背景、目标，并将关键技术选择的准则反映在论证提纲和要求中；其次，要提交全部结果的统计分析材料，必要时还须提供给专家必要的参考资料，包括已有的战略规划、实施中的科技计划、主要国家的战略及预测结论等。专家在论证过程中，可能还会对关键技术的选择过程及结果加以评价，提出个人意见，这实际上起到了评价审核的作用。因此，为了保证结果的科学性和一致性，论证和评审最好由同一个机构承担，但实际操作起来会因具体情况而难于统一。这时，研究工作组需要做更多的协调组织工作。当然，在提交给国家关键技术选择专家咨询会议之前，领域研究组需要与科技管理专业部门共同完成论证环节，以确保领域研究组已对提交的关键技术清单达成一定的共识。

（五）评定组织

这是关键技术选择的终审和评定机构。它可以是专门组建的评审组，也可以由上述指导机构兼任，主要由总体研究组专家和科技管理部门主要负责人组成。主要职责是对研究机构提交审议的关键技术选择结果和总研究报告进行全面、严格的评价审查，并提出修改意见，必要时还要进行复审，以确保达到科技管理部门的要求，使所选关键技术最终获得批准和顺利实施。对于国家关键技术，其评审机构可以是国家关键技术委员会，也可以由指导机构另外组织班子或委托专门评审机构进行。

上述各部分的关系、各自的功能和作用可归纳为以下 5 点：①领导组织和研究组织是组织与实施关键技术选择的中坚力量，并对用户（国家、地方部门和企业）负责；②研究组织须与有关的官方和非官方机构（政府部门、学术界和企业）密切联系，组织专题讨论，请有关人员参与部分工作，派出联络员，请专家咨询，聘请专家论证等；③作为咨询对象的各位专家，在选择工作的研讨互动过程中，既与研究组织有直接的联系，又可通过评价结果的反馈获得综合汇总的信息，从而与其他专家之间发生间接的联系和信息交流，这种联系在不同领域、不同行业和层次间建立起来，其结果和影响将具有深远的意义；④论证组织或专家对关键技术的选择结果进行论证，并在一定程度上加以审核；⑤领导组织应对阶段结果、总结果和最终报告进行评价与审核，对部分结果在一定情况下拥有否决权，这项工作贯穿于选择工作的始终，需要大量反复的研究和协调。

需要指出的是，上述各组织单元及其功能更适用于国家层面的关键技术选择工作，考虑到关键技术选择可以在不同范围、不同层次开展，技术的发展目标和周期也不一定相同，因此可以针对具体情况有所取舍。当然，为了保障关键技术选择的科学性和权威性，提高执行效果，领导（或指导）组织、研究（或工作）组织、咨询专家组都是必不可少的。

三、基本程序

关键技术的选择程序是由领导（或指导）组织和研究（或工作）组织制定并监督实施的全部过程，包括若干选择目标、原则和准则的确定，选择途径和方法的研究，备选技术清单的形成，专家调查与回收、统计分析、综合集成，对入选技术的论证与评价等。上述组织内的各个单元（及其功能）和选择程序的各个阶段交织构成了完整的关键技术选择、分析与评价体系。

关键技术选择的基本流程如图 18-1 所示，主要包括建立组织机构，提出初始技术清单，确定选择准则，评估备选清单，通过综合集成提出结果清单，通过领导小组审核写出论证报告。其间，有些步骤须反复进行。

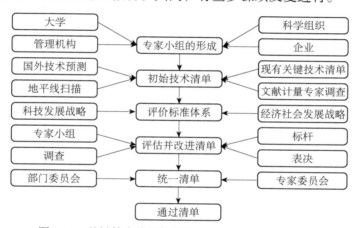

图 18-1　关键技术选择的基本流程（Sokolov，2007）

（一）优化工作组织

关键技术选择是技术预测的重要一环，领导组织或研究组织可以沿用，也可以根据国家关键技术选择的需求，在原有领导组织或总体研究组的基础上，成立专门的指导组或关键技术选择委员会，组建研究组织，并建立必要的专家咨询、评价的组织或网络，成员分别为各级管理专家、技术专家和企业家。

（二）制订工作实施方案

在技术预测工作实施方案的框架下，细化关键技术选择工作实施方案，包括考察国内外有关关键技术选择状况和经验，并在此基础上，根据背景和要求确定总体目标、技术选择的途径，建立方法体系，疏通有关渠道，考虑基本操作程序和进度。

（三）确定选择原则和准则

根据技术预测总体目标要求，以及预测各个环节形成的基本结论，确定关键技术的选择原则和具体选择准则，使之具有原则性、科学性和可操作性。

（四）推荐备选技术

根据预测专家调查的结果，结合选择工作的目标、原则和各项准则，对各个要素进行情景韧性和组合平衡分析，提出领域备选关键技术清单，由领域研究组组织专家审议并提出优化建议，提出最终的领域备选技术清单。

（五）选择关键技术

包括采用由各种定性、定量方法构成的方法群，通过专家咨询和会议投票、数据处理、分析统计、综合集成遴选出各层次、各类型和总的关键技术，列出清单（必要时可排出优先顺序）；选择可以分阶段、分几轮进行，采取逐步修正逼近的办法。

（六）评价关键技术

依靠高层次战略专家，采用科学的方法，对入选技术进行论证、评价、审核与修订。

（七）编制最终报告或制订计划

包括根据全过程的选择结果，进行分析研究，编写研究报告。在部门参与下制订相应的计划，并再行审议修订，其中可包括关键技术的发展与实施安排意见或要求，然后提交有关部门实施。

以上各个阶段实际上均有重叠、交叉、渗透和结合，可以根据具体对象加以变化和发展。

第三节　适宜的选择方法

在关键技术选择的目标、原则和准则确定以后，关键要做好技术选择的具体途径和方法研究，这直接影响到结果的准确性和科学性。通过合适的方法组合开展调研，排出优先序表，综合集成、汇总形成关键技术清单。

在关键技术选择过程中，不仅有大量组织方面的工作，还有大量分析研究方面的工作，尤其是要注意选择方法的取舍和应用，主要应关注以下三个环节。

（1）评价指标体系的建立。依选择目标→原则→准则的相关链进行问题分解。

（2）备选技术清单的形成。根据准则，对各要素进行单独排序以及组合平衡分析，形成各要素"单项成绩"序列与综合判断结果。

（3）评价和综合集成。根据拟定的关键技术进行评价审核，收敛意见，形成最终关键技术清单。

无论是国家级、部委级还是地方级的关键技术选择，均需要抓住上述三个环节，根据具体的目标和要求展开，各个环节相互衔接，形成技术选择的方法体系。

在评价指标体系的建立过程中，关键问题是需要将选择准则量化为方便评价的指标。首先，通过目标分解，将总目标分为子目标，子目标分为评价准则。评价指标的量化就是用权重将优先序表示出来。其次，根据方法计算出权重，按照这个指标评价的技术，得分将反映该技术对总目标的多因素综合评价的优先级。

在目标分解时，还须设置代表各层次不同因素优先级的权重，整个过程的具体操作方法如下。

（1）相关矩阵法。主要是通过科学技术备选重点对国家的发展战略目标的相关性评价来选择重点的方法。这种方法的实质是求两种要素、多种要素之间的关联度，既可用于评价不同技术之间的相关关系，也可用于评价技术与其发展目标之间的相关关系。

（2）层次分析法（analytic hierarchy process，AHP）。将决策因素按层级分

解，将国家的发展目标进行分解，并按各目标之间的逻辑联系和结构，形成有层次的评价指标体系，再对各层评价指标体系按其优先序给予评价权重，并通过上下关联，获得每个指标的评价总权重。这些权重既可以对评价指标进行计算，也可以直接对各备选技术进行评分。

（3）相关树法是一种典型的规范性预测方法，它提供了未来目标与当下决策相关联的桥梁，旨在预先设定一项目标，再探求达到目标的各种不同路径。此时，即通过所制定的目标或使命能否达成来评估、决定各路径的价值。

（4）专家研讨（投票）法是关键技术选择过程中应用最广，同时也是衔接各种软科学研究方法最有效的方法之一。

另外还有不少方法，诸如淘汰选择法、逼近理想解法等，需要根据不同的适用条件以及待解决的问题选择相适应的方法。

第十九章　技术选择韧性与组合平衡

为了评价和选择关键技术，需要针对不同技术对发展目标的重要程度给出评分。国家的发展目标一般是多层次、相互关联的，通过科学技术备选重点对国家的发展战略目标的相关性评价来选择重点技术，不失为一种好的途径。在确定和分解发展目标、制约因素等时，要求分析获得的最终指标详细、具体，而且必须具有相互独立性。越详细、越具体，就越容易评价技术项目对目标的影响、所受制约的程度；相反，笼统的、彼此交叉的、包罗万象的发展目标可能会让专家无所适从，难于评分，所得结果也失去意义。

第一节　要素指标的确立

根据国家关键技术选择的原则和准则，通过要素衡量指标，来评估每一个技术项目的属性。在衡量指标中，一般来说，要素项目包括战略重要性、经济效益、社会效益、产业作用、国家安全、技术水平、技术可获得性。这7个指标基本上与关键技术所要具备的特征相互呼应。其中，战略重要性是一个综合性指标，是其他指标联结的中心主题，其重要特征就是表明这些技术对实现国家目标至关重要。这些技术的突破、创新和应用，对促进经济持续增长、提高国际竞争力、改善人民生活质量、保证国家强盛具有决定性作用。其他要素指标（如经济效益、社会效益、产业作用、国家安全等）都是战略重要性的具体体现。技术水平与技术可获得性，表明除前几项要素之外，内部能力与外部制约的主题、彼此的关联性也是十分明显的。因此，所有的要素考量都会涉及平衡问题，形成综合性判断，不仅要有情境韧性的解读，即要找出"单项冠军"，还要有组合平衡的分析，即要找出符合实际需求、具有可操作性的综合考量。

按照国家关键技术的原则和准则，根据科学技术部组织的第六次国家技术预测结果，可以构造综合性指标和单要素指标两大类，具体包括多个方面。

第一类，综合性指标：由重要性指数（I-index）构成。依据对我国科技、经济和社会发展的重要程度，专家对该项目给出综合的重要性判断。

第二类，单要素指标（共 6 类）：①产业作用——$I_{nd-index}$，即 H_{index}、T_{index} 与 F_{index} 之均值；②经济效益——$E_{co-index}$，根据 E_{index} 和 C_{index}，以及 M_{index} 构建投入/产出指数；③社会效益——$S_{oc-index}$，即 S_{index} 与 L_{index} 之均值；④国家安全——N_{index}；⑤技术水平——R_{index}，根据技术研发基础指数获得；⑥技术可获得性——P_{index}，根据专利制约指数获得（表 19-1）。

表 19-1 关键技术选择指标（举例）

（1）经济效益计算公式=$E_{co-index}$=output/investment=（E_{index}+C_{index}）/M'index
E_{index}：12. 技术产业化的前景指数
C_{index}：13. 技术对提高国际竞争力的作用指数
M'index=100−M_{index}：11. 技术产业化的成本指数
（2）社会效益计算公式=Sco-index=（S_{index}+L_{index}）/2
S_{index}：6. 资源能源节约和生态环境保护、建设生态文明指数
L_{index}：7. 改善和提高人民生活水平与质量指数
（3）产业作用计算公式=$I_{nd-index}$=（H_{index}+T_{index}+F_{index}）/3
H_{index}：4. 培育战略性新兴产业和带动高技术产业发展指数
T_{index}：5. 改造和提升传统产业、建设现代化经济体系指数
F_{index}：8. 推进解决"三农"问题及乡村振兴指数

通过以上说明可以看出用这些要素衡量关键技术，能够整体把握国家层面对技术优先项选择的要求。

这些指标反映出国家关键技术所具有的以下四个方面特征。

（1）重要性。这些技术对实现国家目标至关重要，其突破、创新和应用，对促进经济持续增长、提高国际竞争力、改善人民生活质量、保证国家强盛具有决定性作用。

（2）先导性。这些技术起到先行和导向作用，能够带动其他技术的发展。

（3）通用性。这些技术应用领域广，能够促进多种行业的发展，能够带动多项技术的进步和发展。

（4）竞争优势。我国具有一定的竞争优势，在未来 10～15 年可以投入

应用，并且同其他技术配套形成具有良好市场需求的产品、设备、系统和
工程。

我们可以通过关键技术要素评价图（图19-1）来表示在不同情境下关键技
术在上述7个要素指标间的消长变化情况。通过对德尔菲调查的各项指标进行
计算后的数据来表示绩效的高低，并建立要素关联分析表，以此来具体展现各
要素指标的量值及理由陈述。因而，每个关键技术均有一个要素评价图及要素
关联分析表，以此说明该关键技术在不同要素维度及每个情境中的相对地位
变化。

图 19-1　关键技术要素评价图

第二节　情境韧性和组合平衡

在完成技术预测德尔菲调查后，即可进行情境韧性分析和组合平衡分析，
以找出优先发展的关键技术选择建议。

一、"单项冠军"情境韧性分析

情境韧性分析也就是将所有的技术群进行跨情境与跨技术群的比较，检视
其重要性、风险性等评价要素的分数变化，从中找出能"以不变应万变"的技
术群，让后续策略的研拟与取舍更加明确。

为检视跨情境的技术群评比结果，在技术群定位矩阵图的绘制上，可以将不同情境的技术群的评比结果绘制在同一张图上，即可一目了然地看出各技术群的定位与移动的情形。

如果某些技术群在不同情境下的重要性和风险性出现很大的位移，就表示这些技术群的情境韧性不佳，易受到外部环境影响而变化。投资这些技术，恐将付出较高的代价。反之，若其重要性与风险性评分结果不会因为情境不同而有太多异动，则表示这些技术群的情境韧性高，相对经得起外在的考验，风险比较低。

如根据重要性判断，根据对策略矩阵意图的决策意涵的理解，整理出技术重要群组，经由两种不同情境的韧性考验之后，有多少个技术群的情境韧性较好，需要进行深入的比较；剩下的有多少个技术群，因为情境韧性的表现较差，被归为备选技术群。

进一步比较情境韧性较好的技术群，会发现有一些技术在情境 A 时落于某区域，但到了情境 B 时就移动到另外区域。也有一些技术群，无论是情境 A 还是情境 B 都在同一区域内，可以归纳为主要技术群。只有在某一个情境时会落在投资焦点区域中的技术群，可被归为次要技术群；若在两种情境状态下都落入投资焦点区域内的技术群，则被归为备选技术群。

策略矩阵定位是通过为技术群打分的方式，将得分的情形以矩阵的形态呈现，从矩阵图中比较技术群的得分结果，从中找出最适合优先投资的技术群。策略矩阵定位的执行步骤分为三大部分：确立评估要素、为技术群评分、策略矩阵分析。

1. 确立评估要素

专家们通过讨论，挑选出具有共识的评比项目，然后比较各技术群的结果即可。除此之外，也可以使用层次分析法找出相对重要的评估要素作为评比的项目。

第六次国家技术预测技术群从重要性与风险性两个维度进行评估。重要性包括综合重要性、产业作用、社会效益、国家安全等评估要素，风险性包括技术水平、技术可获得性等评估要素，如图 19-2 所示。也就是说，每个技术群都要给市场规模、社会价值、产业地位与技术风险打分，然后进行比较分析。

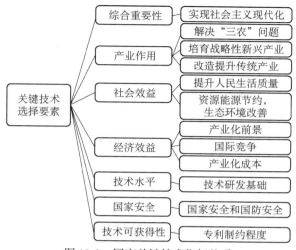

图 19-2　国家关键技术指标体系

2. 为技术群评分

选定评估要素后，接着对每个评估要素定义出明确的概念，根据先前确认的评分标准、方向性及评分尺度，对德尔菲调查结果进行计算整理，如表 19-2~表 19-4 所示。

表 19-2　公共安全领域重要性指数排在前列的技术

编号	关键技术	I-index
7072	复杂恶劣环境下重大交通基础设施安全性能影响因素辨识技术	92.48
7061	天临空海地一体化应急通信保障技术装备	92.26
7012	综合灾害监测预警技术	92.16
7054	城市生命线检测监测预警装备	91.39
7078	高参数油气管道服役安全保障关键技术	91.09

表 19-3　经济效益综合指数较高的技术

编号	关键技术	$E_{co\text{-}index}$
7070	近、远海基础设施安全增韧技术	5.33
7073	重大交通基础设施状态高精度感知技术	5.13
7075	交通基础设施安全性能快速修复技术	5.01
7092	跨境资本动态监测与冲击预警技术	4.95

表 19-4　国际竞争力排在前列的技术

编号	关键技术	C_{index}
7004	航空器新技术的安全风险识别、防护及适航审定技术	91.7
7077	国家原油储备基础设施安全风险智慧管控技术	88.3
7092	跨境资本动态监测与冲击预警技术	86.9
7072	复杂恶劣环境下重大交通基础设施安全性能影响因素辨识技术	86.9
7013	空地协同的应急通信混合组网与动态互联技术	86.5

3. 策略矩阵分析

详见接下来的"'组合冠军'组合平衡分析"部分。

二、"组合冠军"组合平衡分析

组合平衡分析是将各个技术群在两两评估要素的交叉组合中进行比较，检视技术群的相对位置、分布情形与其策略意涵，重新检视初步技术战略规划中的首要及次要技术群，以利于后续进行通盘考量，思考是否需要调整技术群的投资发展优先顺序，发展出具有宏观视野的技术战略规划。简单来讲，就是将两个要素进行交叉比较，在交叉比较中检视特定技术层级的集中性。例如，通过策略矩阵分析，可以看出一项技术属于研发基础积累较差的技术，但是其对国家安全具有很强的保障作用；或者有些技术面临严峻的国际技术竞争环境，又对培育新兴产业和改造传统产业有着非常明显的作用等。甚至可以考虑更多的要素，组合成三维、四维等综合比较分析，检视各要素考量情况下的技术项目。实际上，这也就是回答"该技术能够获得怎样的平衡？"的问题。但评估这些技术，或是战略重要性，或是经济效益和社会效益，或是国家安全等，以及产业化或社会效益产生的时间又是多少，这些问题就需要结合关键技术选择的目标、原则和准则，并根据具体的情境，从中厘清评估要素所交叉的各类组合，哪些组合具有战略形成意涵，哪些对战略形成较有意义，但在有限目标下可以暂缓等。

因此，可从战略重要性、经济效益、社会效益、国家安全、产业作用、技术水平、技术可获得性 7 个要素指标所配对组成的两两交叉比较组合中，挑选出较有意义的交叉项，建立组合平衡图以进行分析。此时有以下可参考的选择标准。

　　首先，技术的战略重要性应是最值得注意的，因为它与国家愿景需求直接相关联，所以战略重要性与其他 6 个要素间的组合应为较具意义的交叉组合。

　　其次，经济效益、社会效益、产业作用是常用的配对比较组合，具有较大的分析意义。

　　再次，在国家层面，国家关键技术选择一个重要的考量是对国家和国防安全的重要性，因此与国家安全要素的配对分析具有战略上的分析意义。

　　最后，研发基础和表征国际竞争的专利制约程度指标，构成对技术可获得性的评价，在某些特定情境下，技术可获得性与其他要素之间的组合分析有很高的参考价值。

　　在实际操作过程中，我们需要根据特定的分析对象进行增减取舍，最后选定的交叉比较项目应为 10～20 个，以免过于复杂且增加不必要的工作量。

　　具体的组合平衡分析可以包括如下几个方面。

1. 战略重要性与其他要素

　　如果该技术兼具战略重要性与经济效益、社会效益与产业作用时，即可被视为一项具有吸引力的技术，即具备成为关键技术的潜力。此时，可再检视其现有技术水平、技术可获得性等因素，以做出最后的判定。只是具备战略重要性的技术，属于国家为达成愿景需求而必须发展的技术。对于具有较高经济与社会价值、产业作用明显的技术，如果国家层面的战略重要性不突出，则可视为一项潜在性资源利用的技术，在技术具备可获得性的情形下，可由产业部门直接进行投资获益，以促进产业部门提升竞争力，如图 19-3 所示。

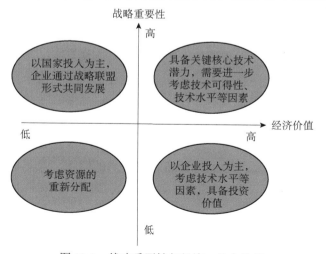

图 19-3　战略重要性与经济、社会价值

在战略重要性与技术可获得性方面，当高战略重要性与技术专利制约程度的关系不明显时，因为技术容易取得，则应从外部获取资源；当高战略重要性与技术专利制约程度的关系明显时，由于技术外部资源渠道受阻，应采取以内部投资为主的模式，提高国家内在的技术自主能力。

在战略重要性与技术研发水平方面，如果两个要素都属于高水平，则应朝着持续强化研发的方向努力，以保持强势的技术竞争能力；如果只具有战略重要性而技术研发基础偏低时，则不仅要考虑向内研发加强积累，还须向外研发获取技术。当然，如果战略重要性也偏低，则应该重新分配资源。

2. 战略重要性与技术可获得性

在策略矩阵图中，不同落点区位代表不同的意义，表示区位内的技术群在某个情境下的复合重要性及复合风险性的相对关系。

针对不同的落点区位，可以进一步指出政府所应扮演的角色。

（1）建构产业环境型。这部分技术群位于矩阵左上方具有高度重要性及低度风险性的位置。企业较有能力进行这方面的技术发展，或是承担技术开发的风险，因此政府应该协助健全产业发展的条件，创造无障碍且公平竞争的产业发展环境。

（2）强化竞争优势型。这部分技术群位于矩阵中上方具有高度重要性及中度风险性的位置，需要承担一定的风险，但其重要性比较突出，因此较适合由政府投资，是研发投资的热门选项，也可称为投资焦点。落于该区域的技术群为优先投资的关键技术群，为此政府应通过政府力量，创建完备的产业环境，协助行业部门跨越技术投资门槛。

（3）政府强势主导研发型。位于矩阵图右上方具有高度重要性和高度风险性的位置，政府扮演的角色为强势主导，一般包括高风险性研发项目，需要政府资助研发计划，进行前瞻技术开发，帮助落于这个区域的技术群缩短技术实现的时程，让企业得以承接，并将技术成果进行商业化推广。

（4）定期监控追踪型。位于矩阵图左上方具有中度重要性的位置，政府扮演持续监测技术群发展的角色，并留意相关技术的应用，及早洞察技术群的位移走势。

3. 经济效益、社会效益与技术可获得性

对于经济效益和社会效益均高的关键技术，产业部门可以快速切入，不仅

能满足获利的条件，而且能创造社会价值。至于那些对这两者的推动作用都稍显不足的关键技术，宜视实际情况，参酌其他衡量指标，重新分配资源。那些经济效益好的技术，虽然社会效益不显著，但可以由产业部门投资获益，提升经济竞争力。那些社会效益彰显但经济效益不明显的关键技术，可由政府部门给予长期研发的机会，不宜轻言放弃。

在与技术可获得性的组合方面，如在较好的研发基础或专利制约不显著的情况下，经济、社会效益也很高的关键技术，应同时采用外部及内部资源，全力开发投资，进一步提升价值。对经济、社会效益推动作用不明显的技术，可先检视是否同时具有高战略重要性或是国家安全作用。如果技术可获得性不理想，而经济、社会效益显著，为了提升经济或社会价值，政府应该协助健全产业发展的条件，创造无障碍且公平竞争的产业发展环境，鼓励较有能力的企业进行这方面的技术发展，或是政府分担部分技术开发的风险。

4. 国家安全与其他要素

在涉及国家安全与国防安全要素时，如果对国家安全很重要，对其他要素亦有较强的促进作用，则政府和私营部门都要加强研发积累，提升技术创新能力。如果是对国家安全非常重要，但对产业作用或社会效益不明显的技术，则需要通过专家进一步评估是否需要不考虑成本要素的持续投入。

5. 技术可获得性问题

在研发基础与专利制约的组合方面，如果技术具有较好的研发基础，且国家专利竞争程度很高，则为一个好的项目，应大胆走出去向外研发以取得技术，提升技术竞争力，但仍须审慎评估其战略重要性、国家安全要素，以决定实际研发投资的规模。至于那些国际专利制约程度低的技术，为何没有竞争者，或是少有竞争者涉足这一技术领域，还有待进行国别结构分析和进一步确认。另外，对于技术研发基础较弱且国际专利制约程度很高的技术，则须进一步综合考虑战略重要性、经济效益、国家安全等要素，仔细考虑进行内部研发的可行性，决定是否需要强化内部研发，并评估研发投资的规模。

6. 组合平衡分析结论

根据技术组合平衡的结果，针对每个技术层级，推演出明确的技术战略结论，作为选择关键技术的基础。我们可以先观察每个组合平衡图，就其落入不同区位的技术，形成不同的技术选择策略。

（1）哪种技术是最具有吸引力的技术？这就是高战略重要性与各要素指标评价高的技术群。

（2）哪种技术是最具可能性的核心技术？这就是国家需要运用其强势竞争地位来开创出最大化的战略与商业利益的技术。

（3）哪种技术是已在发展中而应被强调或引起注意的？它通常指具有短期商业时机、中高度商业价值及技术获得性，而须在技术地位及战略性上予以强化的技术，可向外发展。

（4）是否存在"金矿"或全面出击的机会？"金矿"是指商业价值与低风险下的技术层次；全面出击则是高风险与高报酬下的组合，并且出现的机会较少。

（5）什么是关键的风险所在？即说明各技术的相对风险性高低，以及主要风险的所属，到底是技术风险，还是企业风险，抑或是企业风险中的非经济因素等。

（6）有哪些是应暂时搁延的技术？这就是所谓的问题记号的技术，即长期性的商业时机、高风险及中低商业价值，需要更多智慧来确认，并重新指引新的投资方向。

（7）是否存在潜在的短打或快攻技术？短打即低风险、低报酬的技术，快攻则指短期商业时机及低报酬的技术。

（8）最后，更须指出应由内部取得资源的技术，它们一般应为高战略重要性及高技术竞争地位的技术层级。

另外，我们也可从国家发展目标的技术组合角度回答以下问题：

（1）这一技术组合的强度何在？是否可以改进，以符合国家战略需求？

（2）这一技术组合的漏洞及重复投资的哪些方面是必须予以纠正的？

（3）改善此技术组合的机会在哪里？

（4）什么是目前最迫切需要采取的行动？什么行动是可以暂时拖延的？

（5）未来需进一步研究的重点是什么？

第三节　排定技术优先序

一、综合考虑，避免重大遗漏

第一种：在指标分析中多个指标都排在前列的技术，专家认为很重要，这类技术往往是多数专家的共识，占绝大多数。

第二种：部分指标排在前列，过去认为不重要，但经过专家讨论，一致认为该技术确实很重要。

第三种：个别指标排在前列，但经过专家讨论，认为可不作为国家关键技术。

第四种：专家组认为很重要，但在指标分析中排序靠后，此类技术要在专家组内进行深入讨论，最后由专家组集体做出判断。

第五种：非共识技术，存在争议。

第六种：在指标分析中排序靠后，专家也认为其可不作为国家关键技术。

二、初步形成关键技术

按照选择国家关键技术的原则和准则，在综合分析和归纳各领域调查数据的基础上，发挥领域专家组成员在各自技术领域的互补优势，进一步通过研讨、比对各个子领域的关键技术，筛选整理出各领域的关键技术。领域研究组专家根据综合指标列表对入选的技术进行分析判断。

（1）排名靠前但实际并不合适的技术，经过讨论可予以剔除。

（2）对明显疏漏的重要技术给予补充。

（3）对非共识技术进行讨论。

三、集成、凝练关键技术

总体研究组进行综合分析和评价，经过专家论证，凝练国家关键技术。

（1）对各领域提出的关键技术进行综合与适当调整，对于个别技术，组织专家进一步研究。

（2）对相关和领域交叉技术进行归类，形成关键技术群（可以以一项重大产品、系统或新的技术类别进行技术集成）。

四、形成国家关键技术清单

根据领域研究组提供的关键技术清单进行归类，大致可以分为以下几个方面。

1. 战略高技术

该类技术在一国经济、社会发展中占有重要地位，能够体现国家战略意图，对经济社会发展和国家安全有重要影响力，为国家长远和根本利益之所在。

2. 产业核心技术

该类技术的发展将会显著提升和改造传统产业，夯实传统产业的研发基础，极大地促进高新技术产业的发展，增强产业竞争力，从而创造出良好的经济效益。

3. 基础技术

在更深的层面和更广泛的领域解决国家经济与社会发展中的重大科学问题，以提高我国自主创新的能力和解决重大问题的能力，为国家未来发展提供科学支撑，一旦突破将对整个行业乃至社会产生较大的影响。

五、优先序排定

在完成各技术的组合分析后，就可以进行技术组合的筛选，结合资源匹配情况，排列出各技术组合的优先次序。

（一）技术组合的初步拟定

这里的技术组合有两个分类：其一，因为技术清单的层级可能会过细，而且一一列出不仅烦琐费时，还容易失去分析焦点，所以可以根据国家重点研发计划层级来归类，考虑具有战略性、代表性的技术群，各个群组下再包含数个关键技术，初步拟定欲分析的技术组合。其二，根据技术对应的需求解决来分组，可以分为产生重大经济效益类技术、重大社会效益类技术、重大技术突破类技术等。对技术进行组合、分类的好处在于可以减少部门间在沟通上的失误，避免交叉问题无人认领情况的出现，并为技术群的执行划分责任。

（二）关键技术优先次序的排定

在排列关键技术的优先顺序上，又可细分为以下两个步骤。

1. 初步排序

估计各个技术组合的重要性分数和可获得性分数。这里的重要性意义范围更广，包括战略重要性、经济效益、社会效益、产业作用以及国家安全等，这些要素对部门、企业可能有不同的权重考量，但在国家层面，每个要素与国家利益、竞争力直接相关，都必须重点关注。可获得性主要考量内部自身的技术研发基础情况，以及外部的国际技术竞争情况，两者合并而成。这两项指标明显可反映出关键技术可获得性的程度，可以将重要性分数和可获得性分数进行加和，以初步排定关键技术的优先序。

2. 排序的修正

调整上述已排列好的计划优先次序。为达到这一目的，可使用上述要素分析中的战略重要性分析作为是否进行调整的依据。为了研究方便，多采用平权的处理方式。在国家关键技术选择中，根据选择准则进行平权和部分要素加强权重比较，计算结果也没有太大差别（周永春和李思一，1995），但在技术组合策略既定的情况下，会将战略重要性作为重要的调整依据。即如果某计划组合的战略重要性较高，则可将计划优先次序适度地往前提升。此时，需要技术预测组织部门的主观判断，最好引入一些战略专家参与讨论。这一步骤十分重要，因为通过这一调整程序，可以确保我们先前已得出的技术战略重要性，在计划选定时，可被纳入考虑。除此之外，从国家层面来说，在战略重要性凸显的情况下，虽然资源要素会排在后面，但是还要考虑要素分析项目中的承诺资源指标，以避免任意放弃某一计划组合。如果计划的优先次序虽较低，但其有关单项指标（如研发基础、专利制约等）上的分数相当高时，则意味着若要实施这一计划，将会影响其他计划的实施而成为瓶颈作业，此时不应片面终止该计划的实施。

最后，技术预测是一种对科学技术发展进行前瞻性系统研究的方法，可有效识别在一定时期和有限资源约束下促进经济、社会和环境综合最优化发展的技术发展方向，即能给经济、社会和环境带来最大收益的优先领域与关键技术。因而，在真正考虑国家关键技术时，不得不考虑投入预算的有限性，可以将预算与关键技术优先性相互连接，以区分应取计划、备取计划与落选计划。

第二十章 层次分析与关键技术论证

在关键技术选择的目标、原则和准则确定以后，研究技术选择的具体途径和方法，并利用这些方法开展调研，排出优先序，通过综合集成，汇总形成关键技术清单。这个过程的通用模型已经在前面章节中有所介绍，这里重点介绍从事关键技术选择的一些特殊处理方式。在关键技术选择过程中有大量的分析工作，关键是注意以下三个环节：构建评价指标体系、形成备选技术清单、统计分析评价和综合集成。

第一节 层次分析应对复杂决策

一、层次分析法

层次分析法是由美国学者托马斯·萨蒂（Thomas Saaty）于 1971 年所提出的一套决策系统，目的是将一个复杂的问题简化处理，将评估要素分成不同的层级，借由层级性的分解方式简化整个分析过程，让各层与各评估要素之间具有独立性，进而建立起评估的层级结构系统，通过量化的计算结果为决策者提供整体性信息，帮助其做出适当的判断，进而降低决策错误的风险。在层次分析法的假设上，每一要素除了假设独立性之外，还要进行成对比较后形成正倒值矩阵，所评估的相对偏好则需要满足迁移性，包括优劣势与强度，且专家对要素偏好的评估需要测试其一致性程度。具体而言，层次分析法的主要用途包括：①设定各方案的优先性权重，并选出最佳方案；②产生一组替代方案群；③衡量某一新技术的绩效能力；④进行方案间的成本效益分析；⑤进行方案的风险性评估（余序江等，2008）。

面对未来各种不确定因素，其影响程度是不一样的。此外，在不同的情况下，同一事件的每个元素应具有不同的重要性比例，因为情况的发展会改变某些因素的重要性水平，也会改变元素之间的影响程度。如何做出深思熟虑的决策，取决于一个仔细可行的分析程序，以提高决策的效率和准确性。层次分析法不仅能提高决策评估的准确性，亦能提高决策方案的适用程度，同时还能协助决策者在权衡评估要素相对影响力的过程中，更加清晰地理解事件与所有要素之间的关系，以及明确要素彼此之间如何互相牵动与激荡，借由分析过程提供更丰富的信息，以启发决策者产生更多的策略想法。

层次分析法的主要步骤包括以下几个方面（Satty，1994）。

1. 界定问题

回答"什么是我们需要去做的"。确认问题的内涵，分析的目的、范围以及影响因素与各种备选方案。这里可以结合技术预测前几个阶段的成果，也可以通过文献探讨、问卷调查或专家研讨进行收集整理。

2. 分解层级

说明"什么是我们可能采取的行动"。目的在于建立多层级的分析架构。将某一事件的各个影响要素依主从关系层层分解，每个层级列出的所有要素应尽量周全，并没有遗漏，以充分涵盖该事件的重要决定因素，此外，同一层级的要素之间彼此须具有独立性。例如在第六次国家技术预测关键技术选择环节中，第一层级的总目标是选出对我国基本实现社会主义现代化目标起决定作用的关键技术；第二层级分为经济发展、社会效益、产业作用、国家安全、技术可获得性5个分目标；第三层级则是12项要素指标，位于评价指标的最底层，如图20-1所示。

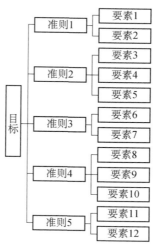

图 20-1　层次分析中的目标、准则与要素分解

3. 建立比较矩阵并评估相对重要性

建立层次分析法要素成对比较矩阵，并评估同一层级所有要素中两两要素间的相对重要性。层次分析法的评分方法十分独特，其基本思想是：各专家对某种事物进行评价时，如果直接评分，往往不能准确地给出合理的分值，随着专家的情绪变化或打分的先后，常对其中的某项评分过高或过低，只有在两两比较时，才会给出真正反映专家直觉、代表专家判断的评分（周永春和李思一，1995）。假设有 n 个组成元素 A_1，A_2，A_3，$\cdots$，A_n 进行配对比较，则可得出以下的配对比较矩阵 A：

$$A = \begin{bmatrix} a_{11} & a_{12} & a_{13} & \cdots & a_{1n} \\ a_{21} & a_{22} & a_{23} & \cdots & a_{2n} \\ \vdots & \vdots & \vdots & & \vdots \\ a_{n1} & a_{n2} & a_{n3} & \cdots & a_{nn} \end{bmatrix}$$

其中，$a_{11}=a_{ii}=a_{jj}=a_{nn}=1$（$i, j=1, 2, 3\cdots, n$），矩阵主对角线值均为 1。$A_{ij}=1/a_{ji}$，非主对角线上的各值，恰与对应位置的元素值互为倒数。

4. 检验一致性

为了确定决策者在进行成对比较时能够达到前后具有一贯性，需要进行一致性的检验，主要是通过一致性指标（consistency index，CI）与一致性比率（consistent ratio，CR）来确定填答的成对比较矩阵为一致性矩阵。一致性指标主要是检验决策者在决策比较过程中所进行的比较是否合理，是否达成一致或是否产生矛盾现象。一般情况下，若 CI≤0.1，就可判断矩阵具有一致性，据此计算的 W 是可以接受的，否则重新进行两两比较判断。

$$CI = \frac{\lambda_{max} - n}{n-1}$$

其中，n 为评估要素的个数，λ_{max} 是矩阵 A 的最大特征值，如果 $\lambda_{max}=n$，则成对比较矩阵 A 具有一致性。若 CI=0，表示前后判断具有一致性；若 CI>0，表示前后判断有误差不连贯；当 CI<0，表示前后判断不太一致，但仍在可接受范围内，参见表 20-1。

表 20-1　一致性指标与一致性比率之判断

指标	公式	评估准则
一致性指标	$CI=\dfrac{\lambda_{max}-n}{n-1}$	CI>0.1，表示前后判断不一致 CI=0，表示前后判断完全一致 CI<0.1，具有可容许的偏差

指标	公式	评估准则
一致性比率	$CR=\dfrac{CI}{RI}$	$CR \leqslant 0.1$，表示不一致性达到可接受的水平

判断矩阵的维数 n 越大，判断的一致性越差，故应放宽对高维判断矩阵一致性的要求，于是引入修正值 RI，并取更为合理的 CR 作为衡量判断矩阵一致性的指标。

$$CR = \frac{CI}{RI}$$

此外，每个成对比较矩阵可以通过评估架构的层级数 n 来对应修正值 RI，见表 20-2。

表 20-2　随机指标表

n	1	2	3	4	5	6	7	8	9	10	11	12	13	14	15
RI	0	0	0.58	0.9	1.12	1.24	1.32	1.41	1.45	1.49	1.51	1.48	1.56	1.57	1.59

当层级数大于 1 时，则需要求出整体层级的一致性指标（consistency index hierarchy，CIH）以及一致性比率（consistency ratio hierarchy，CRH）。

$$CRH = \frac{CIH}{RIH}$$

其中，CRH=∑［（每一层级的优先向量）×（每一层级之 CI 值）］；RIH=∑［（每一层级的优先向量）×（每一层级之 RI 值）］。若 CRH≤0.1，则表示整体层级矩阵具有一致性，为可接受的矩阵。

5. 估计要素权重

对每个判断矩阵内的各元素相对重要性进行排序也称作层次单排序。根据参与调查的专家所给出的判断矩阵，需要用一定的数学方法进行层次排序，计算权向量的方法有特征根法、和法、根法、幂法等，其中最常用的方法是和法（穆荣平和陈凯华，2021）。和法就是几个列向量计算算术平均值作为最后的权重。

6. 选出一个最佳方案或一组替代方案

通过层次分析法，可计算出每个评估要素的不同权重。在确立技术群的评估要素时，便可以依据此权重调整其分数，以增进决策评估的准确性，提高决策方案的适用程度。

通常，在选择重点领域和关键技术时，备选项目数量庞大，若对所有项目做两两比较，几乎没有几位专家能做到完全一致，往往不得不重新评分。而且，对大量备选对象一一对比十分浪费精力，事后的数据处理量大，效果未必好。因此，层次分析法适用于备选对象在 10 个左右的评价和选择，更多的是用在评价指标的确定和权重的计算上（周永春和李思一，1995）。

二、模糊层次分析法

传统的层次分析法的成对比较矩阵需要以明确值加以表示，因此对人为主观判断会有不确定性一事产生了限制。1965 年，美国控制论专家扎德（L. A. Zadeh）提出了模糊集概念后，将层次分析法扩展到模糊环境下使用。

利用模糊集来表示备选方案之间比较的判断矩阵在理论上不存在困难，问题在于如何赋予这种表示方式以明确的实际意义，以及如何使备选方案之间相对重要性的排序权值容易计算。van Laarhoven 和 Pedrycz（1983）利用模糊集理论以及模糊数解决传统层级分析成对比较的问题，包括主观性、不精确以及模糊等特性，并通过三角模糊数的方式来呈现两两要素间的相对重要程度，最后再获得各决策准则的模糊权重。主要做法是将三角模糊数代入成对比较矩阵中进而发展出模糊层级分析，由 a_{ij} 转变为 $\tilde{a}_{ij}$。

Buckley（1985）将模糊理论结合层次分析法提出了模糊层次分析法（fuzzy AHP），利用顺序尺度而非数字比率表示两两要素之间的相对重要程度。主要是利用梯形模糊数的方式转换专家意见并形成模糊正倒值矩阵，让专家原本填写明确的尺度变成模糊的尺度，可以让填答者以使用模糊比率的方式来取代确切的比率。此外，使用几何平均法来计算每个模糊矩阵中的模糊权重，最后再整合成为各选项的最终模糊矩阵。

有学者提出以三角模糊数作为基础的模糊层次分析法模式（Mon et al.，1994），也有人整合模糊德尔菲法以及模糊层次分析法来消除传统德尔菲法需要通过多次来回调查与收敛的困扰，同时解决人类思维模糊性。

模糊层次分析法的分析步骤如图 20-2 所示。

其中第一阶段的"界定问题"描述以及第二阶段的"建立层级架构"的方式如前层次分析法所述，在此不再赘述。但在"建立层级架构"时，可以利用模糊德尔菲方式，进一步就所收集的评估准则或要素进行筛选，以建立层级架构。

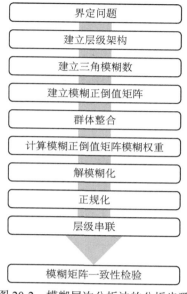

图 20-2　模糊层次分析法的分析步骤

　　"建立三角模糊数"阶段主要是通过问卷调查的结果，获得某一专家 X 在第一层某个构面下，对第二层 i、j 两个要素相对重要程度的看法 b_{ijx}，建立成对比较矩阵。在此步骤可以运用三角函数整合个别专家意见，并表达所有参与专家对两两要素相对重要程度看法的模糊性。

　　"建立模糊正倒值矩阵"阶段通过建立要素间相对的重要程度来建立模糊正倒值矩阵。将第 n 位专家对两两成对比较相对重要性所选择的模糊相对重要性尺度建立模糊正倒值矩阵。也有研究者建议可以用相似性整合法建立此模糊成对比较矩阵，来整合专家模糊评估的共识值。

　　在"群体整合"阶段，计算模糊正倒值矩阵模糊权重。主要是依照 Buckley（1985）建构的几何平均数法来整合填答者的评估结果，通过计算特征向量或优势向量提供评估要素的权重值，这样既考虑了一致性指标，又达到了正规化的要求。

　　在"解模糊化"阶段，因为通过前述步骤计算出的权重值为模糊权重值，但因该值不易直接观察重要性排序，因此需要通过解模糊化的方法取得各评估要素的明确权重值。解模糊化的方法有许多种，包括重心法、最大归属平均法、高度法等。例如，重心法是通过计算模糊数的隶属函数的几何重心方式，利用该重心作为模糊数的明确数值。

在"正规化"阶段，为了比较不同维度或要素之间的重要性，还需要将计算所得的权重值进行正规化。

在"层级串联"阶段，由此前一步骤，可以计算出最终目标下第一层第 i 个评估构面的权重，以及第一层第 i 个评估构面第 j 个评估要素的权重。

在"模糊矩阵一致性检验"阶段，此步骤如一般层次分析法一致性检定的做法。主要是利用模糊层次分析法求算出的所得结果，即可采用 Satty（1994）所提出的的一致性指标，当计算出的 CI 值符合一致性检定要求（CR≤0.1）时，可以推论模糊层次分析法计算结果具有一致性。

第二节　矩阵方法确认关键技术

矩阵的分析会涉及准则的权重设置问题，在大多数情况下，平权和不同权重评价的结果往往差别不大。周永春和李思一（1995）通过实际的案例统计分析表明，在国家关键技术选择中，权重的大小变化对各备选技术结果间的差异并不是决定性的，计算结果也没有太大差别。因此，在一般情况下，用矩阵分析的方法确认关键技术不失为一种好方法。

一、根据愿景需求分析的结果建立国家发展目标体系

这里对每个层次的发展目标不强调进行权重计算，更不用两两对比做过细的评分，而是强调发展目标的层次分解和相关分析，尤其注重发展目标的分解。在确定和分解发展目标时，要求分析获得的最终指标详细、具体，而且必须具有相互独立性。越详细、越具体，就越容易评价技术项目对目标的影响；相反，笼统的、彼此交叉的、包罗万象的发展目标会使专家无所适从，难于评分，所得结果也将失去意义。

二、根据对应的目标体系对项目按优先序排序

在列出应用项目清单后，还须给出各项目的优先等级。优先级是用权重来表现的。最好只定 4 个等级，而且不同等级的权重要充分拉大距离，具体算法

如下：

$$W=N_4 \times 2^{4-k}/N_k$$

其中，k 表示优先级，N_k 表示具有 k 级优先的目标数，N_4 表示第 4 级的目标数。用此算法有下述特点：一是不同级别之间的权重级差大，在没有乘系数或各优先级的目标数目相同的情况下，每级相差 2 倍（表 20-3）。

表 20-3　优先级序号与对应的权重

优先级序号	1	2	3	4
权重	8	4	2	1

二是若有 $N=N_1+N_2+N_3+N_4$ 个不同级别的目标，N_4 的权重 $W_4=1$，而且一般优先级越高，相应的应用目标数越少，故有 $W_i>W_{i+1}$，而且两者相差至少 2 倍。简化的算法可直接取 $W_k=2^{4-k}$（$k=1$，2，3，4）。

注意：给定权重之后，要对各发展目标优先级进行一致性分析。两个目标之间有同等优先级，否则若取消一个目标，另一个目标将受到影响。应用目标间的相关分析可以只做两种选择，即相关和不相关，具有相关关系的目标最后经过调整应给予同样优先级。在有 i 个国家发展目标时，最后会得到各目标的权重 W_i（$i=1$，2，3，…，m）。这时，最好将权重做归一化处理。

三、对前面所完成的备选技术清单调查结果进行全面的相关分析

经过调查后完成的原始数据，可以输入矩阵进行计算，作为选择项目的基础。如果把应用发展目标清单用 d（d_1，d_2，…，d_n）表示，备选技术清单用 S（S_1，S_2，…，S_n）表示，则需要编制三种矩阵表，其中第一个和第三个矩阵分别是发展目标和备选技术的相互交叉支持矩阵，见表 20-4～表 20-6。

表 20-4　d/d 目标交叉支持调查表

	目标 1	目标 2	目标 m
目标 1			
目标 2			
⋮			
目标 m			

表 20-5 *s/s* 技术交叉支持调查表

	技术 1	技术 2	技术 *m*
技术 1			
技术 2			
⋮			
技术 *m*			

表 20-6 *s/d* 技术对发展目标相关强度调查表

	目标 1	目标 2	目标 *m*
技术 1			
技术 2			
⋮			
技术 *m*			

四、相关系数的评价尺度

上述三种调查表中的相关系数可以有三种标度：二级相关、四级相关和六级相关。这对于两种应用目标、两种技术或技术对应目标的关系评价显得过分粗糙；采用六级评价，从预测的角度看则又过细，因为人们对未来的发展只有模糊判断，不可能有很精确的差别判断，因此如权重一样，则取四级标度为宜。在对四级标度的三种计分法，即线性尺度（0—1—2—3）、指数尺度（0—1—2—4）和指数尺度二（1—2—4—8）进行敏感度试验后，得出以指数尺度（0—1—2—4）为宜。

确定了调查表和评价标度后，即可发放调查表。最好将发展目标 *d/d* 矩阵的调查表发给管理专家和产业界专家，将备选技术清单的 *s/s* 矩阵调查表发给科技专家和管理专家，将备选技术对发展目标的 *s/d* 相关矩阵调查表发给所有各类专家。回收调查表后，需要将各专家给出的每个表的相关系数逐个叠加，得出三种表的各项相关系数总和，并加权平均，得到三种矩阵（*d/d*、*s/d*、*s/s*）的基础数据，在这个基础上进行统计分析。

（一）*s/d* 矩阵的统计分析

（1）相关性总分。计算备选技术对国家发展目标的相关程度。如果用

R_{ij}（i=1，2，3，…，n；j=1，2，3，…，n）表示技术 i 对发展目标 j 的相关系数，W_j 是发展目标 j 经归一化处理后的总权重，$R_i=\Sigma RW$ 则是技术 i 对发展目标的相关性总分，而 R_i（i=1，2，3，…，n）构成了所有技术项目对国家发展目标具有的相关程度的清单。

（2）发展目标的依赖性总分，主要计算发展目标对备选技术的依赖程度。用上述同样的符号，$D=\Sigma R$ 表示发展目标 j（j=1，2，3，…，m）对全部备选技术的依赖性总分，也就是某类发展目标需要各种技术支持的程度。因此，该目标的实现将带动相关技术的发展，这项指数越高，其带动性越强。这项结果有利于对发展目标的鉴别。

（二）d/d 和 s/s 矩阵的统计分析

这两种矩阵的结果均称为交叉支持总分和依赖性总分，计算方式如下。

（1）交叉支持总分。对这两种交叉支持矩阵 d/d 和 s/s，得到的基础数据分别是相关系数 R'_{ij}（i=1，2，3，…，n；j=1，2，3，…，n）和 R''_{ij}（i=1，2，3，…，n；j=1，2，3，…，n），可依据这两套系数，按行求和，计算出二者的交叉支持总分，它们分别是 $D=\Sigma R$ 和 $S=\Sigma R$。对备选技术而言，还有一种加权交叉支持总分。首先将前面由 s/d 矩阵得到的各项技术对发展目标的相关程度清单 R_i（i=1，2，3，…，n）作为权重，对各项技术做总分计算，即 $S=\Sigma RR$。

（2）依赖性总分。与上面算法一致，即对列求和：$D=\Sigma R$ 和 $S=\Sigma R$。至此，相关矩阵法的相关分析即告一段落，接下来需要根据相关分析结果，获得具有预见性的重点领域和技术。

五、编制优先序表并综合集成结果

编制优先序表和综合集成方法基本与其他相关矩阵法相同，不同的只是，四级分制相关矩阵法，需要编制两套优先序表，即相关性优先序表和发展目标依赖表。前者与上面有权重目标的技术优先序表相同；后者是将 s/d 矩阵的发展目标对技术的依赖性总分排序，再对 s/d 矩阵进行分析，从中找出在对技术依赖性高的发展目标中影响最大的技术，并按此排序，也就是重新编制一张 s/d 矩阵表，先按依赖性高低对发展目标排序，再在每个发展目标下，根据该项目相关系数的高低排出备选技术的优先序。

第三节　关键技术的论证

如上所述，经过反复筛选与评价优选出了至关重要的关键技术，但是如何确保这些关键技术能够发挥预期的功效，达到促进技术和经济发展的目的，还须进行技术论证，并在经过一段时间的实施后，进行效果评估，使关键技术的选择真正能够起到应有的作用。

人们并不仅仅满足于获得一个简单、直观的关键技术清单，更需要进一步了解入选关键技术的发展现状和趋势，尤其是具体内容和重点；还需要了解这些技术入选的理由，加深对于该项技术对实现需求目标的重要性的理解；也需要知晓对该项技术今后发展的安排，以便予以实施。因此，对各项入选关键技术进行全面的分析论证并编写简要可行的报告是十分有必要的。

一、关键技术论证的形式

各国各类关键技术的论证可由选择关键技术或编写报告、计划的机构进行，也可由专门组建的班子或组织专家完成。无论采取何种组织形式和程序，所编写的论证报告大致可分为如下三种类型。

（1）主要介绍技术概况。此类关键技术论证仅对各项技术的发展概况做出简要精练却恰到好处的评述，目的是指明这些关键技术对满足目标需求的重要意义和基本内容，以引导或指导有关部门的投资和活动。这方面的例证如美国《国家关键技术报告》，它主要包括各项关键技术的技术概述、选择依据及现状和国际趋势。我国国家关键技术研究报告也对各项入选技术进行了类似的论证，包括技术概述、选择依据、技术实力和保障条件分析。

（2）详细分析具体技术并安排实施。此类关键技术论证不仅介绍各项技术的发展概况，还较详细地分析了各个技术分支，更进一步安排技术发展进度和经费支持，从而为关键技术的发展或计划的执行提供了方向和保障。例如，美国国防部的关键技术计划不仅概述了技术领域的应用和概况，而且详述了各个技术分领域或技术项目各阶段的发展目标及实现目标的途径（或进度安排与重点项目）。尤其可贵的是，较详尽地评述了该项关键技术的国内外研究与发展状况，并进行了水平对比分析，最后还按照各分领域和规划项目分别逐年给出了经费数字。此外，美国航空航天学会（American Institute of Aeronautics and Astronautics，AIAA）的教育丛书"国防关键技术"曾对国防部"关键技术计划"中论证的各项关键技术进行了更为详细的评述。

（3）深入进行技术评价。此类关键技术论证侧重于对各项关键技术本身的特性和影响进行具有较高学术水平或实用价值的深层次分析，以求深刻理解技术的内涵和作用，引起人们对这些关键技术的重视，促进这些技术的发展，从而达到选择关键技术的最终目的。美国竞争力委员会的未来关键技术报告就是这种分析的典型。该报告在关键技术评价部分，对各项关键技术分领域、分项目予以概述并列出子项目；在关键技术竞争地位部分，按照美国在各领域的关键技术上所处的地位进行分类评价，列出各类所包括的子项目，并指出其技术特点；在关键技术国际比较部分，对美国、日本以及欧洲国家的关键技术及其研究与发展活动进行详细评价；最后还提出了对政府、工业界和高校职责的建议，并附有 9 个工业行业的经验教训状况报告。如此全面深入、有特色、有见地的论证评价，显然对加深对各项关键技术的特性和地位的认识、发挥关键技术选择的作用是十分有益的。

二、关键技术论证的基本内容

对关键技术的论证或评价，无论采取何种方式，侧重于哪个方面，其基本内容都不会超出下列 7 个方面：①技术概述，即主要介绍各领域和分领域的技术概念与发展简况；②选择依据，即强调入选技术的重要性及对目标的影响；③现有实力，即分析入选技术的可行性和保障条件；④前景展望，即预测入选技术的发展趋势和可能出现的变化；⑤目标重点，即规定该技术发展的各阶段具体目标、重点项目和进度安排；⑥实施措施，即制定实现目标的具体措施，匹配相应的经费来支持与保障落实计划；⑦国内外态势比较，即对比本技术的国内外发展水平。

走什么样的技术发展路径？

第二十一章　技术发展路线图

面对日益激烈的国际技术竞争，各国政府无不绞尽脑汁地思考使科学与技术投资发挥最大效益的方法，并构思如何将过去以技术驱动为主的科学研究转变为科学发展与目标导向的科学研究，以加速取得技术领先的地位。在此前提下，新一代技术预测成为各国引导技术投入的重要工具和策略。

新一代技术预测是对未来所产生的一种见解，包括对未来需求及新兴技术与威胁的早期察觉，并在其中做出策略性的选择，最后经由行动规划来实现所想要的未来。不论各国实施预测项目的目的是什么，方法的设计都扮演着关键角色。EFMN 自 2005 年开始对世界各国的预测项目进行活动观察与信息收集。根据 EFMN（2009）截至 2008 年从所收集的五大洲数十个国家超过 2000 项预测项目中筛选出的执行较严谨的 50 项预测项目，经过统计分析发现，平均而言，一个预测项目包含 3～4 个目的，其中引领政策发展的占 1/3，表明各国已经将预测项目作为政策发展的重要工具之一。

同时，Popper（2008）分析了 EFMN 资料库中 886 项预测项目所使用的研究方法，发现每种方法都因其方法属性与特质而得以满足不同的政策目的，虽然各种方法也有其特性限制，但在预测的不同操作阶段经由适当的方法选择与顺序配置，可以大大提高各阶段性预测成果与整体效益。根据 Popper（2008）的分析结果，一项计划最高曾使用 15 种方法，但以使用 4～6 种方法最为普遍，平均一项预测计划会用到 5 种方法。在这些组合方法中，技术路线图因其战略规划的功能，最常与未来工作坊及关键技术法合并运用作为政策规划的组合方法。陆续有多位学者提出技术路线图与德尔菲法或情景分析法的整合应用，可以使得预测活动价值链更加完整。

第一节　路线图成为主流方法

一、预测方法组合

除了分析预测计划的执行目的以外，EFMN（2009）将 886 项预测计划所使用的方法加以统计分析，扣除一般研究最常使用的文献分析、专家意见、专家会议、问卷调查、头脑风暴以外，预测最常使用的方法依次为情景分析法、趋势外插法、未来工作坊、德尔菲法、关键技术法、地平线扫描法、短文法、SWOT分析法、技术路线图、模型与模拟法等。Popper（2008）利用相同资料进一步分析各方法组合应用的情形，结果发现属于质性分析、创意启发性的情景分析法最常与趋势外推法及其他量化方法使用，也常与交互影响分析（cross-impact analysis）法等半量化方法及地平线扫描法等质性分析方法合并使用；属于半量化、介于专家与互动性之间的德尔菲法最常搭配质性的头脑风暴法，也常与质性的未来工作坊以及量化的趋势外推法组合运用；属于专家意见与半量化的技术路线图则经常与关键技术法、未来工作坊组合运用，有时则与讲求实证、量化的趋势外推法，以及强调创意启发、质性的情景分析法搭配运用。从以上组合方式得知，经由不同属性的方法组合，利用互补原理可以在执行过程中取得专家意见与广泛意见的平衡，在信息内容上也可以兼顾创意发现与证据基础，在整体成果效益上就得以提供兼具广度与深度的决策信息。因此，国际上约有三成的预测计划会利用 4～5 种方法组合来达到平衡主观与客观，以及兼顾周延性与创意性的主要目的。

关于整合式预测方法的组合除了以上建议之外，还有包括 Beeton 等（2008）及 Kanama 等（2008）建议的德尔菲法与技术路线图的组合，以及 Lizaso 与 Reger（2004）建议的情景分析法与技术路线图的组合。Beeton 等（2008）及 Kanama 等（2008）认为，基本上技术路线图与德尔菲法这两种方法都具有搜集各方意见、广泛参与及多元咨询的特性，但德尔菲法较易获得技术困难度以及与标杆国研发实力比较等信息，这些信息成为选择发展目标的重要依据。但相对于技术路线图，德尔菲法对各技术之间关联性的掌握较为不足（包括技术间的竞争与替代性）。相反地，技术路线图因为在操作过程中盘点资源，容易发现重复投资的部分,因而有利于找出投入与产出之间的差距。同时对价值链分工、策略布局或行动方案拟定都很容易以图像化的方式具体呈现。因此,如以系统观点发掘探讨议题,接着利用德尔菲法获取较多选项以求得考虑的周延性,再以技术路线图进行选择与聚焦,可使规划更臻完美。

但是德尔菲法为求共识的特性,容易限制对未来的各种可能的想象(ICSU,2009),同时决策范围越大的时候,越需要用更宽广的视野来处理长期的问题,如科技研发的早期投入等,才能接续之后的制程创新与服务创新。因此 Lizaso 和 Reger(2004)认为以情景分析法结合技术路线图,可以提高处理快速环境变化或复杂问题的能力,也适合进行较长期的规划。另外,国家政策层级的技术路线图着重于提供国民未来清楚的愿景,以及提高国家竞争力与强化公共投资的合理性,因此非常适合这种结合情景分析与技术路线图的整合性方法。

此外,结合情景分析的技术路线图,可以利用情景分析法对多种未来可能性的发现来改善传统技术路线图线性思维的缺点(Saritas & Aylen,2010)。对于一个开放且互动的社会-技术动态系统,此种组合方式可以衔接技术供给与社会需求。在调整公共研发投资时,对于不确定性高、需要投入长期研发资源,或争议性较高且须同时考量社会、环境、政治、法规等多面向的议题,情景分析法可以适时强化技术路线图而提供较广面向的决策信息(Codagnone & Wimmer,2007)。

根据以上组合建议可以发现,整合式方法所提供的信息较单一方法更完整且可信赖,因而得以提高决策质量,此外亦可发现这些方法的配置有先后顺序的关系;亦即将预测联结到政策的价值链切割为几个不同阶段,每一阶段都应有想达成的政策目的,因此就该阶段所想满足的政策目的来挑选适当的方法,方能获得较佳的决策质量。

关于预测联结到政策的价值链,Popper(2008)将其区分为预测前期、招募期、预测知识建立期、行动期与更新期,但对每个时期适用的方法并未给予建议。Habegger(2010)则将预测分为三个阶段,并分别给出了建议使用的方法:一是信息搜集的趋势观测阶段,比较适合使用地平线扫描法;二是评估各种政策挑战的知识形成阶段,适合选用未来计划项目;三是展望愿景的政策选项遴选阶段,适合选用情景分析法。Saritas 和 Aylen(2010)则更进一步利用系统观点将整个价值链区分为五大阶段:①系统了解期的主要目的在于对环境信息的收集与观察,以进一步分析驱动因子,因此适合使用地平线扫描、文献分析、访谈等方法;②系统设计与模型构建期主要是将扫描结果融合现实状况并建立概念模型，因此适合使用情景分析法、网络分析法、模型与模拟法等；③系统分析与选择期对未来选项进行分析及优先排序，因此适合使用 SWOT 分析法、多准则决策分析法、交互影响分析法、德尔菲法及投票表决法等；④系统转型期在于形成计划，以建立起现在与未来的关系，因此适合使用回溯法、技术路线图、关联树等策略规划方法；⑤系统行动期在于提供结构或转型的决策信息，因此适合使用关键技术法、行动规划、作业经营、冲击分析等。

二、什么是路线图？

如前所述，技术预测之所以可能，主要存在两种假设：一是技术发展和社会发展的相互作用决定技术发展的轨迹；二是未来的发展路径存在多种可能，未来是可以选择的。从技术预测代际发展中可以看出，其起源于对影响技术发展轨迹的重要因素的认识，所涉及的不仅仅是"推测"，更多的是对所选择的未来进行"塑造"甚至是"创造"。由此可见，技术预测的着眼点在于：在技术政策制定中应该考虑塑造长远未来的各种力量和因素，在实践中体现的是预判和选择这两个最紧密环节。预判是为了把握方向，选择是为了保证重点。把各类社会因素融入技术预判和技术选择活动中，不是简单地增加变量问题，而是社会因素一旦如同真实过程那样反映在技术预测过程中，是有"路"可循的。

当前，创新管理（包括技术管理）领域充满挑战，领域专家们需要应对各种创新难题，如系统的复杂性、未来市场和技术发展的不确定性、企业部门之间的协调困境、跨机构合作行动的障碍等。针对这些挑战，研究人员开发了一系列关系管理和战略分析的分析框架、工具和流程，路线图方法因为具有系统化、结构化、可视化的优点，得到了广泛拓展和深入应用（周源等，2021）。

路线图方法适用于整合现有资源，以解决复杂的和不确定未来的战略规划问题，并聚焦于决策和执行。最重要的一点是，路线图方法能够支持不同领域的专家之间的沟通并促使他们达成共识。从机构内部来说，路线图能够通过技术战略和产品战略的共享来改进跨部门沟通（Groenveld，2007）。从更宏观的层面来说，路线图能够提升产业、跨机构网络中不同机构之间的沟通交流（Albright & Kappel，2003；Probert & Radnor，2003；Strauss & Radnor，2004）。在制定路线图的过程中，参与专家会建立共识和信任，这些共识和信任将在重点企业、核心供应商、重要客户、协会学会、政府机关之间传播，从而促进他们之间的理解共识，有助于他们协同制定基于共识的未来发展战略（Probert & Radnor，

2003）。

近二十年来，路线图的理论方法和应用得到了快速发展。路线图种类繁多，分析的层次涵盖企业、产业、国家等。但归根到底，路线图主要在探寻三个基本问题：①我们现在在哪儿？②我们要去哪儿？③我们如何到达那里？这三个问题看起来简单，却并不容易回答。尤其是路线图聚焦的创新与战略存在复杂性、不确定性、知识差距和信息不对称等种种难题，因此回答上述三个问题就显得尤为困难。路线图方法需要整合各种创新管理的方法工具，提供一个直观且逻辑清晰的框架来描绘潜在的和首选的技术或创新发展路径，从而能有效地帮助解决这三个问题（周源等，2021）。

第二节　路线图作用机理

一、外部作用机理和内部作用机理

路线图的作用机理分为外部作用机理和内部作用机理（周华任等，2013）。外部作用机理主要是指路线图制定和实施的驱动力，具体包括：①问题/目标导向驱动。从历史和现状中存在的主要问题出发，作为一个推力以启动路线图的制定，以最终目标作为一个拉力以驱动路线图的实施。②需求/利益导向驱动。以外部需求为出发点，综合分析自身的发展环节、存在问题、外部机遇、发展趋势、资源配置情况，衡量获得利益与付出成本之间是否可行，确定是否满足此需求，决定路线图计划的启动实施。③革新/竞争力导向驱动。竞争者重大革新导致竞争位势变化，是驱动路线图制定的重要推力。通过制定路线图计划并加以实施，提升竞争力，是驱动路线图制定的拉力，二者相互作用，保障自身的竞争优势地位。

内部作用机理主要是指线图的本身各个环节如何运行，并发挥其自身作用。首先，要有科学的方法作为指导，围绕一个共同的愿景展开，对路线图制定过程的各个环节进行有效联结；其次，要遵循一定的程序和步骤，形成路线图的合理结构，有效支撑路线图的实施，保证其发挥作用；最后，要有相应的控制机制，考虑里程碑式的时间节点，标明需要完成的任务，并对特定重要事件进行评估检查。

　　无论是在路线图的制定还是实施过程中，都要充分考虑里程碑式的时间节点。这是因为：首先，不仅可以清楚地指导路线图计划进行的进度和时间表，还能对现已完成的部分进行阶段检查，保证后续阶段的顺利实施。其次，是对路线图进行监测、评估和修正。应对路线图的整个实施过程进行全程控制，发现问题要及时解决，不能单纯依靠里程碑式的时间节点来控制，有可能问题不是出在这些时间节点上，而是出现在阶段实施的过程中，这就要求我们对路线图的全程控制。在对路线图的全程进行控制的同时，还要对路线图的实施效果进行及时评估，发现问题要及时解决，如发现路线图本身制定得不合理等，应对路线图及时进行修正，使路线图发挥应有的作用。

二、制定技术路线图的作用与意义

　　技术路线图是路线图中最重要的一种类型，具有起源早、用途广、效益显著的特点，是一种用于技术领域发展战略规划的方法（周华任等，2013）。在企业和产业层面，曾路和孙永明（2007）认为技术路线图主要有以下几个应用：第一，技术路线图可以在找出一系列需求并提出满足这些需求的技术方面达成共识；第二，它为专家们预测目标领域的技术提供了一个机制；第三，它可以提供一个框架，帮助计划和协调在企业或整个产业范围内的技术开发。

　　技术路线图的主要好处在于可以提供一个综观全貌的长期发展图像，让企业、产业在疲于应付短期竞争的当下，不至于迷失长期发展方向，并且使得决策者在做出战略决策的同时，可以从通盘考虑的视角来看待各个计划彼此之间的关联，掌握全局，降低风险。同时，为技术投资决策提供信息帮助，呈现技术、产品、服务、市场等各类信息，包括明确关键技术或必须解决的技术差距；明确知道各类技术突破的先后顺序，掌握技术突破的可能时间点，找到切入的时机；明确在一个公司内部或产业联盟成员间协作研究活动方面平衡 R&D 投资的方式等。

　　除此以外，当前在我国开展技术路线图研究，有利于解决产业关键技术研发目标不清晰、创新主体相互分离、科技资源过于分散等突出问题。

　　第一，有利于关键技术自主研发。技术路线图明确了经济社会发展需求、技术研发、市场实现之间的关系，可以从未来市场实际出发组织技术研发，并把各项研发看成一个有机整体，重点突破薄弱环节和关键技术，使技术研发的目标、应用前景和市场定位更加明确。

第二，有利于产学研合作。技术路线图给出了清晰的技术创新路径及其演进规律，可以按照时间序列和过程节点，把高校、研究机构和企业等创新主体有效组织起来，围绕同一目标开展创新，做到分工明确、优势互补，实现产学研合作的集成创新。尤其是，国家技术路线图把国家目标、战略任务、关键技术和发展重点紧密结合起来，从国家顶层设计开始，到具体关键技术和发展重点的研发，使各创新主体能够围绕国家目标形成上下一致的行动，进而加强决策的战略性、全局性和各创新主体的协同性。

第三，有利于创新资源整合。技术路线图按照时间序列给出了不同创新阶段的发展重点、技术发展路径、市场实现时间等，可以按照技术创新过程的不同阶段，合理配置创新资源，实现财政资金、风险投资、企业投资等各种资源的有机整合。尤其是国家技术路线图清晰描述的科技发展图谱、优先序安排以及发展路径选择，有利于引导全社会创新资源围绕国家目标联合开展技术创新。同时，有利于国家科技发展规划和计划按照市场需求与技术创新路径进行合理安排，并根据变化及时调整，从而有效降低风险。

第三节　路径选择的主要国家经验

技术路线图建立了技术、产品、市场之间的有机联系，可以从未来市场和产品需求出发提出要求，使技术研发有了明确目标和市场应用前景，同时，各项技术研发能够形成有机整体，相互协调。通过对创新过程中各阶段知识产权的分析和编制专利地图，为选择技术发展路径提供了依据。从 20 世纪 70 年代开始，企业、产业的技术路线图方法运用越来越广泛，一些国家从国家层面开展了路线图研究，不仅为产业界和学术界开展跨领域共同研究提供了重要参考，而且为在国家层面制定科技发展规划奠定了基础。

一、日本战略性技术路线图的案例

进入 21 世纪以来，日本力求以科技创新重振经济，在启动实施"科技创新立国战略""知识产权战略"的大背景下，日本经济产业省（Ministry of Economy,

Trade and Industry，METI）酝酿并实施了战略性技术路线图工作，用以促进技术创新活动（李万等，2013）。

战略性技术路线图是日本经济产业省借鉴美、英等国技术路线图有关经验，从 2000 年开始研制的一种用于政府实施产业科技创新管理的战略工具，当时并没有立即对外公布，直到 2005 年才首次发布，并受到国内外的高度关注。已经成为日本政府引导重大产业技术布局和投资的重要技术战略文件。2010 年，经济产业省公布了更新版本的《战略性技术路线图 2010》，包括 8 大类 31 个领域，其中不仅有对各领域技术开发的描述，还明确了与学术界各团体编制的研究路线图的关系，含有专利、论文及市场份额等参照数据，并开发检索系统，可进行领域间的相关分析、综合分类等作业。

日本经济产业省的战略性技术路线图是包括主体报告、产业和企业应用指南、科研路线图，以及旨在提高公众认知的情景描绘在内的一整套产业技术创新战略管理解决方案，并不只是单纯的一份年度发布的路线图研究报告。其中，主体报告主要由综述、分领域研究成果及研究人员等部分组成。其中，综述部分说明了基本情况、应用案例与技术俯瞰图等。分领域研究成果则按照设定的领域、子领域展开，每个子领域都按照情景导入、技术谱图、技术路线图来展开论述。情景导入重点描述将研发成果导入新产品及服务中的途径，强调研究开发及其成果最终要转化为产品和服务提供给社会与消费者，积极优化应该采取的关联政策；技术图谱主要是帮助整理实现目标所需的关键技术；技术路线图则是在时间轴上以"标志成果"的形式记述技术的阶段性进展，明确研发中应该实现的技术目标，并对研发进展情况进行评价，同时，推动政、产、学、研相关人员共享研发目标和方法，促进各领域之间的参与合作。

为了帮助产学研有关机构更好地适用路线图的主体成果，日本经济产业省以 T-Plan 为基础，编写了《活用技术路线图，促进不同领域融合的讨论方法手册》。在积累了一些案例后，2007 年又编制了该手册的 2.0 版本。

对于企业规划制定者，日本经济产业省编制了《创新新商机的计划讨论手册（IS-Plan）》，帮助企业通过了解技术路线图中预计将要重点推进的核心技术，描绘适合企业自身发展的技术路线图，从而设定商业目标，调整技术研发方向，为新技术商业化创造机会（杨荣斌和杨振华，2010）。

日本经济产业省对《战略性技术路线图 2009》的使用者进行了抽样调查，结果显示其作为参考工具的利用是最多的。日本经济产业省还致力于支持日本机械学会、应用物理学会、化学会等团体的学术路线图的编制，形成了科研路线图。

作为日本经济产业省向全社会提供的公共产品，战略技术路线图因有逐步完备的体系架构和持续优化的运作机制，作用发挥良好。一是完善研发管理方法，支撑产业研发项目立项决策。通过掌握重点产业技术领域中的技术动向和市场动态，为技术的布局和推进制定建立完善的制度体系，并为政府重点科研项目立项、管理和成果推广提供依据与方向。日本经济产业省担负着产业技术的研发管理工作，其中重要的一环是编制预算方案，这需要得到国会的认可。预算是由各个支出项目构成的，战略技术路线图的编制成为年度预算的重要依据，基于此形成相关项目计划。二是支撑企业技术创新活动。日本经济产业省通过编制 C-Plan 和 IS-Plan，鼓励产业界积极应用战略技术路线图，以此促进产学研各方面围绕路线图实现知识融合、实施新视野计划等。此外，战略技术路线图的检索系统可供各企业、学会等外部相关者使用，这促进了国家技术战略信息的全社会利用。三是促进政、产、学、研合作，指明基于创新链的知识创造、扩散与应用。通过合作与其他部门制定的路线图衔接，如日本科学学会的科研路线图、文部科学省的技术预测活动、产业界的路线图等，促进了从基础研究到应用开发研究在知识层面的双向顺畅交流，加强了合作的深度和资源的有效使用，提升了政、产、学、研合作的综合水平和能力。四是增进国民对产业科技创新未来前景的理解。依据战略技术路线图描述的技术发展趋势，日本政府于 2006 年编制了 5 种描述未来日本社会面貌的宣传册——《2025 年系列情景描绘读本》，促进国民对国家科研投资内容及成果的理解，让国民了解投资用途和未来更加安心、便捷、舒适地生活。

二、韩国国家技术路线图

韩国科技部于 2002 年发布韩国的国家技术路线图，明确提出科技发展的 5 个构想和 13 个发展方向，其中包括 99 项关键技术。各个政府部门和研究机构参与了制定国家技术路线图的过程，主要目的是要制定与市场需求联系更紧密的国家研发计划。韩国国家技术路线图致力于提供指导方针，从而在政府和私营部门之间共享关于关键技术的战略，并且通过确定国家层面的关键技术开展研发活动，分析国内外的产业变化和技术趋势，指出确保今后 10 年的国际竞争力所必需的有发展前途的产品和核心技术；在国家层面制定技术路线图以推进战略研发项目（孟海华，2009）。

　　从组织流程来看，政府是制定国家技术路线图的发起者和组织者，政府在国家技术路线图制定过程中一直体现其主导地位。韩国科技部是 2002 年韩国发布的国家技术路线图的组织者。在第一个阶段，韩国科技部首先成立国家技术路线图领导委员会，领导委员会讨论产生制定国家技术路线图的执行委员会和 5 个分委会，执行委员会和分委会是制定国家技术路线图具体实施步骤的核心力量。在第二个阶段，成立了技术路线图小组（共 74 个）负责制定关键技术的技术路线图。一个技术路线图小组由来自产业界、学术界和研究方面的 10 位左右的技术专家组成，共有 751 名专家参与了国家技术路线图的制定。

　　韩国从经济社会需求出发来考虑技术路径，结合自身能力描绘技术发展最佳路径来支撑社会经济发展的重点目标。首先采用情景分析法构建国家未来发展蓝图，明确战略任务。整个国家技术路线图研究分为两个阶段：第一个阶段确定国家技术路线图要部署的技术，研究未来 10 年国家科技发展的构想、确保产业竞争力的要素，对提高 2012 年的国际竞争力而要加强的一般技术要素以及非技术要素进行预测，并确定要开发的关键技术。第二阶段为第一阶段所确定的关键技术制定技术路线图，融合关键技术领域的未来构想，以及要实现这些构想的重点技术开发的时间节点，同时，揭示各技术领域的技术替代方案。这是达到预定的技术能力所必需的，而且解释了如何通过设定的程序和使用时间坐标来实现目标。

第二十二章 技术路线图的流程及方法

技术路线图的制定要点在于需要弄清楚某产品所涉及的技术内涵，以及科技发展的先后时间顺序，乃至于发展此一技术所需具备的核心技术。技术路线图与其他科技规划工具的不同点在于：技术路线图需要将研究计划连接在研发资源的协调框架中，并指出技术与市场的互动界面。在技术路线图的执行过程中，为能有效达成集思广益与意见整合的目的，可通过专家座谈会的方式进行，通过多领域专家的意见交换，全面考量涵盖的各个技术层面。

第一节 路线图的不同视角

一、技术管理维度

技术常常被看作是非常有价值的核心资源，评估这些资源的价值是非常有必要的。Ford 和 Saren（1996）梳理了 10 个关键问题，用于技术评估。具体包括：①我们拥有什么技术？②技术来源于哪里？③我们的技术范围是什么？④我们的技术适用于哪个范畴？⑤我们的技术水平如何？⑥我们的技术新兴度如何？⑦我们的技术处于哪个生命周期？⑧我们获取技术的能力如何？⑨我们开发技术的能力如何？⑩我们管理技术的能力如何？

当评估一项技术的价值时，需要特别注意的是技术资源的价值并不是一成不变的。因为随着时间的推移和技术之间的竞争，现有技术的价值会发生变化。如果有替代技术出现并颠覆现有技术范式，那么现有技术的价值甚至可能会变成零（周源等，2021）。

根据不同的技术特质，理特（Arthur D. Little）咨询公司提出以下几种具有不同特征、不同发展潜力的重要技术类别。

（1）新兴技术：处于早期萌芽阶段，时常出现在不同产业并跨界发展，技术竞争力不明晰但很可能有巨大发展潜力。

（2）替代技术：具有改变技术竞争规则的潜力，但仍未形成市场主流产品，竞争的不确定性可能很高。

（3）关键技术：已经体现在创新产品和流程中，是取得差异化竞争优势的核心，具有很高的竞争力。

（4）基础技术：对技术的商业化发展至关重要，被广泛使用和共享。但正因为被广泛共享，对企业或组织来说没有办法提供独占性的竞争优势。

技术 S 曲线是预测技术的有效模型，它可以对技术发展阶段（以发展阶段为因变量做对数，建立线性预测）和技术发展局限进行预测。

技术竞争贯穿于整个技术生命周期中。在 S 曲线早期阶段，不同技术路线就开始了竞争。随着技术的成长，这种竞争会随着替代技术的发展而加剧。在这一混乱时期，到底哪种技术可能替代现有技术成为一种新的主导技术标准是无法确定的（周源等，2021）。对现有技术的一个特殊而巨大的威胁是颠覆性技术。

Gregory（1995）定义了 5 个技术管理步骤，这些步骤或过程会帮助企业或机构建立开发自己的技术库。

（1）技术识别：识别当前不在企业技术库但未来可能很重要的技术，具体方法包括参加会议、阅读期刊、参加交易会、询问供应商和进行文献研究等。

（2）技术选择：选择企业未来产品需要的技术，具体方法包括专家研判、试点研究、投资组合管理等。

（3）技术获取：通过研发、许可、装备购买、招募员工和收购企业等方法获取被选定的技术。

（4）技术利用：通过销售产品和服务或授权技术等方法充分利用已经获取的技术。

（5）技术保护：保护企业技术资产，具体方法包括采取法律手段，以及做好保密措施和保留关键人员等。

周源等（2021）从连接机制、环境、时间等要素方面阐释了技术管理视角下的路线图框架。技术管理要有效，就必须在企业的商业拓展和技术研发等部门之间建立动态的知识能力，并将其与战略、创新和运营过程相联系。市场拉动（需求）和技术推动（能力）之间必须取得协调及平衡。链接商业视角和技术视角可以使用不同机制，包括传统的沟通渠道、跨职能团队和会议、管理工具、业务流程、人员转移和培训等。

企业面临的具体技术管理问题取决于具体环境（内部和外部），包括组织结构、系统、基础设施和企业文化，企业所处的市场环境和外部制度等外部环境也需要重点考虑。

时间是技术管理中的一个重要维度。市场、技术等环境不断演变，因此技术、产品开发能力也需要保持与环境同步。

路线图方法的突出特点是它对战略的可视化呈现，有助于跨部门、跨机构的沟通。通常认为路线图的制定过程比路线图本身更重要，它将关键利益相关者聚集在一起，使大家达成共识，调整战略，提高决策的质量。

二、创新维度

技术维度之外，路线图还需要着眼于更广泛意义上的创新视角的分析，通过综合考量关键技术可得性、创新能力、市场应用及资源匹配情况，聚焦于开发满足产业、国家重大需求的产品、服务和系统，探索和获取提升国家创新体系整体效能、实现高水平科技自立自强的最优路径。面对国际竞争，国家战略科技力量需要以国家战略需求为导向，整合集聚创新资源，源源不断地增值创新，抓住机遇，遏制对手的威胁并保持创新竞争力。

在创新漏斗的早期阶段，路线图的战略预测作用更加明显。这个阶段需要识别、探索机遇并做出战略决策，也更强调所谓创新模糊前端的探索、创制和塑造。这个阶段的路线图方法更倾向于开放探索。

三、战略维度

路线图可应用于广泛的战略问题。在经过定制化改进后，路线图可解决以下与战略相关的问题（周源等，2021）。

（1）商业战略：应该遵循怎样的商业模式？应该如何配置供应链？

（2）应用战略：什么样的产品特性有竞争优势？应为市场开发什么样的产品和服务？什么样的产品和服务能带来更好的社会效益？

（3）技术战略：应该优先发展什么技术？在机构内部开发技术还是从外部获得技术？关键技术研发的竞争与合作策略是什么？

Porter（1985）认为，是要成为技术引领者还是追随者，主要考虑以下三个要素。

（1）技术领先地位的可持续性：这取决于技术的原创性、基础技术源头掌握情况、技术本身的竞争位势和态势、机构对应的创新资源匹配和创新能力。

（2）先发优势：包括技术装备水平能够处于领先地位，相应产业占据价值链高端，市场竞争力强；人力资本素质好，能适应创新创业以及资本扩张的需求；有充足的资本、成熟的市场，消费和供给侧均呈现旺盛活力；拥有制定技术标准和规则的主动权和主导权。

（3）先发劣势：包括创新创业成本高，需要承担重大的"领先成本"，边际要素报酬递减；需求存在不确定性，不具备大众市场特性；技术上没人可学只能开拓新空间，可能冒错误配置资源和能力的风险。

第二节　路线图的制定过程

一、分类

随着路线图被广泛应用于企业、产业、国家的技术发展规划，其使用主体、数据来源、表现形式不断丰富和完善（隗玲等，2020）。有学者根据路线图的应用目的对其进行分类（Kappel，2001；Kostoff & Schaller，2001），如支持科学技术发展的路线图、支持产业和国家技术发展的路线图、支持机构产品技术发展的路线图等。由于路线图应用领域广泛，以应用目的和形式对路线图分类过于庞杂，因此有学者基于应用角度将其分为宏观、中观和微观三大类，对不同层面的技术路线图按照应用的具体目标、领域和表现形式又进行二次分类（张振刚等，2013）。宏观层面的技术路线图是指国家技术路线图；中观层面的技术路线图包括应用于产业与非产业领域的支持前瞻性研究的路线图；微观层面的技术路线图是指在企业或机构内部为了达成支持战略规划目的而开发的路线图。

从预测的方法学视角来看，路线图还可以被划分为强调市场与社会需求引导的规范性路线图，以及强调技术与产业路径趋势外推的探索性路线图（周源等，2021）。其中，规范性路线图是指在明确战略发展目标的情况下，关注为实现该目标而规划相应行动及措施的路线图。研究问题主要聚焦于未来发展的可能性与可行性，强调"未来—现在"的思考路径。这种路线图建立在需要的基础上，根据未来社会需求、目标、价值、条件限制等规范性因素，预测未来发展方向，引导企业或机构在技术产品、创新能力等方面的发展规划。探索性路线图着重探索未来社会中将对技术的发展产生何种社会需要，以外推的方式探索未来可能的发展方向。研究问题是把预测对象由现在引申到未来，强调"现在—未来"的探索过程。

二、流程

路线图在不同领域得到了广泛应用，这也表明了其方法在支持战略制定和确定创新目标方面具有灵活性。这种灵活性既是一种优点，也是一种挑战（周源等，2021）。技术路线图并不是"黑箱"，每一次应用都是递进式的学习体验，不断采取灵活的方法，调整适应特定的环境和所关注的议题，其制定流程经历由繁到简、由统一到特色化的变化。但是，路线图本身的结构和理念还比较简单，需要根据战略和计划进行调整与深化。研究与实践表明，在技术路线图绘制过程中，专家遴选、参与者范围及知识结构等问题，会在制定过程中出现难以避免的系统目标偏差（刘传林等，2010）。其中，路线图过程的灵活性成为最大的挑战，其次存在于路线图的启动过程以及路线图的完善性方面（叶继涛，2008）。

现有的研究与实践基于不同的适用对象提出了差异化的制定流程。美国爱达荷国家工程和环境实验室（INEEL）的技术路线图绘制流程包括四个阶段，即技术路线图的启动、技术需求评价、制定技术路线图对策和技术路线图的完成。美国、英国、加拿大等国家的科技部门、研究机构及相关学者还将技术路线图引入产业层面，并形成了具有产业特色的绘制流程（张振刚等，2013）。在企业层面，以罗伯特·哈尔（Robert Phaal）等为代表的研究学者，简化产业技术路线图制定的复杂流程，针对中小型企业的现状和需求提出 T-Plan 方法，将技术路线图制定流程大致分为准备、制定和滚动实施 3 个阶段（罗伯特·哈尔等，2009）。尽管技术路线图制定流程在不同应用领域有所不同，但它们的核心步骤基本大同小异，并强调路线图应该是"通透的"，即所有参与者都容易获得信息分享并理解，这样相关方就可以互相了解各自的目标、方案、战略等，并启发必要的战略对话以形成共识（周源等，2021）。

虽然技术路线图有规范性路线图和探索性路线图的区分，但"市场与社会需求（市场拉力）"和"技术与产业路径趋势（技术推力）"的识别与确认都不可或缺，是制定技术路线图之前必须要考虑的两个基本问题。Baker 和 Smith（1995）提出了技术路线图的"自上而下""自下而上"两种制定思路。自上而下正推法要先识别出市场和社会需求，明确市场拉力，再基于需求的产品特征，预测支撑相应产品特征需要实现的技术方向。自上而下正推法刚好相反，它要求先从未来技术攻关的方向和关键点入手，预测这些技术方向的突破能改进产品的哪些性能特征，或是开发出哪种新产品，再分析和预测这些性能特征或新产品能满足哪些细分市场的潜在需求，或是能创造哪些新的细分市场。

具体来说，路线图制定过程需要回应如下的问题清单（Smith，2007）：

（1）我们现在处在什么位置？

我们现在的顾客是哪些人？

现在的趋势是什么？

主要驱动因素是什么？

我们与什么竞争？

我们的商机在哪里？

这一领域现在的领头人是谁？

技术上的差距有哪些？

我们有没有合适的技能？

资金是否充足？

（2）我们想去哪里？

我们的未来愿景是什么？

为了实现利益最大化，我们应该做什么？

我们是否在做一些我们应该付出更多努力的新事情？我们是不是在做一些应该放弃的事情？

哪些技术会对我们的活动产生影响？

我们应该致力于研究哪一个新领域？

有没有机会创建一个衍生企业？

（3）是什么在阻止我们达到那里？

技术差距是什么？

我们是否拥有需要的技术人才？

资金是否充足？

我们是否有必要的基础？

（4）为了克服障碍，我们需要做什么？

需要采取哪些短期、中期和长期方法？

一般来说，路线图的问题清单需要融合在制定流程中，并加以整合在基于时间的多层视角框架中。路线图的基本结构形式是以时间为轴线，由低到高分别包含资金来源、研发项目、技术、产品和市场 5 个方面。在实践中，这 5 个方面可以归并为路线图顶层、底层和中间层 3 个层面，体现了路线图的商业与战略、设计与生产、技术与研究三个不同的基本视角（Phaal et al., 2004）。

路线图顶层通常与总体目标、发展趋势和驱动因素有关，包括外部市场、行业趋势和驱动力（社会、技术、环境、经济、政治、基础设施等）以及内部业务趋势和驱动因素、关键节点、战略目标等。路线图顶层信息多来自专家研讨等规范性分析，属于"原理性知识"（know why）。

路线图中间层通常涉及为响应趋势和驱动因素（顶层）而开发的有形系统。通常，这与产品（功能和性能）开发直接相关，也可以代表产品服务，以某种方式集成技术，为客户和其他利益相关者带来价值。中间层包含的信息类型为"事实知识"（know what）。

路线图底层通常涉及应对技术趋势和驱动因素所需的资源，包括知识型资源，如技术、技能和能力，以及其他资源，如资金投入、伙伴关系和设施。总的来说，底层包含的信息类型可以被认为是"技术诀窍"（know how）。

路线图的三层基础框架可以帮助解构复杂（技术、产品、市场、产业等）系统，这也使得路线图能够有能力分析下至技术本身上至产业和国家层面这样复杂的大型创新系统（Phaal & Muller, 2009）。

第三节 关键环节以及方法组合

技术路线图与其他科技发展规划工具的不同点在于，技术路线图须将所有研究计划联结在研发资源的协调框架中，并指出技术与市场的互动界面（Kenchington et al., 1997）。技术路线图的关键环节是需求分析、目标分析、问题分析、任务分析和绘制路线图，完成这些关键环节的一项重要工作是召开高质量的研讨会（周华任等，2013）。通过召开头脑风暴、焦点小组等不同形式的研讨会，对前面几个阶段形成的调研信息和专家调查数据做出理性的评价与大胆的科学预测，达成最终一致的看法和建议。曾路和孙永明（2007）强调在制定产业技术路线图过程中需要召开若干次递进式的系列研讨会，包括市场需求分析研讨会、目标分析研讨会、问题分析研讨会、任务分析研讨会、技术路线图绘制研讨会，以及后续的技术路线图管理和制定实施计划研讨会等。这同样适用于领域技术路线图乃至国家技术路线图的制定过程。

一、需求分析研讨会

需求分析研讨会的主要目的是根据前面已有的愿景需求分析，结合路线图的领域现状、战略环境、发展趋势、关键技术研究，识别本领域的发展需求，分析发展趋势与驱动力，明确发展定位。不同领域的技术需求差异很大，核心工作是采用科学的方法，筛选出需求要素优先序列，为选择发展战略、确定组织形式和组织管理等提供依据。同时，还将为确定发展目标提供依据。

需求分析研讨会的参与人员包括管理部门领导、技术领域组专家、战略专家、调研人员、产业部门主要研发人员、院校科研单位相关负责人和主要领导、路线图工作组成员等。需求分析的具体步骤如下。

（一）领域现状与地位分析

该步骤主要结合前面技术竞争评价环节的研究成果，对技术领域发展现状、研发部署等情况进行整理，获取相关数据，由路线图工作团队在研讨会前完成。主要包括在界定发展领域边界和范围后，分析国内外政治、经济、军事等战略环境，系统评估政治环境、政策法规、社会文化以及其他因素对本领域发展的影响；分析技术竞争专家调查数据，可召开专家会议，对领域发展的优势技术、发展机会和面临的挑战等进行综合分析，由专家现场审议领域技术竞争评价结果，修正问卷调查结论，也可制作 SWOT 分析表，完成对领域技术的优劣势分析和机会挑战分析。

（二）需求结构和要素分析

该步骤可利用技术预测愿景需求环节的研究结论，结合自身技术领域特点，采用问卷调研和头脑风暴法，组织专家进行现场研讨，分析路线图工作团队提供的文件材料，从不同维度构建需求结构，识别出所有可能的需求要素，并做出科学理性的评价。例如在国家层面的技术预测过程中，国家战略需求主要包括解决经济社会发展重大瓶颈、增强重点产业核心竞争力、抢占前沿技术制高点、提高人民生活水平和生活质量、保障国家安全和国防安全等，不同的战略需求对应众多影响未来产业产品和服务的主要需求要素。在此过程中，应重点做好两方面的工作：一是识别和分析需求结构和要素；二是确定各类需求要素的优先排序。

在这一过程中，需要提前整理好愿景需求分析环节的研究成果，设计好头脑风暴调查表，讨论时记录人员应做好记录，把握好专家意见的细节，并将确定的需求要素按照重要性的先后顺序进行列表。确定的需求要素数量根据领域特点有所不同，一般来说，最多不超过 10 个，如表 22-1 所示。

表 22-1　需求要素优先排序列表

编号	影响要素	重要值	优先顺序
1			
2			
3			
⋮			

需求结构层次多样，需求要素也是纷繁复杂，因此有必要在召开每一次需求要素分析研讨会后及时进行总结、评价，比较分析前期愿景需求分析与本次会议成果之间的相同结论和差异点，避免遗漏任何重要观点和意见，这是开展下一步工作的前提。经修改后的总结报告，可作为下一场研讨会的背景资料提供给与会者提前阅读了解。此总结过程应在每次研讨会后都进行，并进行交流讨论，以便得出正确结论。

二、目标分析研讨会

目标分析研讨会是在明确领域发展现状和未来趋势的基础上，结合愿景需求分析成果，综合考虑研发资源匹配、成本控制、市场份额、产品（服务）质量等各种现实条件，通过科学的统计分析方法，凝集专家对本领域未来发展方向的判定，确定领域技术发展目标。

目标分析研讨会的参与人员包括管理部门领导、领域组专家、资深专家、调研人员、产业部门研发管理主要负责人、院校科研单位相关负责人和主要领导、路线图工作组成员等。目标分析的具体步骤如下。

（一）确定目标内容并进行排序

会议研讨前，一般应由路线图工作团队围绕前期德尔菲法中所列的发展目标，包括技术突破、经济价值、社会效益等目标，对调查数据进行分析整理，并进行广泛调研，利用科学的统计分析方法，提出一个发展目标的初步意见和框架。发展目标的内容应包括总目标和分目标，并应提出与各类目标相关联的要素。不同的技术领域所对应的目标要素差异较大，在高新技术领域，如信息、制造、材料等领域，技术突破、经济价值目标应优先；在社会发展技术领域，如环境、公共安全、城镇化等领域，社会效益目标可能更需要引起重视。当然，目标要素的排序可以通过专家会议形式，由现场专家来讨论和评判，并最后确认优先排序。目标要素不宜过多，与需求要素类似，最好不要超过 10 个。

（二）需求要素与目标要素关联分析

需求要素与目标要素关联分析的目的，是利用主成分分析法建立需求要素与发展目标关联分析矩阵，最终获得与需求要素相关联的发展目标要素优先序列，如表 22-2 所示。具体方法是以需求分析研讨会确定的主要需求要素为基础，根据研讨会上专家的目标判断得到目标优先序列，构建分析框架，筛选出需求拉动下需要优先实现的目标。值得注意的是：对一些评价值与目标要素或需求要素优先排序差异比较明显的，建议组织专家现场讨论原因，结合前期问卷调查和调研结果，确定最后的优先排序。

表 22-2　需求要素与目标要素关联列表

目标要素	需求要素 1	需求要素 2	需求要素 3	需求要素 n	评价值	优先顺序
A						
B						
C						
⋮						

三、问题分析研讨会

问题分析研讨会的目的是根据未来的发展目标，分析影响实现发展目标的主要问题，特别是重点难点问题，如研发基础、供应链韧性、技术缺口等技术本身问题，还包括投入、体制、政策、国际形势等问题。核心工作是从现存问题中筛选出需要优先解决的主要问题，然后分析判断主要问题中的关键和难点。

问题分析研讨会的参与人员包括管理部门领导、领域组专家、调研人员、院校科研单位相关负责人和主要领导、路线图工作组成员以及工业生产部门等相关单位的负责人等。问题分析的具体步骤包括以下几步。

（一）领域技术体系构成与重点难点问题分析

本步骤是根据前期德尔菲法获取的数据，根据创新链条分布特点，确定领域关键技术清单，分析各关键技术应用现状、发展趋势、预期规模（效益）等，概括出发展领域的关键技术。同时，根据问卷调研和专家会议，对领域发展的关键技术难点进行研讨分析，指出背后存在的原因以及可能的解决方案。对各种不同的重点难点问题，工作组将专家分析得出的重点难点问题编制成规范的调研问卷，在专家研讨会过程中组织专家进行打分，并进行分析排序。

（二）发展目标与关键问题和难点关联分析

采用主成分分析法（矩阵分析），将目标要素和关键问题及难点进行关联分析，目的是通过关联分析，找出针对发展目标的关键问题和难点，并将其按重点排序，如表 22-3 所示。最后，可组织专家采取多轮小组讨论等方法，对通过分析获得的关键技术难点优先排序进行讨论，以确定最终的关键技术难点优先排序。在该过程中，需要做详细的记录，充分吸收代表不同利益相关方的专家意见，切实找准问题和难点，并列出原因和可能的解决途径。

表 22-3　问题难点与目标要素关联列表

目标要素	问题难点 1	问题难点 2	问题难点 3	问题难点 n	评价值	优先顺序
A						
B						
C						
⋮						

四、任务分析研讨会

通过前三次会议，进行了需求分析，确定了发展目标，找出了现状与目标之间的缺口，找出了关键技术难题和需要培养提升的能力之后，需要确定技术发展中的重大任务和项目，制定研发需求与规划，选择科学的发展途径，以保证发展目标的实现。

任务分析研讨会的参与人员包括管理部门领导、领域组专家、资深专家、调研人员、院校科研单位相关负责人和主要领导、路线图工作组成员以及工业生产部门等相关单位的负责人等。任务分析的具体步骤包括以下几步。

（一）分析研发需求

将前几次研讨会列出的关键技术难题作为判断研发需求的依据，按照创新链条，通过问卷调查统计分析和专家会议研讨，结合关键技术选择研究成果，列出研发需求优先顺序表。路线图工作组可根据问卷调查结果，将关键技术相关指标（如专利制约程度、经济价值或社会效益实现时间、研发投入来源、成本因素等），进行科学统计分析，提供给专家组讨论，明确技术发展限制条件、研发渠道，以及研发需求时间节点，设定研发完成时间，并陈述理由。研发需求分析是制定技术路线图的核心环节，需要专家组进行充分讨论，广纳专家对路线图的意见，包括多轮次的跨领域专家会议，而且可以视情况重复执行。对于全新产品或技术（如新冠疫苗研发、量子计算等），则需要进一步探究未来可供研发努力的技术缺口所在。

（二）确定技术发展模式

由于同一任务和项目往往存在多种发展模式，因此，需要选择科学的发展途径和模式。根据研发需求讨论确定技术发展模式。具体包括：①自主研发模式，根据技术在国民经济中的重要性，在未来产业发展中可能出现的国外技术壁垒的制约，甄别筛选出需要自主创新研发的技术，以确保产业发展的优势和特色；②技术合作发展模式，利用国外技术优势资源，通过技术合作提升我国产业发展的技术水平；③技术引进发展模式，通过技术引进或设备引进和人员、技术交流，缩小与国外的技术差距，加快我国产业转型升级步伐。

五、技术路线图绘制研讨会

总结前四次会议成果，明确了愿景需求、发展目标，了解了领域发展现状，以及存在的关键技术难点，需要重点部署的重大任务和项目，识别出关键的时间节点，按照时间节点对各层间的内容进行有效组合，采用恰当的图形表达方式，就可以绘制出简单实用、目标明确、具有参考价值的路线图，并详细阐明如何配置各阶段需要的资源、须防范的风险、采用何种创新组织模式等。

技术路线图绘制研讨会参与人员包括管理部门领导、领域组专家、资深专家、路线图工作组成员等。

技术路线图表明了技术的发展方向，说明了达到目标须经过的路径和一系列关键节点，从而确定优化方案，并建立起产品、市场和技术之间的联系，使不同要素之间形成一定的结构和相互联系。路线图的绘制方法非常灵活，有各种各样的形式，一般根据不同领域的具体需求，选择确定路线图的表达方式。

第一，根据各种愿景需求并依据时间节点（近期、中期、远期）进行分组，在各种需求之间建立清晰、有效的连接，绘制形成研发需求路线图。第二，要认真研究优先技术攻关过程中可能存在的风险、效益以及各种影响因素和时间节点等，通过绘制优先研发需求技术路线图，将各种相关因素的关系梳理清楚，有利于各任务承担单位在组织实施项目的过程中高效地开展任务工作。第三，为尽量降低风险，提升效益，可根据需要专门绘制风险-收益路线图，明确每一个优先项目与风险和收益的相关性，为主管部门在项目立项、经费投入等方面做出科学判断提供依据。第四，根据自主研发、合作开发和技术引进开发等不同模式，将筛选出来的优先部署的研究项目进行划分，并在项目注释表中标注清楚，绘制成技术发展模式路线图。第五，在可能的情况下，可将几张路线图综合起来，绘制出综合路线图，并且与资源配置、保障条件和配套措施等要素有机地链接起来，以便为决策部门、开发部门和生产部门提供更加科学简明的整体路线图。在这一链接过程中，要坚持统筹兼顾的原则，注意整合多方因素，处理好各方面因素的相互关系。

第二十三章　国家路线图的制定与实施

技术路线图作为技术规划的一种有效工具，已在一些国家和地区得到了应用。国家技术路线图通过整合领域、国家和产业三个层面的技术路线图，用以指导国家科技发展规划的制定。这里的领域技术路线图是从国家重大需求出发，确定各领域需要解决的关键问题，明确不同时期的战略任务和目标，选择发展重点，并以时序图表表示技术研发基础、实现时间和发展路径，为制定国家科技发展规划奠定基础。领域技术路线图将按照"重大需求—战略任务—技术重点"的研究框架进行研究与制定。国家技术路线图则是在领域技术路线图的基础上，通过情景分析方法厘清重大需求、明确科技发展的战略任务与目标，并按照"战略需求—目标任务—发展重点"的框架进行制定。产业技术路线图重点对国家技术路线图确定的对未来产业发展具有较大带动作用的重大产品、技术系统进行研究，按照"技术—产品/服务—产业"的框架进行制定。通过领域技术路线图、国家技术路线图和产业技术路线图的制定，提高我国国家科技发展规划的科学性、系统性和可行性，从而引导社会资源的有效投入和政府科技资源的合理配置。

第一节　路线图的中国实践

2006～2007年，中国科学技术发展战略研究院首次在国家层面开展了国家技术路线图研究。在2003～2006年进行信息、生物、新材料、能源等9个重点领域技术预测调查的基础上，按照"国家需求—战略任务—关键技术—发展重点"的分析框架，共编制了提高能源利用效率及节能，大力发展农作物新品种培育，提升重大装备设计、制造和集成能力，突破若干生物前沿技术，加强疾病防治和预防保健等30项战略任务的技术路线图。

2007年10月，中国科学院启动了"中国至2050年重要领域科技发展路线图战略研究"，分18个领域进行，包括能源、水资源、矿产资源、海洋、油气资源、人口健康、农业、生态与环境、生物质资源、区域发展、空间、信息、先进制造、先进材料、纳米、大科学装置、重大交叉前沿、国家与公共安全。该项研究集中了中国科学院300多位高水平的科技、管理和情报专家，包括60位院士，涉及80多个研究所，历时一年多时间形成了18个领域中国至2050年重要领域科技发展路线图的战略研究报告，并于2009年5月以中国科学院战略研究系列报告《创新2050：科学技术与中国的未来》的形式相继出版。

为贯彻落实《中国制造2025》，引导社会各类资源集聚，推动优势和战略产业快速发展，受国家制造强国建设战略咨询委员会委托，中国工程院围绕《中国制造2025》确定的新一代信息通信技术产业、高档数控机床和机器人、航空航天装备、海洋工程装备及高技术船舶、先进轨道交通装备、节能与新能源汽车、电力装备、农业装备、新材料、生物医药及高性能医疗器械等十大重点领域未来十年的发展趋势、发展重点和目标等进行了研究，提出了十大重点领域创新的方向和路径，并将其汇编成册，称为《〈中国制造2025〉重点领域技术路线图（2015年版）》。

2007年，中国科学技术发展战略研究院和国家半导体照明工程研发及产业联盟共同开展了中国半导体照明产业技术路线图的制定与研究工作。按照技术路线图的一般模型，半导体照明产业技术路线图研究主要围绕"技术—产品/流程—产业"这条主线展开，把半导体照明器件作为技术和产品、产业之间的主要联系，形成"产业—产品—器件—技术"的研究框架，并选择了发光效率、使用寿命、购置成本三个半导体照明产品的关键特性。通过专家研讨和问卷调查，确定了主导产品及其发展目标、技术发展重点、不同发展目标需要的研发重点。根据"产业—产品—器件—技术"的研究框架，绘制了中国半导体照明产业技术路线图。

此外，广东省、上海市、北京市等地区开展了区域产业技术路线图研究。例如，广东省开展了建筑陶瓷产业技术路线图研究，上海市开展了上海生物医学工程区域产业技术战略路线图研究，均在社会上产生了一定的影响。

一、对中国国家科技发展规划的分析

国家科技发展规划是国家对一定时期内科技发展事业的总体安排与部署，

是科技发展战略、方针、政策、目标和任务的纲领性文件。科技发展规划对指导科技发展和支撑经济社会发展具有重要作用。

中华人民共和国成立以来，先后制定了十余次国家中长期科技发展规划。我国科技发展规划主要包括四大要素，即形势需求、目标任务、发展重点、保障措施，这四个部分相互联系构成有机整体。

（1）形势需求：准确把握国内外经济社会发展形势和未来科技发展趋势，提出对科技的重大需求，是科技发展的基点。

（2）目标任务：结合经济社会发展需求，把握未来科技发展趋势，客观评价中国科技实力，提出未来一段时期明确的科技发展目标任务，是科技发展的方向。

（3）发展重点：根据科技发展关键目标，选择科技发展任务，包括关键技术、重大产品和技术系统等，是科技发展的核心。

（4）保障措施：制定有利于科技发展的相关政策措施，并对科技资源进行合理布局，是科技发展的保障。

总结历次科技发展规划的实施情况，这些规划对指导中国科技发展都起到了非常重要的作用，但仍然存在以下不足。

一是任务缺乏系统性考虑。无论是 10～15 年的中长期科技发展规划还是 5 年科技发展规划，都没有明确提出各阶段的目标和任务。尤其是 5 年科技发展规划之间，在目标任务、发展重点的衔接上系统考虑不足。

二是任务的目标性不明确。规划提出的任务一般缺乏明确的经济和技术发展具体指标。

三是规划要素之间缺乏有机衔接。战略需求、目标任务、发展重点往往由不同的研究团队进行研究，尽管建立了上下沟通的协调机制，但仍然缺乏有效方法将三者有机结合在一起。

二、技术路线图在科技发展规划中的应用

保持规划任务之间的系统性、明确规划任务的具体目标、加强规划要素之间的整体性是技术路线图在科技发展规划中应用研究的出发点。技术路线图研究是一种系统分析方法，通过构建不同时间段的任务目标、加强规划要素之间的整体性和系统性，可以改进目前规划存在的不足。

（一）技术路线图的基本要素

在国家科技发展规划中应用的技术路线图主要包括重大需求、战略任务、

技术重点三层要素，并按照时间段建立各要素之间的有机联系（国家技术前瞻研究组，2008b）。

一是建立时间轴。技术路线图是一个基于时间的规划图，它强调重大需求、战略任务及其目标、技术重点的阶段性，以及它们之间内在的有机联系。

二是确定重大需求。技术路线图主要从经济社会发展需求出发，通过愿景分析确定不同阶段的需求。

三是明确战略任务。通过系统分析，提出满足不同阶段需求的科技发展任务，凝练关键目标。

四是选择技术重点。根据各阶段战略任务，选择和凝练需要重点突破的重大产品、技术系统和关键技术，并对研发基础、技术差距、发展路径和实现时间等进行评价。

（二）利用技术路线图方法开展规划研究与制定的好处

与以往相比，采用技术路线图方法开展国家科技发展规划研究具有以下特点，见表23-1。

表 23-1　采用技术路线图方法开展规划研究与以往的对比

序号	采用技术路线图方法	以往规划研究
1	建立了时间序列，明确了不同阶段的科技需求、战略任务和技术重点	提出了五年的科技发展重点，但对需求、任务和技术重点的阶段性考虑不足
2	加强了每个五年科技发展规划之间的有机衔接	每个五年科技发展规划之间衔接不够
3	明确了"重大需求—战略任务—技术重点"之间的内在逻辑，体现了研究的系统性	"重大需求—战略任务—技术重点"的关系是隐性的，有些关系不明确
4	对技术重点的研发基础、实现时间等进行分析，进一步明确了研发的可行性	只提出技术研发重点，缺乏评价

因此，采用技术路线图方法可以提高科技发展规划的科学性、系统性、可行性：一是按照技术路线图的科学方法和规范流程开展研究，提高了规划的科学性；二是技术路线图以简洁明了的图表形式，使重大需求、战略任务和技术重点之间的关系显性化，加强了规划的系统性；三是技术路线图能给出关键技术的研发基础、实现时间和发展路径等，进一步明确了研发的可行性。

总体而言，与规划文本配套，编制国家技术路线图，更加丰富规划内容。国家战略任务的完成，依赖于一批关键技术的突破。国家技术路线图通过翔实的调查数据，把规划文本中没有明确的发展优先次序、技术路径等通过路线图方式标识出来，有助于增强规划的可操作性。同时，有助于加强规划和计划的有机衔接，使国家科技计划能够根据规划总体部署国家技术路线图，选择优先发展重点，并做出时序和经费等方面的安排（国家技术前瞻研究组，2008a）。

第二节　科技发展规划中的路线图应用

根据国家科技发展规划的需要，可以提出利用技术路线图方法开展领域、国家和产业三个层面的研究，重点解决与经济社会发展相关的科技任务部分。

举例来说，制定技术路线图的过程如下：首先，制定信息、生物等若干重点领域技术路线图；其次，在愿景分析的基础上凝练经济社会发展对科技的重大需求，在领域技术路线图的基础上进行综合集成和选择，制定国家技术路线图；最后，选择若干重大产品和技术系统，制定产业技术路线图，见图 23-1。

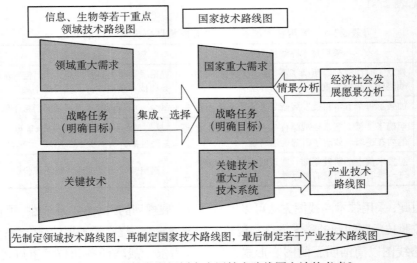

图 23-1　科技发展规划中应用技术路线图方法的考虑①

（一）领域技术路线图

在信息、生物、新材料等重点高技术领域，应用技术路线图方法开展研究，

---

① 参考自中国科学技术发展战略研究院完成的研究报告《技术路线图在中国国家"十二五"科技发展规划中的应用研究》（2009 年）。

重点突出"重大需求—战略任务—技术重点"之间的整体性和相互关联性。同时，对关键技术研发的优先次序、实现时间和发展路径等进行评价。

（二）国家技术路线图

国家技术路线图将在领域技术路线图的基础上，结合经济社会发展对科技的需求，对任务进行集成和凝练。同时，按照时间段系统描述"战略需求—目标任务—发展重点"之间的关系，并对关键技术研发的优先次序、实现时间和发展路径等进行评价。

（三）产业技术路线图

选择一批对未来产业发展有较大带动作用的重大产品和技术系统，通过对产业愿景、知识产权、技术路径、关键技术、投融资政策措施等方面进行系统分析，按照"技术—产品/服务—产业"制定若干产业技术路线图。

制定技术路线图是规划研究的重要组成部分。第一，按照技术路线图流程，结合以往科技发展规划研究过程，系统设计科技发展规划研究流程，使各阶段工作目标明确，任务分工清晰，相互衔接紧密；第二，在凝练任务之前，增加制定技术路线图这一环节，使任务与需求之间的联系更加清楚，重点任务更加突出。

为确保各项研究工作稳步推进，需要构建一个具有一定权威和高效的研究组。研究对象不同，研究组的组建也有所不同，一般有总体研究组和若干工作组。选择专家的标准主要包括以下几个方面：①应具有战略眼光，能从国家需要的高度，科学、客观、公正地提出意见；②具有较渊博的知识，或熟悉某一专业领域的国内外动态，一般在本行业具有较长的工作经历；③有时间和精力，并热心参加技术路线图的制定工作。

第三节　三个层面的技术路线图

一、领域技术路线图

领域技术路线图是从国家重大需求出发，确定本领域需要解决的关键问题，明确不同时期的战略任务和目标，选择发展重点，并以时序图表表示技术研发基础、实现时间和发展路径。

（一）研究思路

1. 研究框架

按照技术路线图方法，结合规划战略研究，领域技术路线图的研究框架为"重大需求—战略任务—技术重点"（图 23-2）。

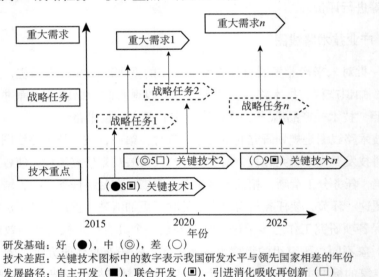

图 23-2　领域技术路线图框架

技术路线图突出需求导向，强调从重大需求开始，凝练战略任务和技术重点。首先，从经济社会发展面临的重大问题出发，确定本领域的科技需求；其次，从重大需求出发，明确本领域科技发展的战略任务；再次，从战略任务出发，选择和凝练技术重点，包括重大产品、技术系统和关键技术；最后，对提出的技术重点进行评价，包括研发基础、技术差距、发展路径和实现时间（实验室实现时间和市场首次应用时间）等。

2. 研究范围

将每个领域可选择的优先发展的重点方向作为子领域，如信息领域可分为集成电路、计算机、通信、网络、软件等子领域。根据领域提出的重大需求与战略任务，进一步确定子领域的重大需求和战略任务，提出子领域的技术重点，按照图 23-2 制定各子领域的技术路线图。

领域技术路线图包含子领域技术路线图，并在各子领域技术路线图的基础上制定领域技术路线图。领域技术路线图不是各子领域技术路线图的简单叠加，而是从领域的重大需求和战略任务出发进行综合集成。

在重大需求层面，既要综合考虑本领域宏观重大需求，也要考虑各子领域提出的需求；在战略任务和关键目标层面，要综合考虑各子领域提出的战略任务和关键目标，形成本领域的目标任务；在技术重点层面，要根据各子领域提出的技术重点，凝练本领域应重点发展的重大产品、技术系统和关键技术。

3. 研究内容

1）需求分析

结合第五至八章的愿景需求分析，明确本领域的重大需求，特别是路线图覆盖时期的需求。主要从需求拉动和技术推动两个方面，分析科技支撑和引领经济社会发展的需求。需求拉动主要从经济社会发展的重大问题出发，分析领域技术创新的牵引力；技术推动主要从技术发展对未来经济社会的影响出发，分析领域技术创新的主要驱动力。

2）发展现状与趋势分析

开展国内外发展现状与趋势研究，分析中国的研发实力及其与国外的主要差距，形成对本领域技术发展的基本判断，找出中国应重点突破的方向。

3）战略任务

在国家重大需求、领域发展趋势分析的基础上，围绕领域需要解决的问题，确定不同阶段的战略任务，特别是各子领域未来较长一段时期的战略任务。

4）关键目标

根据本领域不同阶段的重大需求和战略任务，通过专家研讨，提出为完成重点任务而必须达到的不同阶段的关键目标。

确定关键目标的原则，主要包括以下几个方面。①阶段性。分为 2015 年和 2030 年两个阶段的目标，各领域根据自身特点，也可以进一步细化，如每两年或三年的目标。②综合性。以技术目标为主，还应包括经济目标和社会目标。③可行性。制定的各阶段目标应是切实可行的。④可量化。要有明确的指标，便于考核。

根据不同阶段战略任务的关键目标选择相应的技术重点，包括重大战略产品、重大技术系统和关键技术等。同时，对关键技术的研发基础、技术差距、研发方式、技术首创时间、市场首次应用时间等进行评价。

领域技术路线图包括子领域技术路线图。子领域技术路线图按照"重大需求—战略任务—技术重点"的框架进行制定。在子领域技术路线图的基础上，领域研究组按照"重大需求—战略任务—技术重点（重大产品、技术系统、关键技术）"的框架制定领域技术路线图。

4. 组织实施

1）启动阶段

第一，组建领域研究组。领域研究组包括领域总体研究组和若干子领域研究组。

（1）领域总体研究组。专家应包括领域战略专家、产业（行业）专家、企业研发专家、政府管理专家、高校和研究机构等研究人员。具体职责是组织、实施技术路线图的制定和协调各方面的工作，编制领域技术路线图。

（2）子领域研究组。领域研究组要根据领域技术发展方向，确定若干子领域，在相关子领域选择专家组成研究组。具体职责是按照领域总体研究组的要求开展研究，编制子领域技术路线图。

第二，制订工作方案。研究组根据领域技术路线图的主要内容，制订本领域技术路线图的工作方案，包括主要研究内容、任务分工、进度安排、成果形式等。

2）研究阶段

（1）提出领域重大需求。广泛征求部门、行业、重点研究机构、重点企业等各方面专家的意见和建议，尤其是一线专家的意见，凝练未来一段时期经济社会发展对本领域的需求。最后，综合分析和归纳，形成领域重大需求。

（2）分析领域技术发展趋势。采用文献调研、专家研讨等方法研究领域技术现状和趋势，把握未来技术发展方向，选择中国应优先发展的重点方向作为子领域。各子领域在深入研究的基础上，提出需要重点突破的方向及其对经济社会发展的影响。

（3）研究战略任务和关键目标。一是领域总体研究组通过调研和专家研讨，结合需求和发展趋势，凝练本领域不同阶段的战略任务；二是子领域研究组根据确定的战略任务，提出子领域需要重点解决的问题、任务和关键目标。

（4）凝练重大产品、技术系统和关键技术。按照"重大需求—战略任务—技术重点（重大产品、技术系统、关键技术）"的分析框架，提出不同阶段的关键技术。同时，对关键技术的研发基础、技术差距、实现时间等进行评价。

3）制定阶段

（1）制定子领域技术路线图。按照"重大需求—战略任务—技术重点（重大产品、技术系统、关键技术）"的研究思路，制定子领域技术路线图。

（2）制定领域技术路线图。在子领域技术路线图的基础上，领域研究组按照"重大需求—战略任务—技术重点（重大产品、技术系统、关键技术）"的框架制定领域技术路线图。

（3）修订领域技术路线图。广泛征求各方面专家意见，在此基础上修订完成领域技术路线图。

二、国家技术路线图

国家技术路线图的制定主要是通过愿景分析确定未来一段时间国家经济社会发展的重大需求和科技任务，与领域技术路线图研究组共同讨论，确定不同领域的科技任务，并提出任务不同时段的目标。通过对国内外技术发展的趋势和中国的研发基础进行分析，修正目标，提出未来一段时间内不同时段的研发重点、发展路径和实现时间。

（一）研究思路

国家技术路线图将在领域技术路线图的基础上，综合集成各领域技术路线图的成果，按照"国家需求—战略任务—关键技术—发展重点"的分析框架进行制定，见图 23-3。

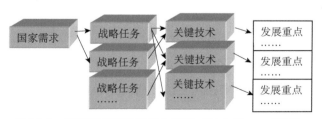

图 23-3　国家技术路线图综合模型（Li & Chen，2010）

国家技术路线图的核心是描述国家战略任务与国家关键技术之间的关系，以及关键技术及其发展重点的优先次序。因此，制定国家技术路线图的主要思路：一是建立每项国家战略任务与国家关键技术之间的关联性，一项战略任务可能涉及多项关键技术，而一项关键技术可能对多项战略任务有所贡献；二是按照战略任务确定技术发展重点，这些重点技术是通过集成技术、经济、社会等各方面专家的意见，从众多备选技术中选择出来的，并构成一个技术群；三是对关键技术和重点技术的研发基础、技术发展路径（自主研发、联合开发、引进消化吸收再创新）、预期实现时间等要素进行评价，并按照时间序列系统地描述技术研发的时序。

（二）研究内容

1. 愿景分析

通过分析影响科技发展的重要因素，构建 2010～2020 年中国经济社会科技发展愿景。首先，对中国经济社会发展中的主要方面进行专题研究，如对经济结构调整、工业化和城镇化、能源环境、节能减排、农业、区域发展、人口和就业、国际竞争等进行研究，提出未来发展愿景；其次，对专题研究成果进行综合研究，提出总体的愿景；最后，在此基础上，提出未来面临的主要任务和问题。

2. 确定科技任务

国家技术路线图研究是对领域技术路线图研究确定的主要任务，以及愿景分析提出的主要任务和问题进行系统分析与集成。首先，国家技术路线图研究组和领域技术路线图研究组对愿景分析组提出的重大任务与问题进行分解，与领域技术路线图确定的任务进行对比，找出领域需要具体完成的科技任务；其次，通过国内研发基础的系统分析，确定领域科技任务的阶段目标；再次，根据阶段任务目标，进一步凝练领域科技重点，并对科技重点的知识产权、研发方式和投入情况做进一步分析判断；最后，对一些共性的综合性问题，由国家技术路线图研究组和综合交叉组统一研究，确定任务目标和关键技术。

3. 编制国家技术路线图文本

根据上述分析研究，国家技术路线图研究组根据研究思路和研究内容编制文本。

（三）组织实施

为了确保国家技术路线图的制定具有可操作性，国家技术路线图研究组主要由愿景分析组、领域技术路线图研究组和综合交叉组的核心成员构成。同时，专家应包括宏观经济专家、产业（行业）专家、企业研发专家、政府管理专家、高校和研究机构等高层研究人员。

三、产业技术路线图

产业技术路线图是从产业发展需求出发，确定产业发展需要解决的关键问题，选择不同时期产业发展的重大产品和关键技术，分析主导产品和关键技术的实现时间、发展路径和市场前景等，从而提出研发计划。

（一）研究思路

通过国家技术路线图的制定，将确定一批对未来产业发展有较大带动作用的重大产品和技术系统。针对这些重大产品和技术系统，按照"技术—产品/服务—产业"的分析框架，制定若干产业技术路线图，模型如图 23-4 所示。

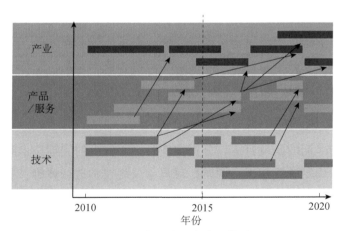

图 23-4　产业技术路线图模型

注：图中的不同色块代表关键技术、重大产品、产业市场情况。

（1）技术层面，针对不同时段的重大产品，凝练需要研发的关键技术。

（2）产品/服务层面，提出不同时段具有明确目标的重大产品。

（3）产业层面，根据不同时段重大产品的市场情况，预期产业规模。

"技术—产品/服务—产业"三者之间的分析思路是通过愿景分析确定产业目标，接着确定重点产品的关键要素及其目标，然后确定影响关键要素的技术方向，最后提出关键技术。

（二）研究内容

1. 产业发展愿景分析

通过分析产业发展现状与趋势，找出当前和未来产业发展面临的关键问题，明确产业发展的机遇和挑战，提出影响产业发展的重大产品，确定不同时期的发展目标。

2. 技术发展趋势分析

研究影响产业发展的主要技术方向，分析国内外技术发展的现状和趋势，了解中国的技术研发基础和进展情况，评价中国研发水平与领先国家的技术差距，明确不同时期的技术突破点。

3. 重大产品关键要素指标分析

根据产业发展目标，从提升产业竞争力和培育产业的角度出发，提出不同时期产业发展中的重大产品；从竞争环境、市场、技术等方面，分析影响产品竞争力的诸多要素，主要包括产品的市场要素和技术要素，凝练不同时期的关键要素；提出不同时期的关键要素指标。

4. 关键技术分析与评价

根据不同时期的研发目标，分析实现目标须解决的关键技术问题，提出技术解决方案，确定关键技术；同时，对每项关键技术进行评价，主要包括研发基础、技术差距、研发方式、技术首创时间、市场首次应用时间、知识产权制约等指标。

5. 关键技术的知识产权分析

采用文献计量等方法，分析上述关键技术的发明专利总量、国别、发明人等方面的信息，把握竞争态势。重点研究三方专利的情况，确定核心专利，为技术选择提供支撑。

6. 研发计划建议

综合上述因素，以实现产业目标为导向，以研发重大产品为核心，提出不同阶段的研发重点。

（三）组织实施

1. 启动阶段

1）组建研究组

构建产业技术路线图研究组。专家应包括宏观经济专家、产业（行业）专家、企业研发专家、政府管理专家、高校和研究机构等高层研究人员。

2）制订工作方案

研究组根据产业技术路线图的主要内容，制订本产业技术路线图的工作方案，包括主要研究内容、进度安排、成果形式等。

2. 研究阶段

1）确定产业发展目标

采用情景分析、SWOT 分析等方法研究产业发展愿景，提出不同阶段的产业发展目标。

2）分析技术发展趋势

采用文献调研、专家研讨等方法研究产业技术现状和趋势，把握未来技术发展方向。

3）凝练重大产品关键要素指标

通过调研和会议研讨等方式，由研究组对重大产品的市场要素和技术要素进行分析，凝练不同时期的关键要素，并提出不同时期的关键要素指标。

4）分析与评价关键技术

按照"重大产品—关键要素目标—技术方向—关键技术"的分析模型，提出技术解决方案，确定关键技术。

由研究组对关键技术进行评价，可以按照表 23-2 的具体要求，集中讨论，达成共识，填写关键技术评价表。

表 23-2　关键技术评价表

技术名称：			
技术内涵：要求采用明确的技术参数，说明"十四五"时期该技术的研发目标，描述国内外技术发展趋势，以及建议我国的发展重点等（500～800 字）			
技术评价（请打"√"）			
（1）研发基础	□好　　　　　□中　　　　　□差		
（2）技术差距	□我国领先　　　　□处于同等水平　　　□我国落后 5 年 □我国落后 10 年　　□我国落后 15 年		
（3）研发方式	□自主研发　　　□联合开发　　　□引进消化吸收再创新		
（4）技术首创时间（×年）　　（5）市场首次应用时间（×年）			
（6）知识产权制约	□大　　　　　□中　　　　　□小		

5）分析知识产权

收集每项关键技术 10 年左右的三方专利，对专利总量、国别、发明人等方面进行统计分析，明确技术突破方向。

3. 编制阶段

1）编制技术路线图

按照"产业—产品/服务—技术"模型，编制产业技术路线图。

2）修订技术路线图

广泛征求各方面专家意见，对意见进行分析，在此基础上修订完善。

第二十四章　情景驱动下的路线图制定

路线图不应该被看作一个独立于战略和创新的工作，而应被看作一个结构化的、可视化的战略创新分析框架。路线图是嵌入战略与创新之中的。路线图迭代通常要与战略制定和创新流程协同一致，包括战略方面的年度战略规划和预算过程，以及创新中的新产品开发过程的各个阶段。路线图虽然能够使战略主题、目标、行动计划等关联起来，但其仍有许多局限性，本身不足以完全支撑战略创新过程中的所有决策，需要整合其他的管理分析框架、工具和技巧，以最大限度地减少这些局限性的影响。

第一节　情景规划长远未来

情景规划是流行的一种预测方法（陈泽义，2014），因为它提供了一种面向未来的方法，可以系统地利用各个领域专家的见解，并有助于探索各种不确定性的共同影响。情景是指某一戏剧情节演变的脚本大纲或故事内容（Porter et al.，1991）。因此，情景的本质是一个故事性的叙述体裁，它说明了某一可能事件的发生及其前因后果。情景分析可以说是一种戏剧的情节演出，是对事情如何发生、如何演进等方面的分析。情景分析便如一个剧本，需要有主角、配角、场景、关键事件、关键技术，以便推演剧情脚本的走向，达到所要的结局。情景规划并不是要预测未来，而是要为一个可能的未来做组织准备。情景规划提供了一个机会，可以设想可能的未来状态，从而有助于制定战略以降低风险，利用机遇并避免潜在威胁。因此，确定与环境不确定性有关的条件，是进行情景规划的重要前提。van der Heijden（2005）将情景规划的应用范围扩展到了战略制定之外，包括预期、理性和组织学习。情景规划广泛用于组织战略制定，但在其他情况下，例如国家/地区、行业甚至特定技术层面，也有许多应用实例。

Ringland（2002）解释说，情景规划与"传统"的规划方法之间的实际差异在于时间表：情景规划是要考虑长远的未来，以帮助在不同时间范围内进行规划活动；但传统规划要么过于关注当前，要么基于对未来的"单点"预测。情景规划背后的核心思想是对多个合理图像的未来展望。情景分析根据发展趋势的多样性，通过对系统内外相关问题的系统分析，设计多种可能的未来前景，然后用类似于撰写电影剧本的手法，对系统发展态势做出自始至终的情景与画面的描述。也就是说，情景分析法不是在做一个落点的预测，不是不同工程科技所做的精准预测，而是对数个可能性的未来备选方案的描绘。情景分析法也不是环绕中间点或基本案例的变化量，而是针对未来若干个显著性结构差异的论点；它不是对未来的一般化观点，而是属于质性的分析，具有高度决策取向；它也不是多个专家预测的加权平均值，因为我们在专家会议当中，都是采用共识决策，系专家在讨论中达成共识之后再继续往下讨论，因而结论也具有高度管理意义。简单来说，情景分析是描述未来可能情况的一个故事剧本。另外，根据信息承载量的原则，超过 5 个的情景是较不合乎实际的（陈泽义，2014）。

一、情景发展的领袖群会议

情景分析用于预测是通过专家会议的方式进行的，专家来源为各领域精英代表，因此也可称为领袖群会议。会议的参与人数一般均为 8～12 人，包括主席一人，召开 4～6 次会议以完成情景分析的程序。在会议中，决策人士为实际管理决策者，参与人员包括数位专业人员以及两三位外界人士。

此外，为针对某一议题进行情景分析，会议中可辅以头脑风暴法与名义小组技术，以启发与会专家思考，并就讨论得出的事项征求一致的认同以确定方向。基本上，如第八章所述，头脑风暴法与名义小组技术并无一定的优劣，若真要区分，可以说在情景分析中，通过头脑风暴法激发与会专家思考，而名义小组技术则是将众多想法加以排序（余序江等，2008）。因此，在整个情景操作流程中，组织者应适度地将两种方法穿插运用其中，以激发、综合与会专家的专业知识，并通过专家彼此发言讨论与投票决议，获得构成情景维度的关键决策因素、外在驱动力量及不确定轴面，以构成数个技术情景，作为科技预测的参考依据。

二、情景发展的步骤

1. 设置情景，认定决策焦点

在情景程序步骤操作中，第一步是认定决策目标。加深对当前情况的认识，设定时间范围，选择合适的参与者以及定义情景规划过程的需求是第一阶段的重点所在，这通常是作为准备活动。基本上，整个情景发展流程都是通过专家会议来推动的，因此首先须认定命题。为了使相关成员了解决策问题和思考方向，他们可以以此为核心来执行以下步骤。换句话说，有必要确认以下内容：谁是情景分析的主要参与者，谁是主要的辅助角色，涉及的技术主题，要包含的时间轴是多长时间，以及相关的人员时间、地点。

2. 认定关键决策因素

认定关键决策因素即要通过对关键利益相关者的访谈或在研讨会环境中确定关键驱动力。Tapinos（2013）指出，尽管实践中存在一些差异，但塑造未来的驱动力应与宏观环境分析或受其影响之后的总体环境有关。这个阶段可以在一个具有充分头脑风暴的研讨会环境中进行，van der Heijden（2005）建议可以准备一系列在访谈中使用的关键问题。

换句话说，在确定决策焦点后，接着便依此焦点去思考和讨论，期望通过与会者对决策焦点的认识，找出会影响决策焦点的因素。如果跳过认定关键决策因素这一阶段直接分析驱动力量时，虽然也可以建构情景（Schoemaker，1993），但在情景内容上容易有所缺漏，毕竟不采用循序渐进的导入思考方式，与会专家进入状态难免比较迟缓。因此，在发展出情景框架后，如有原先专家罗列出的关键决策因素在手边，相信能更有效且详尽地描述出整个情景内容。

3. 分析驱动力量

根据不确定性和影响程度对驱动力进行排序。驱动力量即决策背后的引导力量，若找出决策之后的未来情景，便须找出这些背后的驱动力量，用来建构情景架构。分析驱动力量在于找出重要的外在驱动力量，用来推测关键决策因素的未来状态，其获得方式类似于关键决策因素，主要由专家讨论取得共识或通过表决方式来产生。van der Heijden 等（2002）建议使用两轴图，以定性、基于讨论的方法评估每个因素的相对重要性和不确定性水平。余序江等（2008）认为驱动力量是情景构面的基本元素，它决定了故事结局的发展，甚至可以说，若没有驱动力量，便无从构思情景。此外，Schoemaker（1993）也认为来自社会、科技、法律及产业等方面的趋势都可能是会影响决策的重要力量。

在分析驱动力量阶段时有两个需要注意的地方。一是界定驱动力量。以关键决策因素为基点，让与会专家共同思考隐藏在背后的驱动力量。二是驱动力量评估。认定驱动力量后，再根据其对关键决策因素的不确定性与影响程度对驱动力量进行评估分类，以形成影响程度与不确定矩阵。对于排序关键因素与驱动力量，根据需要找出 n 个重要性高且不确定性高的关键因素或驱动力量。

4. 选择不确定轴面

根据活动的情景设置，选择中心主题、制定情景方案。指导原则是制定合理的情景。显然，此阶段有很大的灵活性。首先，在不同的研究之间，关于应确定多少个情景存在很大差异。Amer 等（2013）的研究建议开发的情景数量从 2 到 8 不等。其次，用归纳法和演绎法来确定情景的主题。归纳法以围绕不确定性建立情景为基础。演绎法被更广泛地使用，它基于前一阶段中选择的两个不确定性的配对，以创建 4 个备选情景（Schwartz，1991）。Phadnis 等（2014）指出，尽管这种方法很流行，但是在文献中很少有关于如何选择两个轴的不确定性的描述。Ramirez 和 Wilkinson（2014）认为，使用演绎方法有不同的要求，争论的是在前一阶段确定是否应使用潜在的最大值和最小值来制定情景主题。

具体来说，选择不确定轴面的目的在于建立候选的情景项目。首先，延续上一步骤所得出的冲击与不确定矩阵，以矩阵中高冲击/高不确定、高冲击/中不确定性、中冲击/高不确定性三个驱动力量群组，归类挑选出 3～4 个相关轴面，特称此为不确定轴面。Schoemaker（1993）所讨论的情景步骤综合考虑经济、政治、社会、科技、法律等因素，产生出会显著影响决策发生的不确定性项目。在决定出这些项目后，再以相关矩阵显示其间的相关性，将不可能发生的组合，即相关系数为零的项目剔除。尽管这种方法具有量化的优点，但是如上所述，在不确定项目的产生过程中缺少渐进式的考量，跳过了确定关键决策因素的步骤，并且对趋势的影响程度缺乏区分，这就容易在随后的步骤中把一些影响程度较小的驱动力纳入考虑范围，从而使情景设计与真实情况有出入。

在获得情景的核心框架之后，开始选择情景，根据一致性原则和共同性原则，选择 2~4 种情景来发展情景的内容。Schwartz（1996）认为这种方式，即共同意见原则，通过专家群进行投票表决，虽然不以多数暴力方式压制少数意见，但也须听取其独特意见，经讨论以取得共识。当然，在专家会议进行表决时，应避免选出最易出现的情景与最想使它出现的情景，这种直接的或事先就已设定的情景出现，会使得预测失去意义。有些做法则是依相关矩阵将关键不确定项目予以筛选后，再选出不确定性最高的两者交叉分析，然后进行一致性与合理性的判定（Schoemaker，1993）。

5. 选择并增修情景骨架与内容

紧接着要增修情景，此时仅有轴面的情景骨架，对决策的支撑作用有限，所以便将先前获得的关键决策因素与重要驱动力量放入选定的情景骨架中，用来增修情景，也就是说，将原有的情景骨架赋予"血肉"。这时，可选择 2~4 种情景，并将上面获得的关键决策因素和驱动力放入其中，增加文字解释，以描绘每种情况的情节，从而使情景充实。

6. 分析决策含义

最后，回到决策主题，分析不同情景内容在决策上的含义，厘清情景内容与关键决策因素的关键性，以完成情景分析的支撑规划功能。如果根据综合分析的决策建议与实际情况不符，则可以返回到第二阶段，然后重新开始。我们应该注意从第一阶段到最后一阶段的决策含义，以及管理决策者所扮演的角色。在此期间，管理决策者应参加至少两次会议，尤其是第一次和最后一次。

从整个过程来看，会议的主持人是非常关键的，其需要深谙情景分析的操作流程，即步骤诀窍，并于会议中担任引导者的角色。

第二节　路线图规划情景驱动

每种方法都有其优势之处，但也有不足的地方。为了解决技术预测情景规划或路线图的局限性，不少学者建议将这两种方法结合在一起使用。Hussain 等（2017）对相关研究进行了整理，发现越来越多的研究主张将情景规划的要素与技术路线图的要素结合起来。这些都是众多学者和实践工作者在实际操作过程中总结出来的，通过情景规划元素强化了路线图应用，促进技术预测方法的优化。但是，将这两种方法结合起来运用需要慎重，因为它们在逻辑、范围和使用的组织层次上都是不同的。

如前一节所述，当单独使用时，技术路线图会受到质疑（Phaal et al., 2005; Phaal & Muller, 2009; Abe et al., 2009），因为它只是对未来的线性预测。在实际操作过程中，常常因为各种原因，情景规划的优势未能被充分利用。例如，有学者研究将不确定性的产生视为情景规划（Abe et al., 2009; Kajikawa et al., 2013）。此外，将情景规划视为技术路线图的中间要素，并不充分关注长期的未来，也不会促进未来探索性情景的开发。例如，Strauss 和 Radnor（2004）建议同时开发路线图和情景，而 Pagani（2009）使用情景规划仅作为路线图的交叉影响评估分析手段。另一个例子是 Saritas 和 Aylen（2010）关于清洁生产的情景数据，该数据侧重于不确定性和因素分析，而不是立足情景的开发分析。为了解决此局限性，可将情景规划作为技术路线图过程的一部分纳入其中，以尝试将情景规划的宏观视角带入技术路线图的微观视角。

为了克服技术路线图的规范性特征（Saritas & Aylen, 2010; Carvalho et al., 2013），需要从情景规划开始，充分利用情景开发的所有阶段（Chermack, 2004a; Chermack, 2004b），然后根据情景结果制定路线图。情景分析是有其内在的逻辑过程的，只有将整个阶段流程进行演绎，才能获取情景分析带来的决策优势。

除了没有提出实施过程的方法以外（Phaal & Muller, 2009），一些将技术路线图和情景规划结合起来的现有方法并未就如何构建情景和与路线图整合提供足够的说明（Passey et al., 2006; Saritas & Aylen, 2010）。情景规划和技术路线图的结合应遵循直观逻辑模型的整个流程，以便参与者增强对未来的认识、挑战他们的看法和战略思维、提高决策质量（Wright et al., 2013）。基于情景的路线图方法正是因为明确指出了用户面临的某些选择，更具参考价值。

通常，路线图产生的见解是短期性的（Phaal et al., 2005）。路线图往往是在专家研讨会的干预中生成的，但在事后很少受到关注，因此在实践中影响有限（Mietzner & Reger, 2005），尤其是在高度变化和不确定的环境中。Yoon（2012）强调，路线图的定期更新对资源要求很高且费时耗力，尤其要确保内容和方向能考虑到原始版本中没有的事件或因素（Carvalho et al., 2013）。

为了提高技术路线图的可用性，需要一种机制来帮助管理人员将干预之后产生的见解与后续环境发展联系起来。Strauss 和 Radnor（2004）开发了"拐点"来连接路线图和方案。以情景为基础的路线图需要一种类似于未来的战略雷达（Schoemaker et al.，2013），以感知环境中不断出现的变化（Day & Schoemaker，2005）。

一、情景驱动的路线图

新方法分为两大阶段：第一阶段是直观的逻辑情景开发，第二阶段是基于第一阶段开发的情景制定技术路线图。第二阶段包括识别"拐点"，作为将外部环境中的开发与情景和路线图联系起来的一种机制。这两个阶段紧密整合在一起，因为在第一阶段结束时产生的情景是在第二阶段中用于路线图开发和"拐点"识别的远景未来。

第一阶段遵循开发情景的所有步骤，因此利用了情景规划的前瞻性特征以及对未来多个方面的考虑。完整、直观的逻辑情景规划过程可在开发详细、合理的情景之前识别不确定性。在以情景驱动的路线图中，对未来的预测应从探索影响技术的总体环境的情景开始。情景规划包括情景开发和基于情景的战略制定，这是在新方法中使用情景规划的关键突破点。因此，完全开发的情景使技术路线图过程的参与者在填充路线图时可以考虑多个未来。也就是说，新方法既开发了多个合理情景，又制定了详细的补充路线图。

作为第二阶段的一部分，情景驱动的路线图方法包含"拐点"，有助于将参与者确定的一般环境中随着时间推移的潜在发展与他们制定的路线图联系起来。"拐点"是环境变化的关键指标，预示着可能的技术轨迹向一种情景或另一种情景转变。"拐点"允许在计划中进行调整，以适应各种不同的情景。这成为灵活路线图的基础，有助于预示某个情景是否随着时间的推移而实现，或者使所考虑的驱动力随着时间的推移更加具有主导性。"拐点"提供了一个框架或线索，用于监测发展并根据情景进行严格评估。在进行情景规划后开发的"拐点"将利用情景思考的所有优势，最大限度地减少识别"拐点"时的认知偏差，从而改善总体决策。第一层技术路线图的描绘主要是通过评估对组织重要的趋势、驱动因素和不确定性，建立对组织运行的外部和一般环境的认识。在这种组合方法中，可以有效利用情景规划过程第二阶段和第三阶段的成果，因此在填充路线图时可以节省大量时间。

二、路线图的 8 个阶段

Hussain 等（2017）综合了情景规划与路线图的方法优势，提出了情景驱动路线图的概念模型。情景驱动技术路线图的第一阶段是设置情景，包括通过认识这项未来研究的真正需求来阐明干预的目的。构建情景的规划周期很重要。这个阶段可以在一个研讨会内进行，不过该研讨会应以做好一些准备工作为基础，包括与主要利益相关者的访谈，以及在可能的情况下与具有专业知识的外部参与者进行的访谈。

在第二阶段，关键驱动力的识别应遵循情景规划惯例，并使用宏观环境分析来识别一般环境中最重要类别的驱动力。为了确定情景开发的关键不确定性，在第三阶段，根据大多数直觉逻辑情景开发过程，可以使用不确定性/影响力矩阵。如果要在第四阶段采用一种演绎方法来进行情景开发，那么在第三阶段中，如 O'Brien（2004）所主张的那样，每个不确定性的潜在下限值和最大值也将被确定。在选择情景主题的阶段（第四阶段），建议通过识别每个情景中每个不确定性的潜在值来开发情景的第一个版本。

在第五阶段，可以使用交叉影响评估分析检验情景的一致性。根据 Huss 和 Horton（1987）的观点，先检验不确定性之间关系的方向（正/负）和强度（弱到强），然后检验前一阶段分配的值的一致性。如果在第三阶段采用归纳法，则不需要在第四和第五阶段采用。

情景驱动路线图的第六阶段包括为每个情景创建未来的叙事。如何使用叙事表达情景有很多选择，Rasmussen（2005）建议选择最能与情景用户产生共鸣的方法。

当参与者已经熟悉未来的不确定性和前一阶段开发的其他可能的情景时，情景驱动的路线图过程的第七阶段便开始了。在此阶段，参与者转向与路线图相关的活动。为构建技术路线图，使用 Phaal 和 Muller（2009）的外部市场/环境、内部业务战略、产品/服务、技术和资源的 5 个部分的框架，其中每个部分都需要在多个时间周期上给予考虑。框架的第一部分，即外部市场/环境因素，是由情景开发活动的成果提供的，因此，它们是两个阶段之间的关键环节。在情景驱动的路线图方法中，参与者进行了系统的战略对话，从而使他们能更加有效地为思考路线图中探讨的技术的未来做好准备。

第二到第六阶段根据环境不确定性确定驱动力，并思考合理的图景。通过进一步的讨论，构成 Phaal 和 Muller（2009）框架的其余三个元素。尽管技术路线图仅依赖于趋势和驱动因素列表，但情景驱动的路线图的显著优势是它提供了一种更详细、系统的方法，可以根据开发的特定情景来认识未来。最后一项活动（第八阶段）是通过考虑一般环境在不同时期潜在的关键发展环节，来确定"拐点"。

情景驱动的路线图方法建议为所有情景构建一个技术路线图，而不是为每个情景构建一个路线图。这种选择的理由是：我们不将情景视为未来的可能结果/预测，而是视为合理的图景，用于增强参与者认识未来的能力，理解更广泛的驱动力和不确定性，这些驱动力和不确定性可能会产生其他未来的图景。

只要这些方法与情景规划的直观逻辑观点保持一致，就有多种选择可以使利益相关者通过研讨会、访谈甚至在线平台参与情景驱动的路线图构建。与以前的方法一样，在此方法上也有调整的范围。尽管如此，我们认为参与性研讨会有助于共享思维模式的发展，提高认识并强化组织学习，促进各阶段之间建立更好的联系，从而更好地整合整个流程。

通过将两种预测方法结合起来，该概念性方法缓解了每种方法在单独使用时的局限性，并整合了情景规划的探索性特征和技术路线图的规范化方向。新的概念性方法基于对一般外部环境的探索，可以在没有组织特定信息的情况下使用。因此，它可用于需要跨组织边界的协作环境中，例如供应链重新设计、政策制定网络或技术预测等需要多个利益相关者参与的领域。另外，如果由单个组织使用，它可以将环境的预测与技术的预测相结合，以便为组织提供制定长期战略的平台。

第三节　路线图的兼容工具

其他通用战略分析工具如 SWOT 分析法、STEEPLE 因素、波特五力模型等，为分析竞争环境及其对组织的影响提供了很好的结构化思维路径。

一、SWOT分析法

SWOT 分析法包括评估与比较外部机遇和威胁、内部优势和劣势。SWOT 为顶层战略评估提供了一个有用的方法以识别战略选择，利用潜在机会，应对威胁，利用优势，弥补弱势。机会与威胁通常与路线图顶层相关，即技术原理（know why），优势和劣势与路线图的较低层相关，即技术诀窍（know how）。所采取的行动，即技术概念（know what）反映了这两个观点之间的平衡。SWOT可以用于指导路线图发展（Tolfree & Smith，2009）。优势和劣势的分析主要回答现在处境如何，机遇分析用来回答想要实现何种目标，威胁则是回答是什么组织我们实现目标，行动表明需要做什么来克服阻碍（周源等，2021）。

SWOT这个分析工具的特色是：架构简单且明确，分析范围包含内在与外在的因素，是一个相当全面的分析方法。通过SWOT分析，分析者可以更深入地了解自己，看清自身的优缺点；同时，检视外在的机会与威胁，及早做出回应或决定，方能有效地把握机会，或是适切地回避威胁。

（一）优势（S）与劣势（W）

从竞争的角度来看，优势（strengths）与劣势（weaknesses）即是与其竞争者或是潜在竞争者（以某一技术、产品或是服务）的比较结果，自身的优势就是竞争对手的劣势，而竞争对手的优势就是自身的劣势，因此优劣势互为表里。可以从技术竞争评价的不同维度进行比较，如基础技术来源、领先技术掌握、研发基础、专利制约、技术可获得性等。换句话说，逐一比对自身与竞争者（及潜在竞争者）的每一项因素即可定义出何谓优势与劣势，如图24-1所示。

建立 SWOT 表时可以考虑的问题	
S：优势 1. 擅长什么？ 2. 组织有什么新技术？ 3. 能做什么别人做不到的？ 4. 和别人有什么不同？ 5. 顾客为什么来？ 6. 最近因何成功？	W：劣势 1. 什么做不来？ 2. 缺乏什么技术？ 3. 别人有什么比我们好？ 4. 不能够满足何种顾客的需求？ 5. 最近因何失败？
O：机会 1. 市场中有什么适合我们的机会？ 2. 可以学什么技术？ 3. 可以提供什么新的技术/服务？ 4. 可以吸引什么新的顾客？ 5. 怎样可以与众不同？	T：威胁 1. 市场最近有什么改变？ 2. 竞争者最近在做什么？ 3. 是否赶不上顾客需求的改变？ 4. 政治、经济环境的改变是否会伤害组织？ 5. 是否有什么事可能会威胁到组织的生存？

图 24-1　SWOT 分析框架

（二）机会（O）与威胁（T）

机会（opportunities）与威胁（threats）一般是指外在环境分析，也是互为表里，一方的机会即是另一方的威胁，其基本组成即是 PEST 分析，其中 P 为政治（political）、E 为经济（economic）、S 为社会（social）、T 为技术（technological）。当然，PEST 也有基本的扩展，包括扩展到 STEEP 与 PESTLE，其中 STEEP 为 STEP 加上环境（environment），PESTLE 为 STEP 加上法律（legal）与道德（ethical）。换句话说，O 与 T 至少可扩充到 STEEPLE（social，technology，economic，environment，political，legal，ethical）。此外，从五力观点来看，STEEPLE 还是属于大环境之分析，因此还须加上除了竞争者与潜在竞争者（因为竞争者已经用在 S 与 W 分析中）之外的三力分析。若是以原本的波特五力分析进行考量，此三力均属于威胁。威胁与机会均是相对的，因此这三种威胁也可当成是三种机会。换句话说，此三力（上游供应商、下游买家、替代性技术）亦需要在机会与威胁中考量（可当作企业经营的机会与威胁，与大环境 STEEPLE 对应）。若进一步结合 STEEPLE 与五力分析，则机会与威胁所需的考量可见图 24-1，其中替代性技术可纳入原本 STEEPLE 中。

二、波特五力模型

波特的五种力量框架提供了一个结构化的方法来理解影响企业的竞争力量，通常与路线图的顶层相关联（周源等，2021）。根据波特理论，有五个通用类型的竞争对手。

五种力量模型将大量不同的因素汇集在一个简便的模型中，以此来分析一个行业的基本竞争态势。五种力量模型确定了竞争的五种主要来源，即供应商的议价能力、购买者的议价能力、潜在进入者的威胁、替代品的威胁，以及来自目前在同一行业的公司间的竞争。一种可行战略的提出首先应该包括确认并评价这五种力量，不同力量的特性和重要性因行业与公司的不同而变化。最后，企业竞争所需要面对的环节众多。但是若从知识产权的角度（特别是专利）来看，对应的五力分析至少包括以下几个方面：①客户的议价能力，下游厂商专利布局（企业分析）；②供货商的议价能力，上游厂商专利布局（企业分析）；③新进入者的竞争，该产业的技术门槛与专利布局（技术分析）；④替代品的威胁，新产品与新服务的专利布局（技术分析）；⑤在位企业的竞争，现有竞争公司专利布局（企业分析）。

需要强调的是，在上述专利议题中，部分包括企业分析，部分包括技术分析，而先前我们所讨论的专利分析技巧均可用于相关情报收集。

三、商品价值评估

制定一项技术战略，要求对各种技术方案的绝对性和相对价值做出判断。战略和创新方面的优秀教材都列举了一些价值评估的工具方法，这些方法与路线图方法都是相互兼容的（周源等，2021）。

一项技术未来投资的潜在价值与开发和实施该技术相关的资源、成本和风险是平衡的。然而，这种预估带来了一些根本性的挑战，尤其是涉及早期新工艺和与市场相关的新的应用。这是因为：为了对未来的收入和成本进行预测，我们需要进行财务估算，而创新系统是复杂的，涉及技术、应用、组织和市场。即使这些信息是可用的，它的收集、分析和决策也是有成本的，并且经常需要在不完善和掌握部分知识的条件下做出决策，对于新应用和新市场而言不确定性会很高。这些不确定性可能导致制定非常危险的不利战略，如果处理不当，这部分平衡的投资组合将会集中在创新和服务上。

成功的产品可能包含核心技术，而成功是除技术之外的许多因素的综合结果。因此，很难或不可能就某一特定技术对这种成功的贡献进行分解。

需要指出的是，评估过程要能有效增进不同利益相关者的沟通并理解，这种沟通并非一种单向的说服过程，而应当是双向的、彼此间的互动，有利于促进判断决策和投资的合理性。整个过程中可以采用多种评估方法组合，要注意区分技术创新早期和成熟期的不同评估手段。在创新漏斗的早期阶段，通常以定性或半定量性质的方法为主；对发展成熟期的价值评估，则宜采用量化分析方法，与投资建议或商业案例的发展相关联。对早期的研究和技术开发，尽管有必要进行包括收入和成本估算在内的财务估值，但也需要考虑更平衡的做法保障有效决策（Hunt et al.，2004）。诸如加权评分、投资组合分析法和路线图等方法可以组合，为技术评估和决策提供多种视角。调查表明，仅基于财务指标做出投资决策的企业，往往比使用多种方法的公司企业绩效表现要差（Cooper，2001）。

当然，考虑复杂的非线性开发与技术相关的开发路径时，仅做这类价值评估是比较简单的，往往还会附上概率以供决策参考，但实际上也会产生误导。

首先，概率的使用假设来自大量相似的项目，而实际上许多公司的项目组合可供参考的并不多；其次，这种计算假定项目将按照计划进行，而随着项目的不断进行和新信息的获取，有很多机会改变了方向，尤其是在创新研究和探索阶段。

决策树提供了一种可视化的方法来映射项目的可能路径，以一种与路线图兼容的格式更好地理解潜在的结果和决策点。与决策树相联系的实物期权法提供了一种基于与金融期权类比的金融价值计算方法。与标准的净现值（net present value，NPV）型计算方法视角不同（Faulkner，1996），实物期权法可以弥补在不确定性投资决策中的不足，把不确定性看作项目价值的一部分，这也符合技术发展的不确定性特征。因为在做出最初决定之后，随着项目研发的进展，情况可能会更加复杂，会出现一些新的选项和决策。

最后，通过蒙特卡洛方法可以得到更完整的视图，根据每个决策和结构的假设概率分布，将许多计算的结果聚合起来（Goffin & Mitchell，2005）。这样的计算将导致项目价值基于一定的概率分布，它为管理人员提供了比单个点值更多的信息，对决策者提出了更高的要求。这些分布的上限和下限提供了一些可供选择的价值判断，包括最好的情形和最坏的情形，以确定如何采取管理行动。决策树分析与蒙特卡洛方法模型加以整合，可用于多阶段分次决策这类问题，关键优势是具有灵活性和敏捷性，使重点得到关注，资源利用率得以提高，使稀缺的资源能够重新被投入更有前途的项目中。

参 考 文 献

阿尔文·托夫勒. 2006. 未来的冲击. 蔡伸章, 译. 北京: 中信出版社.

陈峰. 2005. 美国的高技术产业竞争战略及其对我国的启示. 科学学研究, 23 (5): 641-644.

陈光. 1996. STS: 一个新的研究领域. 科学, 48 (5): 8-10.

陈华雄, 欧阳进良, 毛建军. 2012. 技术成熟度评价在国家科技计划项目管理中的应用探讨. 科技管理研究, 32 (16): 191-195.

陈泽义. 2014. 科技与创新管理. 台北: 华泰文化.

程家瑜, 张俊祥. 2008. 关于国家关键技术的几点讨论. 创新科技, 5: 54-55.

樊纲. 1998. 论竞争力——关于科技进步与经济效益关系的思考. 管理世界, (3): 10-15.

费多益. 2005. 风险技术的社会控制. 清华大学学报 (哲学社会科学版), 20 (3): 82-89.

冯秀珍, 张杰, 张晓凌. 2011. 技术评估方法与实践. 北京: 知识产权出版社.

傅晓霞, 吴利学. 2013. 技术差距、创新路径与经济赶超——基于后发国家的内生技术进步模型. 经济研究, (6): 19-32.

龚超, 王国豫. 2015. 不确定性状态下纳米技术的评估. 东北大学学报 (社会科学版), 17 (4): 339-343.

郭洪水. 2013. 当代风险的科学建构. 中国社会科学院研究生院学报, (1): 44-49.

郭熙保, 文礼朋. 2007. WTO 规则与大国开放竞争的后发优势战略. 经济理论与经济管理, (8): 5-11.

国家技术前瞻研究组. 2008a. 关于编制国家技术路线图推进《规划纲要》实施的建议. 中国科技论坛, (5): 3-6.

国家技术前瞻研究组. 2008b. 中国技术前瞻报告: 国家技术路线图研究 2006—2007. 北京: 科学技术文献出版社.

国务院发展研究中心国际技术经济研究所. 2002. 欧盟及西欧主要国家的关键技术选择. 今日科技, (3): 18-20.

哈里·琼尼, 卜里安·特惠斯. 1984. 用于计划决策的技术预测. 陆廷纲. 桑赓陶, 等译. 上海: 复旦大学出版社.

洪银兴. 2013. 关于创新驱动和协同创新的若干重要概念. 经济理论与经济管理, (5): 5-12.

胡望斌. 2007. 基于技术受限的国家关键技术选择模型及应用. 科学学与科学技术管理,（10）：26-30.

黄江明，赵宁. 2014. 资源与决策逻辑：北汽集团汽车技术追赶的路径演化研究. 管理世界，（9）：120-130.

黄鲁成，历妍. 2010. 基于专利的技术发展趋势评价系统. 系统管理学报，19（4）：383-388.

黄群. 1999. 以总理挂帅的创新委员会建议大规模改革德国科研体制. 科学新闻，19：3.

黄群慧，贺俊. 2013. "第三次工业革命"与中国经济发展战略调整：技术经济范式转变的视角. 中国工业经济，（1）：5-18.

惠益民. 1992. 美国技术发展的战略规划：国家关键技术. 研究与发展管理，4（1）：73-76.

吉亚辉，祝凤文. 2011. 技术差距、"干中学"的国别分离与发展中国家的技术进步. 数量经济技术经济研究，28（4）：49-63.

《技术预测与国家关键技术选择》研究组. 2001. 从预见到选择：技术预测的理论与实践. 北京：北京出版社，187-189.

简兆权，柳仪. 2014. 技术预见共识形成机制研究. 科学学与科学技术管理，35（9）：37-47.

经济合作与发展组织. 2013. 需求侧创新政策. 上海市科学学研究所，译. 上海：上海科学技术出版社.

隗玲，李姝影，方曙. 2020. 技术路线图：方法及其应用综述. 数据分析与知识发现，4（9）：1-14.

李泊溪，李金昌. 1986. 关于"2000年的中国"之研究. 科学学与科学技术管理，7：5-6.

李华，胡奇英. 2012. 预测与决策教程. 北京：机械工业出版社.

李强，郑海军，李晓轩. 2017. 科技政策研究之评价方法. 北京：科学出版社.

李思一. 1994. 技术创新和国家关键技术选择. 国际技术经济研究学报，（4）：7-11.

李万，吴颖颖，汤琦，等. 2013. 日本战略性技术路线图的编制对我国的经验启示. 创新科技，（1）：8-11.

林毅夫. 2003. 后发优势与后发劣势：与杨小凯教授商榷. 经济学（季刊），2（4）：989-1004.

刘冰. 2007. 技术预见在区域高新技术产业发展中的应用研究. 长沙：中南大学博士学位论文.

刘传林，陈坤，张瑛. 2010. 技术路线图制定流程及其柔性机制研究. 科学学与科学技术管理，31（4）：50-55.

刘鲁宁. 2007. 科技项目同行评议体系反评估模型分析与设计. 哈尔滨：哈尔滨工业大学硕士学位论文.

刘倩，陈峰，赵筱媛. 2015. 产业技术追赶效果评价测度理论分析. 科技进步与对策，32（20）：120-124.

罗伯特·哈尔，克莱尔·法鲁克，戴维·普罗伯特. 2009. 技术路线图——规划成功之路. 苏竣，等译. 北京：清华大学出版社.

孟海华. 2009. 日韩国家技术路线图的发展及其对我国的启示//第五届全国技术预见学术交流会暨全国技术预见与科技规划理论与实践研讨会会议论文集. 天津.

穆荣平，陈凯华，等. 2021. 科技政策研究之技术预见方法. 北京：科学出版社.

欧阳峣，易先忠，生延超. 2012. 技术差距、资源分配与后发大国经济增长方式转换. 中国工业经济，（6）：18-30.

潘云涛. 2008. 科技评价理论、方法及实证. 北京：科学技术文献出版社.

皮特·温克勒. 2014. 基于科学计量学指标的科研评价. 马峥，潘云涛，郭红，等译. 北京：科学技术文献出版社.

企言. 1994. 德国关键技术展望30年：兼谈政企科技政策存在的问题. 全球科技经济瞭望，（3）：1-3.

石东海，刘书雷，安波. 2016. 国防关键技术选择基本理论与应用方法. 北京：国防工业出版社.

史本山，文忠平. 1996. 专家评分评判的修正加权法. 技术经济，（9）：57-58.

孙中峰，崔志明，浦根祥，等. 2005. 美国关键技术选择的兴起与走向. 科学，57（4）：28-30.

唐未兵，傅元海，王展祥. 2014. 技术创新、技术引进与经济增长方式转变. 经济研究，49（7）：31-43.

滕洪胜. 2013. 韩国技术报告评述韩中美欧日技术实力与差距. 全球科技经济瞭望，28（11）：59-63.

田军，张朋柱，王刊良，等. 2004. 基于德尔菲法的专家意见集成模型研究. 系统工程理论与实践，（1）：57-62.

仝允桓，谈毅，饶祖海. 2004. 基于内容与对象的技术评价方法匹配研究. 科学学与科学技术管理，（7）：64-67.

万劲波. 2002. 技术预见：科学技术战略规划和科技政策的制定. 中国软科学，（5）：63-67.

万劲波，崔志明，浦根祥. 2003. 技术预见、关键技术选择与产业发展. 科学学研究，21（1）：41-46.

王达. 2020. 日本第11次技术预见方法及经验解析. 今日科苑，（1）：10-15.

王海政，谈毅，仝允桓. 2006. 面向公共决策技术评价的多维融合方法体系. 科学学与科学技术管理，（7）：19-26.

王硕，费树岷，夏安邦. 2001. 国家关键技术遴选与评价的组织方法研究. 科研管理，22（4）：22-27.

乌尔里希·贝克. 2004. 风险社会. 何博闻，译. 南京：译林出版社.

吴晓波，黄娟，郑素丽. 2005. 从技术差距、吸收能力看 FDI 与中国的技术追赶. 科学学研究，23（3）：347-351.

吴叶君. 1995. 美国技术政策的新动向:关键技术的选择和克林顿政府的新举措. 科技与发展，（5）：19-26.

邢怀滨，陈凡. 2002. 技术评估：从预警到建构的模式演变. 自然辩证法通讯，24（1）：38-43.

胥和平. 2002. 中国战略技术及产业发展的系统思考. 中国工业经济，（8）：5-14.

徐凌. 2006. 科学不确定性的类型、来源及影响. 哲学动态，（3）：48-53.

许彦卿，周晓纪，黄廷锋，等. 2020. 日本第 11 次技术预见：基于趋势与微小变化的蓝图描绘. 情报探索，1（10）：69-77.

杨荣斌,杨振华. 2010. 日本 2019 年战略技术路线图:投资于未来的战略技术. 科技发展研究，（13）：1-8.

杨素雪. 2019. 新兴技术的预期治理研究. 合肥：中国科学技术大学硕士学位论文.

叶继涛. 2008. 基于路线图的技术预见方法探讨. 科技与经济，21（2）：3-6.

易先忠. 2010. 技术差距双面效应与主导技术进步模式转换. 财经研究，39（7）：39-48.

殷正华，林海珍，詹德译，等. 2011. 前瞻初探. 国家实验研究院科技政策研究与资讯中心报告.

俞文华. 2012. 面向全球市场的技术竞争：增长贡献、优势动态和结构趋同——基于 WIPO 的 PCT 申请统计分析. 中国软科学，（8）：1-22.

于文益，黄海滨，肖田野. 2013. 标杆分析法的引进与应用研究. 广东科技，22（13）：39-42.

余序江，许志义，陈泽义. 2008. 技术管理与技术预测. 北京：清华大学出版社.

袁健红，李存书. 2010. 一个规避技术出局的战略措施模型：基于后发国家的研究. 中国科技论坛，（2）：150-155.

岳瑞生. 1993. 技术是经济增长的动力：克林顿当选前科技政策及指导思想. 国际科技交流，（8）：1-8.

曾路，孙永明. 2007. 产业技术路线图原理与制定. 广州：华南理工大学出版社.

张桂清. 2011. 群体决策的共识模型研究. 西安：西安交通大学博士学位论文.

张先恩. 2008. 科学技术评价的理论与实践. 北京：科学出版社.

张云昊. 2021. 政策过程中的专家参与：理论传统、内在张力及其消解路径. 中国行政管理，1：98-104.

张振刚，余传鹏，林春培. 2013. 技术路线图研究回顾与展望. 科技进步与对策，30（5）：154-160.

赵正国. 2011. 科学的不确定性与我国公共政策决策机制的改进. 山东科技大学学报（社会科学版），13（3）：32-41.

周桂田. 2003. 从"全球化风险"到"全球在地化风险"之研究进路：对贝克理论的批判思考. 台湾社会学刊，（31）：153-188.

周桂田. 2005. 知识、科学与不确定性：专家与科技系统的"无知"如何建构风险. 政治与社会哲学评论，（13）：131-180.

周华任，秦天，赵小松，等. 2013. 路线图的基本原理及应用. 北京：清华大学出版社.

周永春，李思一. 1995. 国家关键技术选择：新一轮技术优势争夺战. 北京：科学技术文献出版社.

周源，Phaal R，Farrukh C，等. 2021. 创新与战略路线图——理论、方法及应用. 北京：科学出版社.

Abe H, Ashiki T, Suzuki A, et al. 2009. Integrating business modeling and roadmapping methods: The innovation support technology（IST）approach. Technological Forecasting and Social Change, 76: 80-90.

Acemoglu D, Zilibotti F, Aghion P. 2006. Distance to frontier, selection, and economic growth. Journal of the European Economic Association, 4（1）: 37-74.

Albright R E, Kappel T A. 2003. Roadmapping in the corporation. Research-Technology Management, 46（2）: 31-40.

Alexandrov A V, Pullicino P M, Meslin E M, et al. 1996. Agreement on disease-specific criteria for do-not-resuscitate orders in acute stroke. Stroke, 27（2）: 232-237.

Amanatidou E, Butter M, Carabias V, et al. 2012. On concepts and methods in horizon scanning: Lessons from initiating policy dialogues on emerging issues. Science and Public Policy, 39（2）: 208-221.

Amanatidou E, Guy K. 2008. Interpreting foresight process impacts: Steps towards the development of a framework conceptualising the dynamics of'foresight systems'. Technological Forecasting and Social Change, 75（4）: 539-557.

Amer M, Daim T U, Jetter A. 2013. A review of scenario planning. Futures, 46: 23-40.

Andersen A D, Andersen P D. 2014. Innovation system foresight. Technological Forecasting and Social Change, 88: 276-286.

Andersen P D, Andersen A D, Jensen P A, et al. 2014. Sectoral innovation system foresight in practice: Nordic facilities management foresight. Futures, 61: 33-44.

Andersen P D, Rasmussen B. 2012. Fremsyn: Metoder, praksis og erfaringer. https://backend.orbit.dtu.dk/ws/files/7945498/Fremsyn.pdf[2021-12-31].

Arbel A, Shapira Y. 1986. A decision framework for evaluating vacuum pumping technology.

Journal of Vacuum Science & Technology A: Vacuum, Surfaces, and Films, 4 (2): 230-236.

Argyrous G. 2005. Statistics for Research. 2nd ed. London: Sage Publications.

Armstrong J S. 2001. Principles of Forecasting: A Handbook for Researchers and Practitioners. Boston: Kluwer Academic Publishers.

Asch S E. 1955. Opinions and social pressure. Scientific American, 193 (5): 33-35.

Banta D. 2009. What is technology assessment. International Journal of Technology Assessment in Health Care, 25: 7-9.

Barker J A. 1993. Paradigms: The Business of Discovering the Future. New York: Harper Business.

Beck U. 1992. Risk Society: Towards a New Modernity. London: SAGE Publications Ltd.

Beeton D A, Phaal R, Probert D R. 2008. Exploratory roadmapping for foresight. International Journal of Technology Intelligence and Planning, 4 (4): 398-412.

Bekey G M, Kumer A V, Sanderson A, et al. 2006. WTEC panel report on international assessment of research and development in robotics. World Technology Evaluation Center, Inc. http://www.wtec.org/robotics/report/screen-robotics-final-report.pdf[2018-12-13].

Bell W. 2003. Foundations of Futures Studies: History, Purposes, and Knowledge. New Brunswick: Transaction Publishers.

Bell W. 2004. Foundations of Futures Studies: Values, Objectivity, and the Good Society. New Brunswick: Transaction Publishers.

Bengston D N. 2013. Horizon scanning for environmental foresight: A review of issues and approaches. U. S. Department of Agriculture, Forest Service, Northern Research Station.

Bengston D N. 2016. The futures wheel: A method for exploring the implications of social-ecological change. Society & Natural Resources, 29: 374-379.

Bezold C. 1978. Anticipatory Democracy: People in the Politics of the Future. New York: Random House.

Bishop P. 2009. Horizon scanning: Why is it so hard?. http://www.law.uh.edu/faculty/thester/courses/Emerging%20Tech%202011/Horizon%20Scanning.pdf[2019-05-01].

Blind K, Edler J, Frietsch R, et al. 2006. Motives to patent: Empirical evidence from Germany. Research Policy, 35 (5): 655-672.

Bower J L, Christensen C M. 1995. Disruptive technologies: Catching the wave. Harvard Business Review, 73 (1): 43-53.

Braun T, Bujdosó E, Schubert A. 1987. Literature of Analytical Chemistry: A Scientometric Evaluation. Boca Raton: CRC Press.

Breiner S, Cuhls K, Grupp H. 1994. Technology foresight using a Delphi approach—A Japanese-German co-operation. R & D Management, 24（2）: 141-153.

Brender J, Ammenwerth E, Nykänen P, et al. 2006. Factors influencing success and failure of health informatics systems: A pilot Delphi study. Methods of Information in Medicine, 45: 125-136.

Brown D. 2007. Horizon scanning and the business environment: The implications for risk management. BT Technology Journal, 25（1）: 214-218.

Brummer V. 2010. Participatory approaches to foresight and priority-setting in innovation networks. Doctoral dissertation, School of Science and Technology, Aalto University.

Buck A J, Gross M, Hakim S, et al. 1993. Using the Delphi process to analyze social policy implementation: A post hoc case from vocational rehabilitation. Policy Sciences, 26: 271-288.

Buckley J J. 1985. Fuzzy hierarchical analysis. Fuzzy Sets and Systems, 17（3）: 233-247.

Burkan W. 1996. Wide-Angle Vision: Beat Your Competition by Focusing on Fringe Competitors, Lost Customers, and Rogue Employees. New York: John Wiley.

Burkan W. 1998. Developing your wide-angle vision. The Futurist, 32（2）: 35-38.

Butter M, Brandes F, Keenan M, et al. 2008. Editors' introduction to the European foresight monitoring network. Foresight, 10（6）: 3-15.

Bütschi D, Almeida M. 2016. Technology assessment for parliaments—Towards reflexive governance of innovation//Klüver L, Nielsen R Ø, Jørgensen M L. Policy-Oriented Technology Assessment Across Europe: Expanding Capacities. London: Palgrave Macmillan.

Cagnin C, Amanatidou E, Keenan M. 2012. Orienting European innovation systems towards grand challenges and the roles that FTA can play. Science and Public Policy, 39（2）: 140-152.

Calof J, Miller R, Jackson M. 2012. Towards impactful foresight: Viewpoints from foresight consultants and academics. Foresight, 14（1）: 82-97.

Cariola M, Rolfo S. 2004. Evolution in the rationales of foresight in Europe. Futures, 36（10）: 1063-1075.

Carlsson B, Jacobsson S. 1997. In search of useful public policies—Key lessons and issues for policy makers//Carlsson B. Technological Systems and Industrial Dynamics. Boston: Springer, 299-315.

Carvalho M M, Fleury A, Lopes A P. 2013. An overview of the literature on technology roadmapping（TRM）: Contributions and trends. Technological Forecasting and Social Change, 80（7）: 1418-1437.

Cassingena H J. 2003. eFORESEE Project Report on Malta Foresight Pilot: Exploring Knowledge Futures in Information and Communications Technologies and Education in 2020. Malta: MCST.

Centre for Environmental Risks and Futures (CERF). 2012. Horizon scan newsletter. http://www.cranfield.ac.uk/sas/cerf/horizonscanning.html[2018-05-01].

Chaffin W W, Talley W K.1980. Individual stability in Delphi studies. Technological Forecasting and Social Change, 16: 67-73.

Chakravarti A K, Vasanta B, Krishnan A S A, et al. 1998. Modified Delphi methodology for technology forecasting case study of electronics and information technology in India. Technological Forecasting and Social Change, 58: 155-165.

Chao K. 2008. A new look at the cross-impact matrix and its application in futures studies. Journal of Futures Studies, 12 (4): 45-52.

Chermack T J. 2004a. A theoretical model of scenario planning. Human Resource Development Review, 3 (4): 301-325.

Chermack T J. 2004b. Improving decision-making with scenario planning. Futures, 36 (3): 295-309.

Choi M, Chung K, Lee S, et al. 2005. The evaluation of technology level on Korea's mid & long-term strategic technologies. Journal of Korea Technology Innovation Society,(8):651-677.

Choi M, Ji S, So M H. 2007. Technology level assessment by publication analysis: Application in agriculture research. Portland: PICMET 2007 Proceedings.

Choo C W. 1999. The art of scanning the environment. Bulletin of the American Society for Information Science and Technology, 25 (3): 21-24.

Choo C W. 2002. Information management for the intelligent organization: The art of scanning the environment. 3rd ed. Medford: Information Today, Inc.

Clark A C, Wenig R E. 1999. Identification of quality characteristics for technology education programs: A North Carolina case study. Journal of Science Education and Technology, 11:18-26.

Codagnone C, Wimmer M A. 2007. Roadmapping eGovernment Research: Visions and Measures Towards Innovative Governments in 2020. Clusone: MyPrint snc di Guerinoni Marco & C.

Coldrick S, Longhurst P, Ivey P, et al. 2005. An R&D options selection model for investment decisions. Technovation, 25 (3): 185-193.

Collingridge D. 1980. The Social Control of Technology. London: Frances Pinter.

Collins J, Porras J. 1994. Built to Last: Successful Habits of Visionary Companies. New York: HarperBusiness.

Constant D，Sproull L，Kiesler S. 1996. The kindness of strangers：The usefulness of electronic weak ties for technical advice. Organization Science，7（2）：119-135.

Cooke P，Gomez Uranga M，Etxebarria G. 1997. Regional innovation systems：Institutional and organisational dimensions. Research Policy，26：475-491.

Cooper R G. 2001. Winning at New Products：Accelerating the Process from Idea to Launch. 3rd ed. New York：Basic Books.

Cooper W W，Gallegos A，Granof M H，et al. 1995. A Delphi study of goals and evaluation criteria of state and privately owned Latin American airlines. Socio-Economic Planning Sciences，29：273-285.

Coote J. 2012. A simple guide to futurewatching. Journal of Futures Studies，16（3）：107-112.

Cornish E. 2005. Futuring：The Exploration of the Future. Bethesda：World Future Society.

Cottam H R，Roe M，Challacombe J. 2004. Outsourcing of trucking activities by relief organisations. Journal of Humanitarian Assistance，1（1）：1-26.

Cuhls K E. 2020. Horizon scanning in foresight：Why horizon scanning is only a part of the game. Futures & Foresight Science，2（1）：e23.

da Costa O，Warnke P，Cagnin C，et al. 2008. The impact of foresight on policy-making：Insights from the FORLEARN mutual learning process. Technology Analysis & Strategic Management，20（3）：369-387.

Dajani J S，Sincoff M Z，Talley W K. 1979. Stability and agreement criteria for the termination of Delphi studies. Technological Forecasting and Social Change，13：83-90.

Day G S，Schoemaker P J H. 2004. Peripheral vision：Sensing and acting on weak signals. Long Range Planning，37（2）：127-142.

Day G S，Schoemaker P J H. 2005. Scanning the periphery. Harvard Business Review，83（11）：135-147.

Day G S，Schoemaker P J H. 2006. Peripheral vision：Detecting the weak signals that will make or break your company. Boston：Harvard Business Review Press：248.

de Vet E，Brug J，de Nooijer J，et al. 2005. Determinants of forward stage transitions：A Delphi study. Health Education Research，20：195-205.

Decker M，Ladikas M. 2004. Bridges Between Science，Society and Policy：Technology Assessment—Methods and Impacts. Berlin：Springer.

Delbecq A，van de Ven A H. 1971. A group process model for problem identification and program planning. Journal of Applied Behavioral Science，7（4）：466-492.

DeLeo W T. 2002. Safety educators and practitioners identify competencies for a doctoral degree in occupational safety: An application of the Delphi technique. North Carolina State University.

Dernis H, Guellec D, van Pottelsberghe B. 2001. Using patent counts for cross-country comparisons of technology output. OECD STI Review, 27: 129-146.

Doke E R, Swanson N E. 1995. Decision variables for selecting prototyping in information systems development: A Delphi study of MIS managers. Information & Management, 29: 173-182.

Douw K, Vondeling H, Eskildsen D, et al. 2003. Use of the Internet in scanning the horizon for new and emerging health technologies: A survey of agencies involved in horizon scanning. Journal of Medical Internet Research, 5 (1): e6.

Dufva M, Ahlqvist T. 2015. Knowledge creation dynamics in foresight: A knowledge typology and exploratory method to analyse foresight workshops. Technological Forecasting and Social Change, 94: 251-268.

Dufva M, Ilmola-Sheppard L, Ahlqvist T. 2014. Emergence of shared perceptions of futures in a foresight system. 5th International Conference on Future-Oriented Technology Analysis (FTA) — Engage today to shape tomorrow. Brussels: 27-28.

Dunn W N. 2004. Public Policy Analysis: An Introduction. 3rd ed. Upper Saddle River: Pearson Prentice Hall.

Edler J. 2010. Demand-based innovation policy//Smits R E, Kuhlmann S, Shapira P. The Theory and Practice of Innovation Policy: An International Research Handbook. Cheltenham: Edward Elgar Publishing.

Edler J, Georghiou L. 2007. Public procurement and innovation—Resurrecting the demand side. Research Policy, 36: 949-963.

EFMN. 2009. Mapping foresight revealing how Europe and other world regions navigate into the future. http://ec.europa.eu/research/social-sciences/pdf/efmn-mapping-foresight_en.pdf[2021-12-31].

Engeström Y. 2001. Expansive learning at work: Toward an activity theoretical reconceptualization. Journal of Education and Work, 14 (1): 133-156.

English J M, Keran G L. 1976. The prediction of air travel and aircraft technology to the year 2000 using the Delphi method. Transportation Research, 10: 1-8.

Eriksson E A, Weber K M. 2008. Adaptive foresight: Navigating the complex landscape of policy strategies. Technological Forecasting and Social Change, 75 (4): 462-482.

European Commission. 2001. European Governance. A White Paper. https://ec.europa.eu/commission/ presscorner/detail/en/DOC_01_10#: ~: text=The%20White%20Paper%20on%20European%20

Governance%20concerns%20the，well%20before%20further%20modification%20of%20the%20 EU%20Treaties［2021-12-31］.

Fahrenkrog B，Maco B，Fager A M，et al. 2002. Domain-specific antibodies reveal multiple-site topology of Nup153 within the nuclear pore complex. Journal of Structural Biology，140（1-3）：254-267.

Fan K，Cheng C L. 2006. A study to identify the training needs of life insurance sales representatives in Taiwan using the Delphi approach. International Journal of Training & Development，10：212-226.

Faucheux S，Hue C. 2001. From irreversibility to participation：Towards a participatory foresight for the governance of collective environmental risks. Journal of Hazardous Materials，86：223-243.

Faulkner T W. 1996. Applying 'options thinking' to R&D valuation. Research-Technology Management，39（3）：50-56.

Ferri C P，Prince M，Brayne C，et al. 2005. Global prevalence of dementia：A Delphi consensus study. The Lancet，366：2112-2117.

Fischer F. 1990. Technocracy and expertise：The basic political question//Fischer F. Technocracy and the Politics of Expertise. Newbury Park：Sage Publications：13-39.

Fleiss J L. 1981. Statistical Methods for Rates and Proportions. 2nd ed. New York：John Wiley & Sons.

Ford D，Saren M. 1996. Technology Strategy for Business. London：Thomson Business Press.

Freeman C. 1974. The Economics of Industrial Innovation. Cambridge：MIT Press.

Fuchs V R，Garber A M. 1990. The new technology assessment. New England Journal of Medicine，323：673-677.

Fuerth L S. 2009. Foresight and anticipatory governance. Foresight，11（4）：14-32.

Gavigan J P，Scapolo F，Keenan M，et al. 2001. A Practical Guide to Regional Foresight. http://www.foresight.pl/assets/downloads/publications/eur20128en-APracticalGuidetoRegionalF oresight2001.pdf［2021-12-31］.

Georghiou L. 2001. Third Generation Foresight-Integrating the Socio-economic Dimension// Proceedings of the International Conference on Technology Foresight—The Approach to and Potential for New Technology Foresight. NISTEP Research Material，77.

Georghiou L，Halfpenny P，Flanagan K. 2001. Benchmarking the provision of scientific equipment. Science and Public Policy，28：303-311.

Georghiou L, Harper J C, Keenan M, et al. 2008. The Handbook of Technology Foresight: Concepts and Practice. Cheltenham: Edward Elgar Publishing.

Georghiou L, Keenan M. 2006. Evaluation of national foresight activities: Assessing rationale, process and impact. Technological Forecasting and Social Change, 73 (7): 761-777.

Gertler M S, Wolfe D A. 2004. Local social knowledge management: Community actors, institutions and multilevel governance in regional foresight exercises. Futures, 36: 45-65.

Glenn J C. 1989. Future Mind: Artificial Intelligence: Merging the Mystical and the Technological in the 21st Century. Washington: Acropolis Books.

Goffin K, Mitchell R. 2005. Innovation Management, Strategy and Implementation Using the Pentathlon Framework. New York: Palgrave Macmillan.

Gordon T J. 2003. The Delphi method//Glenn J C, Gordon T J. Futures Research Methodology-Version 2.0. Washington: American Council for the United Nations University.

Glenn J C, Gordon T J. 2009. Futures Research Methodologies—V3.0. Washington: The Millennium Project.

Gordon T J, Pease A. 2006. RT Delphi: An efficient, "round-less" almost real time Delphi method. Technological Forecasting and Social Change, 73 (4): 321-333.

Gottweis H. 1998. What is poststructuralist science and technology policy analysis?.//Gottweis H. Governing Molecules: The Discursive Politics of Genetic Engineering in Europe and the United States. Cambridge: The MIT Press: 11-38.

Government Office for Science. 2011. Futures toolkit: Tools for strategic futures for policy-makers and analysts. London: Government of the UK.

Goyder J. 1987. The Silent Minority: Non-respondents on Sample Surveys. Oxford: Polity Press.

Gregory M J. 1995. Technology management: A process approach. Proceedings of the Institution of Mechanical Engineers, Part B: Journal of Engineering Manufacture, 209: 347-356.

Groenveld P. 2007. Roadmapping integrates business and technology. Research-Technology Management, 50 (5): 49-58.

Grupp H, Linstone H A. 1999a. Around the globe resurrection and new paradigms. Foresight, 94: 85-94.

Grupp H, Linstone H A. 1999b. National technology foresight activities around the globe: Resurrection and new paradigms. Technological Forecasting and Social Change, 60 (1): 85-94.

Grupp H, Münt G, Schmoch U. 1996. Assessing different types of patent data for describing high-technology export performance//OECD. Innovation, Patents and Technological Strategies:

Proceedings of a Workshop Held at OECD Headquarters in Paris. OECD: 271-287.

Habegger B. 2010. Strategic foresight in public policy: Reviewing the experiences of the UK, Singapore, and the Netherlands. Futures, 42 (1): 49-58.

Hagedoorn J, Cloodt M. 2003. Measuring innovative performance: Is there an advantage in using multiple indicators?. Research Policy, 32: 1365-1379.

Hakim S, Weinblatt J. 1993. The Delphi process as a tool for decision making: The case of vocational training of people with handicaps. Evaluation and Program Planning, 16: 25-38.

Halliman C. 2009. Business intelligence using smart techniques: Environmental scanning using text mining and competitor analysis using scenarios and manual simulation. Rev. ed. Houston TX: Information Uncover: 230.

Halonen M, Kallio K, Saari E. 2010. Towards co-creation of service research projects: A method for learning in networks. International Journal of Quality and Service Sciences, 2 (1): 128-145.

Harris J. 2002. Blindsided: How to Spot the Next Breakthrough That Will Change Your Business. New York: John Wiley & Sons.

Hasson F, Keeney S. 2011. Enhancing rigour in the Delphi technique research. Technological Forecasting and Social Change, 78: 1695-1704.

Havas A. 2003. Evolving foresight in a small transition economy. Journal of Forecasting, 22: 179-201.

Havas A, Keenan M. 2008. Foresight in CEE Countries//Georghiou L, Harper J, Meenan M, et al. The Handbook of Technology Foresight: Concepts and Practice. Cheltenham: Edward Elgar Publishing: 287-316.

Hekkert M P, Suurs R A, Negro S O, et al. 2007. Functions of innovation systems: A new approach for analysing technological change. Technological Forecasting and Social Change, 74 (4): 413-432.

Heuer R J, Pherson R H. 2011. Structured Analytic Techniques for Intelligence Analysis. Washington: CQ Press.

Hiltunen E. 2008. Good sources of weak signals: A global study of where futurists look for weak signals. Journal of Futures Studies, 12 (4): 21-44.

Hines A. 2003. Applying integral futures to environmental scanning. Futures Research Quarterly, 19 (4): 49-62.

Hogson T, Sharpe B. 2007. Deepening futures with system structure//Sharpe B, van de Heijden K. Scenarios for Success: Turning Insights into Action. West Sussex: John Wiley & Sons.

Hsiao F S T, Hsiao M C W. 2004. Catching up and convergence: Long-run growth in East Asia. Review of Development Economics, 8 (2): 223-236.

Huang C C, Chu P Y, Chiang Y H. 2008. A fuzzy AHP application in government-sponsored R&D project selection. Omega, 36 (6): 1038-1052.

Hudson M F. 1988. A Delphi study of elder mistreatment: Theoretical definitions, empirical referents and taxonomy. Ph D Dissertation of The University of Texas at Austin.

Hunt F H, Mitchell R, Phaal R, et al. 2004. Early valuation of technology, real options, hybrid models and beyond. Journal of the Society of Instrument and Control Engineers, 43 (10): 730-735.

Huss W, Horton E. 1987. Scenario planning—What style should you use? Long Range Planning, 20 (4): 21-29.

Hussain M, Tapinos E, Knight L. 2017. Scenario-driven roadmapping for technology foresight. Technological Forecasting and Social Change, 124: 160-177.

ICSU. 2009. ICSU Foresight Analysis Process Paper. http://www.icsu.org/about-icsu/strategic-priorities/foresight-analysis/ICSU_Foresight_Process_O ct09.pdf[2021-12-31].

Irvine J, Martin B. 1984. Foresight in Science: Picking the Winners. London: Pinter Publishers.

Islam D M Z, Dinwoodie J, Roe M. 2006. Promoting development through multimodal freight transport in Bangladesh. Translation Review, 26: 571-591.

Japan Science and Technology Agency (JST), Center for Research and Development Strategy (CRDS). 2011. International comparison of science and technology capability, judged by Japanese experts. http://www.jst.go.jp/crds/pdf/en/CRDS-FY2011-RR-03_EN.pdf[2015-12-13].

Johnston R. 2012. Developing the capacity to assess the impact of foresight. Foresight, 14 (1): 56-68.

Johnston R, Sripaipan C. 2008. Foresight in industrialising Asia// Georghiou L, Harper J, Keenan M. International Handbook on Foresight and Science Policy: Theory and Practice. Cheltenham: Edward Elgar Publishing.

Jolson M A, Rossow G L. 1971. The Delphi process in marketing decision making. Journal of Marketing Research, 8: 443-448.

Jørgensen M S, Jørgensen U, Clausen C. 2009. The social shaping approach to technology foresight. Futures, 41 (2): 80-86.

Kajikawa Y, Kikuchi Y, Fukushima Y, et al. 2013. Utilizing risk analysis and scenario planning for technology roadmapping//Cetindamar D, Daim T, Beyhan B, et al. Strategic Planning Decisions in the High Tech Industry. London：Springer London.

Kanama D，Kondo A，Yokoo Y. 2008. Development of technology foresight：Integration of technology roadmapping and the Delphi method. International Journal of Technology Intelligence and Planning，4（2）：181-200.

Kappel T A. 2001. Perspectives on roadmaps：How organizations talk about the future. Journal of Product Innovation Management，18（1）：39-50.

Karla D，Hindrik V. 2006. Selection of new health technologies for assessment aimed at informing decision-making：A survey among horizon scanning systems. International Journal of Technology Assessment in Health Care，（2）：177-183.

Karnøe P，Garud R. 2012. Path creation：Co-creation of heterogeneous resources in the emergence of the Danish wind turbine cluster. European Planning Studies，20：733-752.

Kaufmann S. 1995. At Home in the Universe：The Search for Laws of Self-organization and Complexity. New York：Oxford University Press.

Keller J，Markmann C，von der Gracht H A. 2015. Foresight support systems to facilitate regional innovations：A conceptualization case for a German logistics cluster. Technological Forecasting and Social Change，97：15-28.

Kerr C，Farrukh C，Phaal R，et al. 2013. Key principles for developing industrially relevant strategic technology management toolkits. Technological Forecasting and Social Change，80：1050-1070.

Klusacek K. 2006. Selection of research priorities—Method of critical technologies. https://www.tc.cz/files/istec_publications/unido-course-critical-technologies-1029-1.pdf[2021-12-31].

Koenig M E D. 1995. Information policy—The mounting tension value additive versus uniquely distributable "public good". Journal of Information Science，21：229-231.

Köhler J，Wendling C，Addarii F，et al. 2015. Concurrent design foresight. Luxembourg：Publications Office of the European Union.

Korea Evaluation Institute of Technology，Center for Research and Development Strategy. 2012. Comparison between the results of international technology level evaluation conducted by KEIT and CRDS. http://www.jst.go.jp/crds/pdf/2012/XR/CRDS-FY2012-XR-02.pdf[2021-12-31].

Kostoff R N，Schaller R R. 2001. Science and technology roadmaps. IEEE Transactions on Engineering Management，48（2）：132-143.

Kuhlmann S. 2003. Evaluation of research and innovation policies：A discussion of trends with examples from Germany. International Journal of Technology Management，26（2/3/4）：131.

Kuhlmann S, Boekholt P, Georghiou L, et al. 1999. Improving distributed intelligence in complex innovation systems, Brussels, Luxembourg. https://mpra.ub.uni-muenchen.de/6426/1/MPRA_paper_6426.pdf[2021-12-31].

Lai M Y, Wang H, Zhu S J. 2009. Double-edged effects of the technology gap and technology spillovers: Evidence from the Chinese industrial sector. China Economic Review, 20 (3): 414-424.

Landeta J. 2006. Current validity of the Delphi method in social sciences. Technological Forecasting and Social Change, 73: 467-482.

Landeta J, Barrutia J. 2011. People consultation to construct the future: A Delphi application. International Journal of Forecasting, 27: 134-151.

Landis J R, Koch G G. 1977. The measurement of observer agreement for categorical data. Biometrics, 33: 159-174.

Lesca N, Caron-Fasan M L. 2008. Strategic scanning project failure and abandonment factors: Lessons learned. European Journal of Information Systems, 17 (4): 371-386.

Li Z X, Chen J Y. 2010. National technology roadmapping of China: Practices and implications. Journal of Science and Technology Policy in China, 1 (1): 50-63.

Liberatore M J, Stylianou A C. 1995. Expert support systems for new product development decision making: A modeling framework and applications. Management Science, 41 (8): 1296-1316.

Linstone H A. 1978. The Delphi Technique//Fowless J. Handbook of Futures Research. London: Greenwood Press.

Linstone H A, Turoff M. 2002. The Delphi Method: The Techniques and Applications. Reading: Addison-Wesley.

Lizaso F, Reger G. 2004. Linking roadmapping and scenarios as an approach for strategic technology planning. International Journal of Technology Intelligence and Planning, 1 (1): 68-86.

Loughlin K G, Moore L F. 1979. Using Delphi to achieve congruent objectives and activities in a pediatrics department. Journal of Medical Education, 54: 101-106.

Loveridge D, Street P. 2005. Inclusive foresight. Foresight, 7 (3): 31-47.

Ludlow J. 1975. Delphi inquiries and knowledge utilization//Linstone H A, Turoff M. The Delphi Method—Techniques and Applications. Reading: Addison-Wesley: 102-123.

Lunsford D A, Fussell B C. 1993. Marketing business services in Central Europe: The challenge:

a report of expert opinion. Journal of Services Marketing, 7: 13-21.

MacCarthy B L, Atthirawong W. 2003. Factors affecting location decisions in international operations: A Delphi study. International Journal of Operations & Production Management, 23 (7): 794-818.

Malerba F. 2006. Innovation and the evolution of industries. Journal of Evolutionary Economics, 16 (1): 3-23.

Markley O. 2011. A new methodology for anticipating STEEP surprises. Technological Forecasting and Social Change, 78 (6): 1079-1097.

Martin B R. 1995. Foresight in science and technology. Technology Analysis & Strategic Management, 7 (2): 139-168.

Martin B R. 2010. The origins of the concept of 'foresight' in science and technology: An insider's perspective. Technological Forecasting and Social Change, 77: 1438-1447.

Martin B R, Irvine J. 1989. Research Foresight: Priority-Setting in Science. London: Frances Pinter.

Martin B R, Johnston R. 1999. Technology foresight for wiring up the national innovation system: Experiences in Britain, Australia, and New Zealand. Technological Forecasting and Social Change, 60 (1): 37-54.

Martino J P. 1983. Technological Forecasting for Decision Making. New York: North-Holland.

Mauerhofer V. 2013. Social capital, social capacity and social carrying capacity: Perspectives for the social basics within environmental sustainability. Futures, 53: 63-73.

Mayer T, Melitz M J, Ottaviano G I P. 2014. Market size, competition, and the product mix of exporters. American Economic Review, 104: 495-536.

Melerba F. 2005. Sectoral systems of innovation: How and why innovation differs across sectors//Fagerberg, David, Nelson. The Oxford Handbook of Innovation. New York: Oxford University Press.

Metcalfe J S, Georghiou L. 1998. Equilibrium and evolutionary foundations of technology policy. STI Review: Special Issue on New Rationale and Approaches in Technology and Innovation Policy, 22: 75-100.

Mietzner D, Reger G. 2005. Advantages and disadvantages of scenario approaches for strategic foresight. International Journal of Technology Intelligence and Planning, 1 (2): 220-239.

Miles I. 2002. Appraisal of alternative methods and procedures for producing regional foresight. Conference: European Commission's DG Research funded STRATA-ETAN Expert Group Action. Manchester.

Miles I. 2010. The development of technology foresight: A review. Technological Forecasting and Social Change, 77（9）: 1448-1456.

Miles I. 2012. Dynamic foresight evaluation. Foresight, 14（1）: 69-81.

Miles I, Harper J C, Georghiou L, et al. 2008. The many face of foresight//Georghiou L, Harper J C, Keenan M, et al. The Handbook of Technology Foresight: Concepts and Practice. Cheltenham: Edward Elgar Publishing, 3-43.

Mitchell M P. 1998. Nursing education planning: A Delphi study. Journal of Nursing Education, 37（7）: 305-307.

Mitchell V W. 1991. The Delphi technique: An exposition and application. Technology Analysis & Strategic Management, 3（4）: 333-358.

Mithun S. 2012. Exploiting rhetorical relations in blog summarization. https://spectrum.library. concordia.ca/id/eprint/974608/4/ Mithun_PhD_F2012.pdf[2021-12-31].

Molnar F J, Man-Son-Hing M, Dalziel W B, et al. 1999. Assessing the quality of newspaper medical advice columns for elderly readers. Canadian Medical Association Journal, 161: 393-395.

Mon D L, Cheng C H, Lin J C. 1994. Evaluating weapon system using fuzzy analytic hierarchy process based on entropy weight. Fuzzy Sets and Systems, 62（2）: 127-134.

Mowery D, Rosenberg N. 1979. The influence of market demand upon innovation: A critical review of some recent empirical studies. Research Policy, 8: 102-153.

Müller R, Büttner P. 1994. A critical discussion of intraclass correlation coefficients. Statistics in Medicine, 13: 2465-2476.

Munck R, McConnell G. 2009. University strategic planning and the foresight/futures approach: An Irish case study. Planning for Higher Education, 38（1）: 31-40.

Murphy M K, Black N A, Lamping D L, et al. 1998. Consensus development methods, and their use in clinical guideline development. Health Technology Assessment, 2: 5-83.

Murry J W, Hammons J O. 1995. Delphi: A versatile methodology for conducting qualitative research. The Review of Higher Education, 18（4）: 423-436.

Nanus B. 1982. QUEST-quick environmental scanning technique. Long Range Planning, 15（2）: 39-45.

Naylor C D, Basinski A, Baigrie R S, et al. 1990. Placing patients in the queue for coronary revascularization: Evidence for practice variations from an expert panel process. American Journal of Public Health, 80: 1246-1252.

Nemet G F. 2009. Demand-pull，technology-push，and government-led incentives for non-incremental technical change. Research Policy，38（5）：700-709.

Nickerson R S. 1998. Confirmation bias：A ubiquitous phenomenon in many guises. Review of General Psychology，2（2）：175-220.

Nielsen R Ø，Klüver L. 2016. Introduction：On the concept of cross-European technology assessment//Klüver L，Nielsen R Ø，Jørgensen M L. Policy-Oriented Technology Assessment Across Europe：Expanding Capacities. London：Palgrave Macmillan.

Nolan P D，Lenski G. 1985. Technoeconomic heritage，patterns of development，and the advantage of backwardness. Social Forces，64（2）：341.

Nowotny H，Scott P，Gibbons M. 2001.The co-evolution of society and science//Nowotny H，Scott P，Gibbons M. Re-Thinking Science：Knowledge and the Public in an Age of Uncertainty. Cambridge：Polity Press：30-49.

O'Brien F A. 2004. Scenario planning—Lessons for practice from teaching and learning. European Journal of Operational Research，152：709-722.

Office of Science and Technology. 1995. Progress through partnership：Report of the technology foresight steering group（Technology Foresight Programme）. London.

Organization for Economic Co-operation and Development（OECD）. 2002. Dynamising National Innovation Systems. Paris：OECD.

Organization for Economic Co-operation and Development（OECD）. 2005. Governance of Innovation Systems Vol.1. Paris：OECD.

Pagani M. 2009. Roadmapping 3G mobile TV：Strategic thinking and scenario planning through repeated cross-impact handling. Technological Forecasting and Social Change，76：382-395.

Passey S，Goh N，Kil P. 2006. Targeting the innovation roadmap event horizon：Product concept visioning & scenario building. 2006 IEEE International Conference on Management of Innovation and Technology. IEEE：604-607.

Pasukeviciute I，Roe M. 2000. The politics of oil in Lithuania：Strategies after transition. Energy Policy，29：383-397.

Pavitt K. 1984. Sectoral patterns of technical change：Towards a taxonomy and a theory. Research Policy，13（6）：343-373.

Petersen J L，Steinmüller K. 2009. Wild cards//Glenn J C. Futures Research Methodology—Version 3.0. Washington：The Millennium Project.

Phaal R，Farrukh C J P，Probert D R. 2004. Customizing roadmapping. Research Technology

Management, 47（2）: 26-37.

Phaal R, Farrukh C J P, Probert D R. 2005. Developing a technology roadmapping system. Technology Management: A Unifying Discipline for Melting the Boundaries: 99-111.

Phaal R, Muller G. 2009. An architectural framework for roadmapping: Towards visual strategy. Technological Forecasting and Social Change, 76（1）: 39-49.

Phadnis S, Caplice C, Singh M, et al. 2014. Axiomatic foundation and a structured process for developing firm-specific intuitive logics scenarios. Technological Forecasting and Social Change, 88: 122-139.

Piipo P, Tuominen M. 1990. Promoting innovation management by decision support systems: Facilitating new products' relevance to the corporate objectives//Allesch J. Consulting in Innovation: Practice, Methods and Perspectives—An International Perspective. Amsterdam: Elsevier Science.

Polt W. 2002. Benchmarking//Fahrenkrog G, Polt W, Rojo J, et al. RTD Evaluation Toolbox https://repository.fteval.at/272/1/2002_RTD%20Evaluation%20Toolbox.pdf[2021-12-31].

Popper R. 2008. How are foresight methods selected?. Foresight, 10（6）: 62-89.

Popper R, Medina J. 2008. Foresight in Latin America//Georghiou L, Harper C, Keenan J, et al. International Handbook on Foresight and Science Policy: Theory and Practice. Cheltenham: Edward Elgar: 256-286.

Porter A, Banks J, Roper A T, et al. 1991. Forecasting and Management of Technology. New York: John Wiley and Sons.

Porter M E. 1985. Competitive Advantage: Creating and Sustaining Superior Performance. New York: The Free Press.

Potter M, Gordon S, Hamer P. 2004. The nominal group technique: A useful consensus methodology in physiotherapy research. New Zealand Journal of Physiotherapy, 32（3）: 126-130.

Probert D, Radnor M. 2003. Frontier experiences from industry-academia consortia. IEEE Engineering Management Review, 31（3）: 28.

Putnam J W, Spiegel A N, Bruininks R H. 1995. Future directions in education and inclusion of students with disabilities: A Delphi investigation. Exceptional Children, 61（6）: 553-576.

Rachel E. 1996. Catching up and slowing down: Learning and growth patterns in an open economy. Journal of International Economics, 3（4）: 95-111.

Rainer R K Jr, Snyder C A, Carr H H. 1991. Risk analysis for information technology. Journal of

Management Information Systems，8：129-147.

Ramirez R，Wilkinson A. 2014. Rethinking the 2 × 2 scenario method：Grid or frames?. Technological Forecasting and Social Change，86：254-264.

Raskin M S. 1994. The Delphi study in field instruction revisited：Expert consensus on issues and research priorities. Journal of Social Work Education，30：75-89.

Rasmussen L B. 2005. The narrative aspect of scenario building—How story telling may give people a memory of the future. AI & Society：Journal of Knowledge，Culture and Communication，19（3）：229-249.

Ray P K，Sahu S. 1990. Productivity management in India：A Delphi study. International Journal of Operations and Production Management，10：25-51.

Rayens M K，Hahn E J. 2000. Building consensus using the policy Delphi method. Policy Politics & Nursing Practice，1（4）：308-315.

Renfro W L，Morrison J L. 1983. The scanning process：Getting started. New Directions for Institutional Research，（39）：5-20.

Riggs W E. 1983. The Delphi technique：An experimental evaluation. Technological Forecasting and Social Change，23：89-94.

Rijkens-Klomp N，van der Duin P. 2014. Evaluating local and national public foresight studies from a user perspective. Futures，59：18-26.

Rikkonen P，Kaivo-Oja J，Aakkula J. 2006. Delphi expert panels in the scenario-based strategy planning of agriculture. Foresight，8（1）：66-81.

Riley M，Wood R C，Clark M A，et al. 2000. Researching and Writing Dissertations in Business and Management. London：Thomson Learning.

Ringland G. 2002. Scenarios in Business. New York：John Wiley.

Rogers M R，Lopez E C. 2002. Identifying critical cross-cultural school psychology competencies. Journal of School Psychology，40：115-141.

Rohrbeck R. 2011. Corporate foresight：Towards a Maturity Model for the Future Orientation of a Firm. Heidelberg and New York：Physica-Verlag.

Rohrbeck R，Schwarz J O. 2013. The value contribution of strategic foresight：Insights from an empirical study of large European companies. Technological Forecasting and Social Change，80（8）：1593-1606.

Rosenberg N. 1969. The direction of technological change：Inducement mechanisms and focusing devices. Economic Development and Cultural Change，Development and Cultural Change，18

（1）：1-24.

Rosenfeld S A. 2002. Creating smart systems: A guide to cluster strategies in less favoured regions. http:www.urenio.org/metaforesight/liberary/13.pdf[2021-12-31].

Rowe G, Wright G. 1999. The Delphi technique as a forecasting tool: Issues and analysis. International Journal of Forecasting, 15: 353-375.

Rowe G, Wright G. 2001. Expert opinions in forecasting: The role of the Delphi technique// Armstrong J S. Principles of Forecasting: A Handbook for Researchers and Practitioners. Boston: Kluwer Academic Publishers: 125-144.

Salmenkaita J, Salo A. 2002. Rationales for government intervention in the commercialization of new technologies. Technology Analysis & Strategic Management, 14（2）: 183-200.

Salo A A. 2001. Incentives in technology foresight. International Journal of Technology Management, 21: 694-710.

Saritas O. 2013. Systemic foresight methodology//Meissner D, Gokhberg L, Sokolov A. Science, Technology and Innovation Policy for the Future. Berlin: Springer: 83-117.

Saritas O, Aylen J. 2010. Using scenarios for roadmapping: The case of clean production. Technological Forecasting and Social Change, 77: 1061-1075.

Satty T L. 1994. How to make a decision: The analytic hierarchy process. European Journal of Operational Research, 24（6）: 19-43.

Saunders H H. 1985. We need a larger theory of negotiation: The importance of pre-negotiating phases. Negotiation Journal, 1（3）: 249-262.

Schartinger D, Wilhelmer D, Holste D, et al. 2012. Assessing immediate learning impacts of large foresight processes. Foresight, 14（1）: 41-55.

Scheibe M, Skutsch M, Schofer J. 1975. Experiments in Delphi methodology//Linstone H A, Turoff M. The Delphi Method: Techniques and Applications. Reading: Addison-Wesley: 262-287.

Scherz C, Merz C. 2016. Parliamentary TA: Lessons to be learned from the established//Moniz A.Technology Assessment in Japan and Europe. Karlsruhe: KIT Scientific Publishing: 57-74.

Schlossstein D, Park B. 2006. Comparing recent technology foresight studies in Korea and China: Towards foresight-minded governments?. Foresight, 8（6）: 48-70.

Schmidt R C. 1997. Managing Delphi surveys using nonparametric statistical techniques. Decision Sciences, 28: 763-774.

Schoemaker P J H. 1993. Multiple scenario development: Its conceptual and behavioral foundation. Strategic Management Journal, 14: 195-202.

Schoemaker P J H, Day G S, Snyder S A. 2013. Integrating organizational networks, weak signals, strategic radars and scenario planning. Technological Forecasting and Social Change, 80 (4): 815-824.

Schoeman M E F, Mahajan V. 1977. Using the Delphi method to assess community health needs. Technological Forecasting and Social Change, 10: 203-210.

Schot J, Rip A. 1997. The past and future of constructive technology assessment. Technological Forecasting and Social Change, 54: 251-268.

Schuldt B A, Totten J W. 1994. Electronic mail vs. mail survey response rates. Marketing Research, 6 (1): 36-39.

Schumpeter J. 1934. The Theory of Economic Development. Cambridge: Harvard University Press.

Schwartz P. 1991. The Art of the Long View: Planning for the Future in an Uncertain World. New York: Doubleday Currency.

Schwartz P. 1996. The Art of the Long View: Planning for the Future in an Uncertain World. New York: John Wiley & Sons, Inc.

Science and Technology Policy Council. 2015. Peer Review Handbook. 4th ed. https://www.epa.gov/sites/default/files/2020-08/documents/epa_peer_review_handbook_4th_edition.pdf[2021-12-31].

Sclove R. 2010. Reinventing technology assessment: A 21st century model. http://richardsclove.com/wp-content/uploads/2018/08/Sclove-Reinventing-Technology-Assessment-A-21st-Century-Model.pdf[2021-12-31].

Seagle E, Iverson M. 2002. Characteristics of the turfgrass industry in 2020: A Delphi study with implications for agricultural education programs. Journal of Southern Agricultural Education Research, 52: 1-13.

Sharma D P, Nair P S C, Balasubramanian R. 2003. Analytical search of problems and prospects of power sector through Delphi study: Case study of Kerala State, India. Energy Policy, 31 (12): 1245-1255.

Shehabuddeen N, Probert D, Phaal R. 2006. From theory to practice: Challenges in operationalising a technology selection framework. Technovation, 26 (3): 324-407.

Shields T J, Silcock G W H, Donegan H A, et al. 1987. Methodological problems associated with the use of the Delphi technique. Fire Technology, 23: 175-185.

Slaughter R A. 1990. Assessing the QUEST for future knowledge: Significance of the quick environmental scanning technique for futures. Futures, 22 (2): 153-166.

Slaughter R A. 1997. Developing and applying strategic foresight. https://ams-forschungsnetzwerk. at/downloadpub/2002slaughter_strategic_foresight.pdf[2021-12-31].

Slaughter R A. 1999. A new framework for environmental scanning. Foresight, 1 (5): 441-451.

Smith A. 2007. Technology roadmapping: An opportunity for the environment?. https://assets. publishing.service.gov.uk/government/uploads/system/uploads/attachment_data/file/290970/scho 0407bmnt-e-e.pdf[2021-12-31].

Smith K. 2000. Innovation as a systemic phenomenon: Rethinking the role of policy. Enterprise and Innovation Management Studies, 1 (1): 73-102.

Smits R, Kuhlmann S. 2004. The rise of systemic instruments in innovation policy. International Journal of Foresight and Innovation Policy, 1 (1-2): 4-32.

Smits R, Kuhlmann S, Shapira P. 2010. The Theory and Practice of Innovation Policy: An International Research Handbook. Cheltenham: Edward Elgar.

Smits R, Leyten J, Hertog P D. 1995. Technology assessment and technology policy in Europe: New concepts, new goals, new infrastructures. Policy Sciences, 28: 271-299.

Sokolov A. 2007. Method of critical technologies, foresight and STI governance. National Research University Higher School of Economics, 1 (4): 64-74.

Spinelli T. 1983. The Delphi decision-making process. The Journal of Psychology, 113: 73-80.

Stacey R D. 1995. The science of complexity: An alternative perspective for strategic change processes. Strategic Management Journal, 16 (6): 477-495.

Steinert M. 2009. A dissensus-based online Delphi approach: An explorative research tool. Technological Forecasting and Social Change, 76 (3): 291-300.

Stewart J, O'Halloran C, Harrigan P, et al. 1999. Identifying appropriate tasks for the preregistration year: Modified Delphi technique. British Medical Journal, 319: 224-229.

Stonebridge C. 2008. Horizon scanning: Gathering research evidence to inform decision making. The Conference Board of Canada.

Strauss H J, Zeigler L H. 1975. Delphi, political philosophy and the future. Futures, 7: 184-196.

Strauss J D, Radnor M. 2004. Roadmapping for dynamic and uncertain environments. Research-Technology Management, 47: 51-58.

Surowiecki J. 2004. The Wisdom of Crowds: Why the Many Are Smarter than the Few and How Collective Wisdom Shapes Business, Economies, Societies and Nations. New York: Doubleday: 320.

Sutherland W J, Bardsley S, Bennun L. 2011. Horizon scan of global conservation issues for 2011.

Trends in Ecology & Evolution，26（1）：10-16.

Tague N R. 2005. The Quality Toolbox. 2nd ed. Milwaukee：ASQ Quality Press：558.

Taleb N N. 2010. The Black Swan：The Impact of the Highly Improbable. 2nd ed. New York：Random House：480.

Tapinos E. 2013. Scenario planning at business unit level. Futures，47：17-27.

Tapio P. 2003. Disaggregative policy Delphi：Using cluster analysis as a tool for systematic scenario formation. Technological Forecasting and Social Change，70：83-101.

Tegart G，Johnston R. 2004. Some Advances in the Practice of Foresight. EU-US SEMINAR：New Technology Foresight，Forecasting & Assessment Methods-Seville. 30-46.

Tijssen R，Visser M，van Leeuwen T. 2002. Benchmarking international scientific excellence：Are highly cited research papers an appropriate frame of reference?. Scientometrics，54：381-397.

Tolfree D，Smith A. 2009. Roadmapping Emergent Technologies. Leicester：Troubador Publishing Ltd.

Treyer S. 2009. Changing perspectives on foresight and strategy：From foresight project management to the management of change in collective strategic elaboration processes. Technology Analysis & Strategic Management，21（3）：353-362.

Truffer B，Voß J P，Konrad K. 2008. Mapping Expectations for system transformations：Lessons from sustainability foresight in German utility sectors. Technological Forecasting and Social Change，75（9）：1360-1372.

Turoff M. 1970. The design of a policy Delphi. Technological Forecasting and Social Change，2：149-171.

UNDP Global Centre for Public Service Excellence. 2018. Foresight Manual. Empowered Futures for the 2030 Agenda. Singapore：UNDP.

Uotila T，Melkas H，Harmaakorpi V. 2005. Incorporating futures research into regional knowledge creation and management. Futures，37（8）：849-866.

Utterback J M，Suarez F F. 1993. Innovation，competition and industry structure. Research Policy，22（1）：1-21.

van den Ende J，Mulder K，Knot M，et al. 1998. Traditional and modern technology assessment：Toward a toolkit. Technological Forecasting and Social Change，58，（1-2）：5-21.

van der Heijden K. 2005. Scenarios：The Art of Strategic Conversation. Chichester：John Wiley & Sons.

van der Heijden K，Bradfifield R，Burt G，et al. 2002. Sixth Sense：Accelerating Organisational

Learning with Scenarios. Chichester: John Wiley & Sons.

van Laarhoven P J M, Pedrycz W. 1983. A fuzzy extension of Saaty's priority theory. Fuzzy Sets and Systems, 11: 229-241.

van Rij. 2010. Joint horizon scanning: Identifying common strategic choices and questions for knowledge. Science and Public Policy, 37 (1): 7-18.

Vanston J H. 2003. Better forecasts, better plans, better results. Research Technology Management, 46 (1): 47-58.

Viale R, Etzkowitz H. 2010. The Capitalization of Knowledge: A Triple Helix of University-Industry-Government. 1st ed. Cheltenham: Edward Elgar Publishing: 351.

von der Gracht H A. 2012. Consensus measurement in Delphi studies: Review and implications for future quality assurance. Technological Forecasting and Social Change, 79 (8): 1525-1536.

von der Gracht H, Darkow I L. 2010. Scenarios for the logistics services industry: A Delphi-based analysis for 2025. International Journal of Production Economics, 127: 46-59.

Voros J. 2001. Reframing environmental scanning: An integral approach. Foresight, 3 (6): 533-551.

Wagschall P H. 1983. Judgmental forecasting techniques and institutional planning: An example. New Directions for Institutional Research, (39): 39-49.

Walker B, Salt D. 2006. Resilience Thinking: Sustaining Ecosystems and People in a Changing World. Washington: Island Press: 174.

Weber K M, Kubeczko K, Kaufmann A, et al. 2009. Trade-offs between policy impacts of future-oriented analysis: Experiences from the innovation policy foresight and strategy process of the City of Vienna. Technology Analysis & Strategic Management, 21 (8): 953-969.

Weber M. 2006. Foresight and adaptive planning as complementary elements in anticipatory policy-making: A conceptual and methodological approach//Voß J P, Bauknecht D, Kemp R. Reflexive Governance for Sustainable Development. Cheltenham: Edward Elgar.

Wechsler W. 1978. Delphi-Methode: Gestaltung und Potential für betriebliche Prognoseprozesse. Munich: Verlag V Florentz GmbH.

Weir C R, Hicken B L, Rappaport H S, et al. 2006. Crossing the quality chasm: The role of information technology departments. American Journal of Medical Quality, 21: 382-393.

West J F, Cannon G S. 1988. Essential collaborative consultation competencies for regular and special educators. Journal of Learning Disabilities, 21: 56-63.

Westbrook L. 1997. Information access issues for interdisciplinary scholars: Results of a

Delphi study on women's studies research. The Journal of Academic Librarianship, 23（3）: 211-216.

Wiek A, Binder C, Scholz R. 2006. Functions of scenarios in transition processes. Futures, 38（7）: 740-766.

Williams P L, Webb C. 1994. The Delphi technique: A methodological discussion. Journal of Advanced Nursing, 19: 180-186.

Wright G, Bradfifield R, Cairns G. 2013. Does the intuitive logics method—and its recent enhancements—produce "effective" scenarios?. Technological Forecasting and Social Change, 80（4）: 631-642.

Yang Y N. 2003. Testing the stability of experts' opinions between successive rounds of Delphi studies. https://files.eric.ed.gov/fulltext/ED472166.pdf[2021-12-31].

Yap C M, Souder W E. 1993. A filter system for technology evaluation and selection. Technovation, 13（7）: 449-469.

Yasai-Ardekani M, Nystrom P C. 1996. Designs for environmental scanning systems: Tests of a contingency theory. Management Science, 42（2）: 187-204.

Yoon J. 2012. Detecting weak signals for long-term business opportunities using text mining of web news. Expert Systems with Applications, 39（16）: 12543-12550.

Yuan L K. 2015. Characteristics and procedure of the new round of national technology foresight in China. Proceeding of the 10th Trilateral S&T Policy Seminar.

Zinn J, Zalokowski A, Hunter L. 2001. Identifying indicators of laboratory management performance: A multiple constituency approach. Health Care Management Review, 26: 40-53.

后　　记

　　随着经济的快速发展、全球竞争的剧烈变迁、科技革命与产业变革的蓄势待发，全球经济新面貌逐步重塑。技术预测旨在预测未来技术发展的可能性及对经济社会的影响，并以此制定相应的科技政策，使有限的研发资源投入符合社会需求。因此，技术预测的范围非常广，不仅包括科技及其应用，更牵涉公共政策及社会利益。"预测"一词已不再是一个枯燥的专业技术概念，经常可以看到、听到，专家畅谈未来，言必称预测，就连公众也常常将预测挂在嘴边，似乎预测就是提出对未来的看法。但是，预测的研究者是喜欢较真的，当"技术预测"一词进入科学技术部官方正式的三定方案文本，并成立专门的发展规划与技术预测处的时候，我们便开始思考：在新时期，面对新形势，从创新体系的视角，基于预测内在逻辑，应该如何来理解技术预测概念？如何更好地开展技术预测？

　　中国科学技术发展战略研究院早在 2001 年就成立了预测与发展研究部，并于 2007 年正式成立科技预测与评价研究所，笔者有幸在 2012 年加入这个"国字号"的团队。科技预测与评价一直是我们研究的重点，随着《"十三五"国家科技创新规划》提出建立技术预测长效机制，以及 2017 年中央全面深化改革委员会第 32 次会议强调健全国家科技预测机制，笔者自然也加强了新形势下对于技术预测的理解与探索。在拟定研究提纲的过程中，笔者越发感觉这是一个体系庞杂、内容繁多、实践性很强的课题，要对技术预测的内在逻辑进行清晰的阐释，不仅存在许多理论上需要探索的问题，而且迫切需要了解技术预测在实践中的具体运作模式。作为国家技术预测的主要组织部门，积累了丰富的实践经验，出版了《从预见到选择——技术预测的理论与实践》《中国技术前瞻报告》等系列研究成果，奠定了良好的研究基础。笔者也完整见证、深度参与了第五次、第六次规模化国家技术预测工作，从各位前辈那里学习了很多技术诀窍，这是在外界很难获取的宝贵经验。

　　本书的完成要感谢梁颖达书记、胡志坚院长给予的关心和帮助，以及刘冬梅书记、张旭院长的鼓励，特别要感谢王元研究员、杨起全研究员、王宏广研究员、孙福全研究员、郭戎研究员等院领导的悉心指导，以及王革研究员、王书华研究员、玄兆辉研究员等所长的直接支持。笔者清楚地记得，有一次陪时任常务副院长王元研究员参加全国技术预见学术研讨会，路上我们一起讨论技术预测研究问题，他提议要紧扣国际前沿、搭建交流网络。受到院长的鼓励与支持，笔者作为执行主编，连续出版了四本《技术前瞻与评价》论文合辑。在此期间，还有幸参加了多次中日韩三国的科技政策年会、每年度的全国技术预见学术研讨会等会议，与日本、韩国，以及国内同行，建立起朋友般的研究交流网络。2019 年，笔者受邀成为通用预测（Universal Foresight）国际顾问委员会委员，与芬兰国家技术研究中心（VTT）的 Rafael Popper 教授、德国弗劳恩霍夫系统与创新研究所的 Kerstin Cuhls 教授、英国曼彻斯特大学的 Ian Miles 教授、欧盟委员会联合研究中心的 Fabiana Scapolo 教授、俄罗斯国立高等经济大学的 Alexander Sokolov 教授等学者不定期举行会议以讨论全球预测研究进展。同时，为了寻求预测方法尤其是客观计量分析上的突破，笔者与荷兰马斯特里赫特大学的 Wang Lili 研究员建立紧密的研究合作关系，培养新兴技术评价研究方面的研究生。所有这些，都加深了笔者对技术预测前沿的理解，促成了本书的完稿，在此一并感谢。

预测研究不仅仅是一个理论问题，更是蕴含了许多具体的实务性问题。因此，在研究过程中，笔者时不时向黎懋明研究员、程家瑜研究员、周永春研究员、马驰研究员等深谙技术预测工作的专家讨教，由此对整个技术预测工作脉络的把握有了一定的底气。当然，还要感谢一些经常参与讨论的同事，如许晔研究员、韦东远研究员、李修全研究员、谢飞副研究员、尹志欣副研究员、韩秋明副研究员、朱姝副研究员等，在此不再一一列举。在此期间，笔者还与国内外知名专家进行交流，他们为笔者提供了国际最前沿的技术预测理论、方法、实践学习机会，对课题研究提供了非常有价值的意见，丰富了课题的研究内容，提升了研究深度。

随着研究的深入，笔者越来越觉得对于技术预测这一复杂课题有力不从心之感，书中的不妥之处在所难免。但是，这一研究在新形势下又是如此重要。也许，正是该问题的复杂性和重要性，使笔者坚持多年。在此将笔者思考的一点浅见表达出来，以求教于诸方同仁。

袁立科

2023 年 1 月